高职高专“十四五”规划教材

电工基础及应用项目式教程

张诗淋　陈　健　姚箫箫　赵新亚　编著

扫一扫查看
本书数字资源

北　京
冶　金　工　业　出　版　社
2024

内 容 提 要

本书依据高等职业教育机电类专业的培养目标和电工职业技能的要求，设计了八大项目，包括：直流电路的认识和测试、常用电子元器件的识别和检测、直流电路的分析方法、荧光灯电路的分析和安装、暂态电路、三相交流电路的分析和安装、变压器的分析和绕制、安全用电常识。采用了“项目—任务”式编写模式，设置了“项目引入”“思政案例”“学习目标”“工作任务”“思考与练习”“知识拓展”和“实践提高”，符合高等职业教育的教学特点和学生的认知特点。

本书数字资源丰富，配有微课视频，以二维码的形式嵌入书中，读者可扫描书中二维码观看学习，从而加深对知识及操作的认识和理解，达到课前预习、课后复习的效果。本书还配有教学使用的教学课件、习题参考答案等。

本书可作为高职高专院校机电类专业教材，也可作为从事电工岗位的工程技术人员的参考书和培训教材。

图书在版编目(CIP)数据

电工基础及应用项目式教程/张诗淋等编著．—北京：冶金工业出版社，2023.6（2024.8 重印）

高职高专“十四五”规划教材

ISBN 978-7-5024-9492-6

Ⅰ.①电… Ⅱ.①张… Ⅲ.①电工—高等职业教育—教材 Ⅳ.①TM

中国国家版本馆 CIP 数据核字(2023)第 079200 号

电工基础及应用项目式教程

出版发行 冶金工业出版社　　**电　　话** (010)64027926

地　　址 北京市东城区嵩祝院北巷 39 号　　**邮　　编** 100009

网　　址 www.mip1953.com　　**电子信箱** service@mip1953.com

责任编辑 王　颖　美术编辑 吕欣童　版式设计 郑小利

责任校对 范天娇　责任印制 禹　蕊

三河市双峰印刷装订有限公司印刷

2023 年 6 月第 1 版，2024 年 8 月第 2 次印刷

787mm×1092mm 1/16；12.75 印张；306 千字；191 页

定价 49.90 元

投稿电话 (010)64027932 投稿信箱 tougao@cnmip.com.cn

营销中心电话 (010)64044283

冶金工业出版社天猫旗舰店 yjgycbs.tmall.com

(本书如有印装质量问题，本社营销中心负责退换)

前　言

“电工技术”课程是高等职业教育机电类、电子类、信息类等相关专业的一门重要专业基础课，该课程的特点是理论和实践性强，对学生学习后续专业课程以及培养科学思维能力和工程技术能力，提高分析问题和解决问题的能力具有重要作用。

本书按照教育部等部门推行的《职业教育提质培优行动计划（2020—2023)》工作中提出的校企“双元”合作开发职业教育规划教材的要求，联合米其林沈阳轮胎有限公司合作开发，发挥校企两种资源优势，充分利用企业丰富的实践经验，组成校企合作团队，对接主流生产技术，吸收行业发展的新知识、新技术、新工艺、新方法。以维修电工岗位、电气设备维修岗位的职业能力为依据，以直流电路、常用电子元器件、直流电路的分析方法、荧光灯电路、暂态电路、三相交流电路、变压器和安全用电为载体，设计了八大项目。采用了“项目—任务”式编写模式，设置“项目引入”“思政案例”“学习目标”“工作任务”“思考与练习”“知识拓展”和“实践提高”，符合高等职业教育的教学特点和学生的认知特点。

本书内容由浅入深，强调知识的渐进性，兼顾知识的系统性、实用性和创新性，贴近生产实际，注重培养学生的实践能力。本书在编写过程中，始终贯彻“以应用为目的，以实用为主，理论够用为度”的教学原则，重点培养学生的实际技能。

本书配有微课视频，读者可扫描书中二维码观看学习。

本书由沈阳职业技术学院张诗淋、陈健、姚箫箫、赵新亚共同编著。其中项目 1 和项目 2 由赵新亚编写，项目 3 和项目 4 由张诗淋编写，项目 5 和项目 6 由陈健编写，项目 7 和项目 8 由姚箫箫编写。米其林沈阳轮胎有限公司的王岩工程师参与编写了实践提高内容，并对本书提出宝贵的修改意见，在此深表感谢。全书由张诗淋统稿。

本书在编写过程中，参阅了有关文献资料，在此向文献作者表示感谢。

由于编者水平所限，书中不妥之处，恳请广大读者批评指正。

编　者

2023 年 1 月

目 录

项目 1　直流电路的认识和测试

项目引入

在日常的生产和生活中，人们要用电就离不开电路，要使电灯照明、家用电器运行、电动机运转等都必须用导线将电源和用电设备连接起来形成电路。随着科技的发展，电的应用越来越广泛，电路的形式多种多样，如照明电路、通信电路、机床电路、电力系统供电电路等，这些电路都是根据人们的某种需求将实际用电设备按一定方式连接起来的。虽然这些电路的形式和功能各不相同，但都由一些最基本的部件组成。

图 1-1 所示是生活中常见的手电筒，按动按钮，它就会发光。那么手电筒为什么会发光，它主要由哪几部分组成，每一部分的作用分别是什么？

图 1-1　手电筒

思政案例

生活中所用的电是被发现的，还是被发明的，美国科学家富兰克林最先发现电。1752 年，他提出了风筝实验，在实验中将系上钥匙的风筝用金属线放到云层中，被雨淋湿的金属线将空中的闪电引到手指与钥匙之间，当闪电击中他的风筝时，富兰克林“发现”了电，证明了空中的闪电与地面上的电是同一回事。此后他又根据这个原理发明了避雷针。

电的发现和应用极大地节省了人类的体力劳动和脑力劳动，使人类的力量“长上了翅膀”，使人类的信息触角不断延伸。正是由于富兰克林具有坚持探索和敢于实验的科学态度，求索真知的坚毅品质，使他能够透过现象看到本质，并发挥自己的能动性与创造力，为人类科学事业的发展做出巨大贡献。

学习目标

（1）知识目标：

1）了解电路及电路模型的概念；

2）掌握电流、电压、电位和电功率等电路的基本物理量；

3）理解电流和电压的参考方向意义；

4）掌握电路的 3 种工作状态。

（2）技能目标：

1）能根据电路模型搭建简单的实际电路；

2）能使用万用表测量电路中的电流、电压和电位。

（3）素质目标：

1）团队沟通、协作能力；

2）观察、信息收集和自主学习能力；

3）钻研精神、分析总结能力；

4）良好的职业素养和工匠精神。

1-0　项目引入

任务1.1　认识电路

电路是电流流通的路径，是各种电气元器件按一定的方式连接起来的总体。在人们的日常生活和生活实践中，电路无处不在。从电视机、电冰箱、计算机到自动化生产线，都体现了电路的存在。

1.1.1　电路的组成及各部分作用

以图1-2所示的手电筒电路为例说明电路的组成及各部分作用。构成手电筒电路的实际元件有干电池、小灯泡、开关和连接导线。干电池属于电源设备，小灯泡是用电器（负载），开关及连接导线是把电源和负载连接起来的中间环节。手电筒电路的组成体现了所有电路的共性，因此，电路由电源、负载、中间环节3个部分组成。

（1）电源：它是将其他形式的能转换成电能的装置，它是电路中能量的提供者，如干电池、蓄电池、发电机和信号源等。

（2）负载：它是将电能转换成其他形式能的元器件或设备，它是电路中能量的消耗者，如电灯、电炉、电动机等。负载是各类用电器的统称。

（3）中间环节：它包括连接导线、控制和保护装置等。连接导线的作用是输送、分配电能；控制和保护装置的作用是控制电路的通断、保护及检测电路等，如开关电器、熔断器、仪器仪表等。

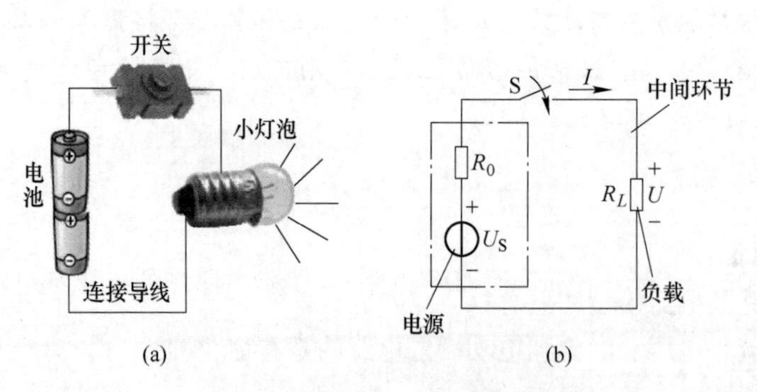

图1-2　手电筒电路

（a）实体电路；（b）电路模型

1.1.2　电路的作用

电路的种类很多，用途各异，按其基本作用可以分为以下两大类。

1.1.2.1　电能的传输、分配和转换（强电）

如图 1-3 所示，发电厂中发电机把非电能形式的能量转换为电能，通过变压器、输电线等送到用电单位，将电能通过负载转换成其他形式的能量（如热能、机械能等）。

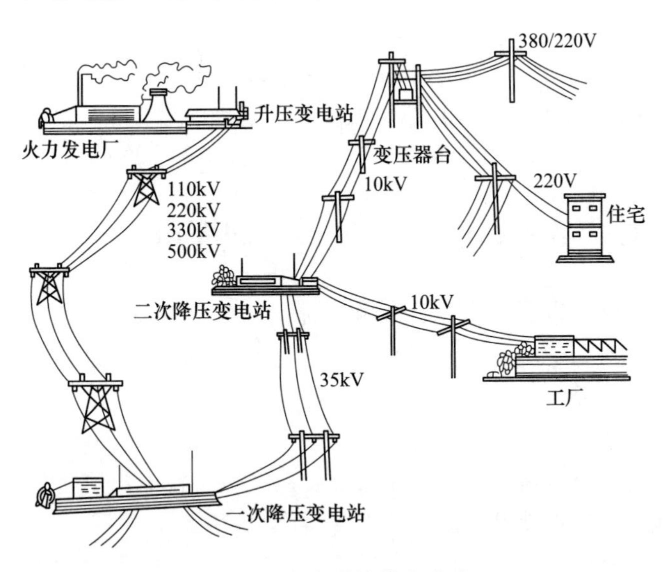

图 1-3　电力系统供电电路

1.1.2.2　信号的传递、存储和处理（弱电）

例如，电视机、计算机和手机等将接收到的信号进行处理，转换成声音或图像等。实现信号的传递、存储和处理的电路称为信号电路或电子电路。如图 1-4 所示，扩音机放大电路中话筒将语音信号转换成电信号，经过放大器进行放大处理传递给扬声器，以驱动扬声器发声。

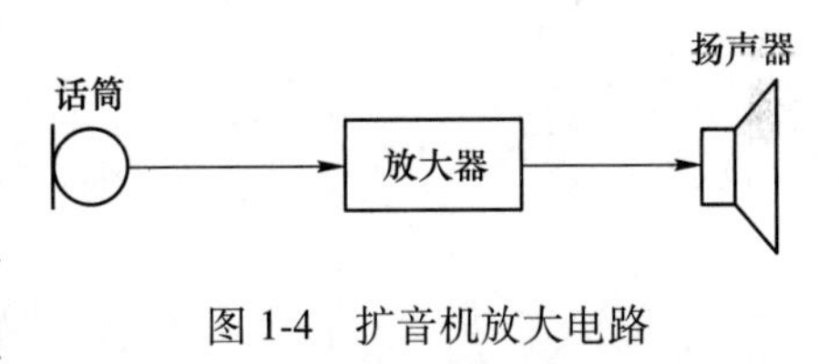

图 1-4　扩音机放大电路

1.1.3　电路的分类

根据电路中电压和电流的方向是否发生变化，可以将电路分为直流电路和交流电路。

直流电路（Direct Current Circuit，DC 电路），是指电路中的电压和电流的方向不随时间变化的电路。电路中若为恒定的直流电，即电压和电流的大小及方向均不随时间变化，用大写字母 U 和 I 表示；电路中若为脉动的直流电，即电压和电流方向不随时间变化，大小会有变化，如图 1-5（a）和（b）所示。

交流电路（Alternating Current Circuit，AC 电路）是指电路中的电压和电流的大小以及方向随时间作周期性变化的电路。电路中若为正弦交流电，即电压和电流的大小及方向均随时间按正弦规律周期性变化，用小写字母 u 和 i 表示；电路中若为非正弦交流电，即电压和电流的大小及方向均不按正弦规律变化，如图 1-5（c）和（d）所示。

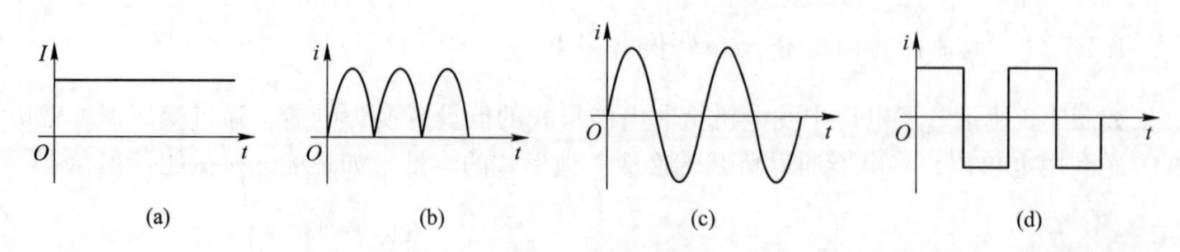

图1-5 电路的分类
（a）恒定直流电；（b）脉动直流电；（c）正弦交流电；（d）非正弦交流电

1-1 认识电路

任务1.2 认识电路的基本物理量

日常生活中有这样的常识：当打开水龙头时若有水流出来，则水管中一定有水压；有水压但水龙头未打开时，不会有水流出来。电压与电流的关系也是如此。

照明电路如图1-6所示，电路中有电源设备提供电压，当电路中的开关闭合时，灯泡才会亮，这时说明电路中有电流流过灯泡，实现电能的转换；若开关断开，电路中虽然有电源提供电压，由于没有电流，灯泡也不会亮；若电路中没有电源提供的电压，只用导线把开关和灯泡连接起来，即使开关闭合，灯泡也不会亮。

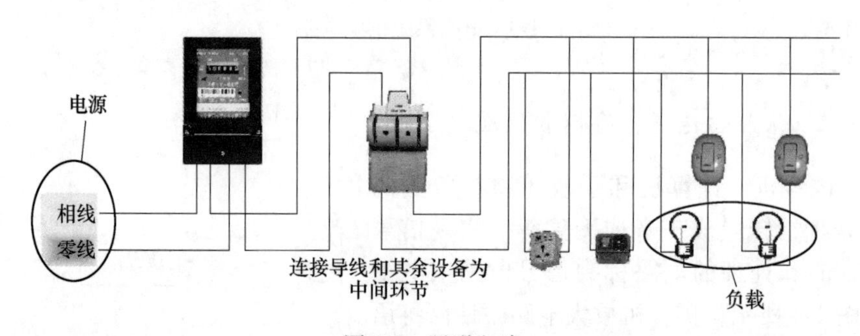

图1-6 照明电路

1.2.1 电流及其参考方向

1.2.1.1 电流的定义

电流英文为Current，电荷的定向移动形成电流。单位时间内通过导体某一横截面的电量称为电流强度（即电流的大小），它是电路中电荷流动量的度量。

电流的符号，电路中用大写字母 I 表示不随时间变化的电流（恒定直流电流），即：

$$I = \frac{Q}{t}$$

或用小写字母 i 表示随时间变化的电流，即：

$$i = \frac{\mathrm{d}q}{\mathrm{d}t}$$

1.2.1.2　电流的单位

在国际单位制（SI）中，电量 Q 的单位是库仑（C），时间 t 的单位是秒（s），电流的单位是安培（A），简称安，它表示每秒钟流过电路中某一横截面积的电量。较小的单位有毫安（mA）、微安（μA）、纳安（nA）。它们之间的换算关系是：

$$1\text{A} = 10^3\text{mA} = 10^6\mu\text{A} = 10^9\text{nA}$$

1.2.1.3　电流的方向

电流的实际方向规定为正电荷运动的方向。为了分析计算电路方便，预先假定的电流方向称电流的参考方向。电流的方向在连接导线上用箭头或用双下标表示，如图 1-7 所示。当参考方向与实际方向一致时电流为正；当参考方向与实际方向相反时，电流为负。

【例 1-1】 指出图 1-8 中电流的大小，参考方向以及实际方向。

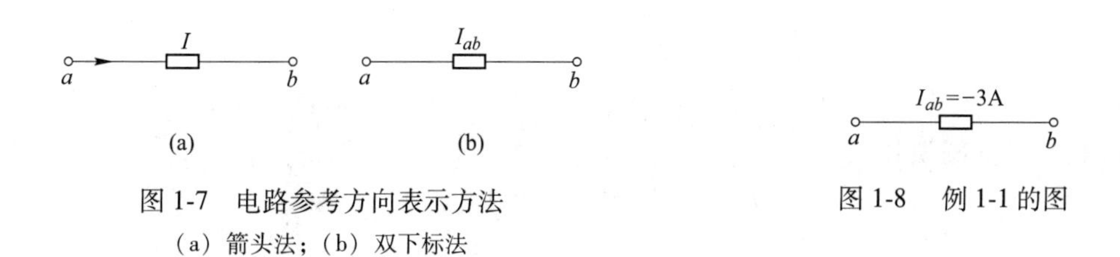

图 1-7　电路参考方向表示方法

（a）箭头法；（b）双下标法

图 1-8　例 1-1 的图

解：电流的大小为 3A，电流的参考方向为 a 指向 b，电流的实际方向为 b 指向 a。

1.2.1.4　电流的测量

实验和工程中采用万用表测量电流，万用表量程旋钮拨到电流挡（如果测量直流电流，就拨到直流电流挡；如果是测量交流电流，就拨到交流电流挡），并将万用表串接在被测电路中，此时万用表充当电流表的作用。万用表有正、负两个接线端子，测直流电流时，正极接电路的高电位端。测交流电流时，万用表的两个接线端子无正、负之分。连接示意图如图 1-9 所示。

实用中，由于电流表的内阻数值都非常小，测量时不允许把电流表跨接在电源两端，以免过大的电流把电流表烧毁。因此，电流表必须串接在被测支路中，而且在测直流电流时一定要注意电表极性不能接反。

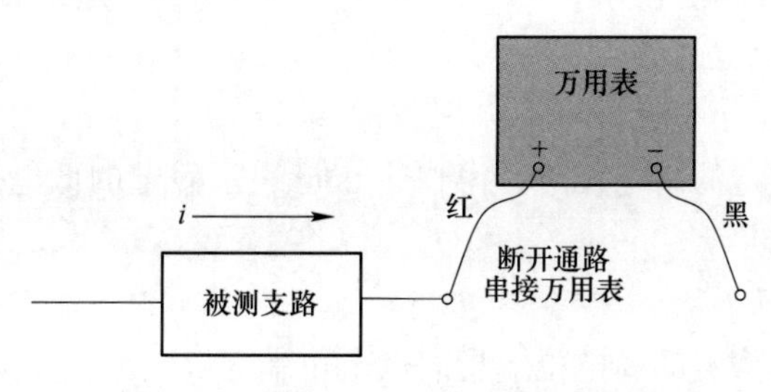

图 1-9　万用表测电流的连接示意图

1.2.2 电压及其参考方向

1.2.2.1 电压的定义

电压英文为 Voltage，电路中 a、b 两点间的电压定义为电场力把单位正电荷由 a 点移至 b 点所做的功。

电压的符号，电路中用大写字母 U 表示不随时间变化的电压（恒定直流电压），即：

$$U_{ab}=\frac{W_{ab}}{Q}$$

或用小写字母 u 表示随时间变化的电压，即：

$$u_{ab}=\frac{\mathrm{d}w}{\mathrm{d}q}$$

1.2.2.2 电压的单位

在国际单位制（SI）中，电量 Q 的单位是库仑（C），功的单位是焦耳（J），电压的单位是伏特（V），简称伏，较大的单位有千伏（kV），较小的单位有毫伏（mV），微伏（μV），它们之间的换算关系是：

$$1\mathrm{kV}=10^3\mathrm{V},\ 1\mathrm{V}=10^3\mathrm{mV}=10^6\mu\mathrm{V}$$

1.2.2.3 电压的方向

电位降低的方向为电压的实际方向。同电流方向一样，为了分析计算电路方便，预先假定的电压方向称为电压的参考方向。当电压的实际方向与参考方向一致时，电压为正值；当电压的实际方向与参考方向相反时，电压为负值。

电压参考方向可以用以下 3 种表示方法，如图 1-10 所示。

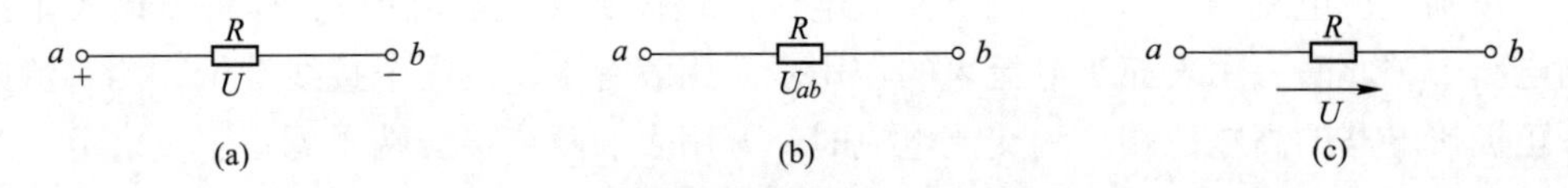

图 1-10　电压参考方向 3 种表示方法

（a）“+”“-”极标法；（b）双下标法；（c）箭头标法

（1）“+”“-”极标法。

“+”极表示假定的高电位端，“-”极表示假定的低电位端。电压的参考方向由“+”极指向“-”极。

（2）双下标标法。

第一个字母表示假定的高电位端，第二个字母表示假定的低电位端。如 U_{ab} 表示电压的参考方向由 a 指向 b。

（3）箭头标法。

电压的参考方向由假定的高电位端指向低电位端。

【例 1-2】　如图 1-10（a）所示，若 $U=10\mathrm{V}$，分别求出 U_{ab} 和 U_{ba}，并说明 U 的参考方

向和实际方向。

解： $U_{ab}=U=10\text{V}$，$U_{ba}=-U=-10\text{V}$

U 的参考方向为 a 指向 b，U 的实际方向和参考方向一致。

1.2.2.4 电压的测量

实验和工程中采用万用表测量电压，万用表的量程旋钮拨到电压挡（如果测量直流电压，就拨到直流电压挡；如果是测量交流电压，就拨到交流电压挡），并将万用表并联到被测支路上，此时万用表充当电压表的作用。万用表有正、负两个接线端子，测直流电压时，正极接电路的高电位端，负极接电路的低电位端。测交流电压时，万用表的两个接线端子无正、负之分。连接示意图如图 1-11 所示。

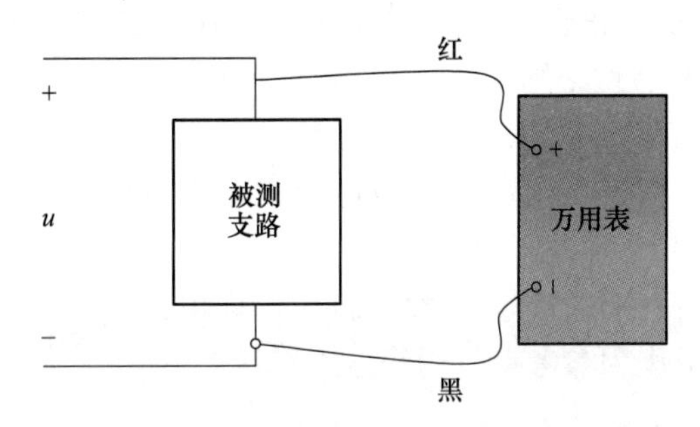

图 1-11 万用表测电压的连接示意图

1.2.2.5 关联和非关联参考方向

在分析电路时，既要为元件的电流假设参考方向，也要为元件两端的电压假设参考方向，为了方便起见，常采用关联参考方向，即电流的参考方向与电压的参考方向一致，若电流的参考方向与电压的参考方向相反，称为非关联参考方向，如图 1-12 所示。

【例 1-3】 如图 1-13 所示，若 $U_1=-7\text{V}$，$I_1=3\text{A}$，$I_2=-2\text{A}$，$I_3=5\text{A}$，各电量的参考方向在图中已经标出。(1) 各段电路的电流、电压的参考方向是否关联？(2) 各段电路电流的实际方向如何？(3) AB 段电压的实际方向如何？

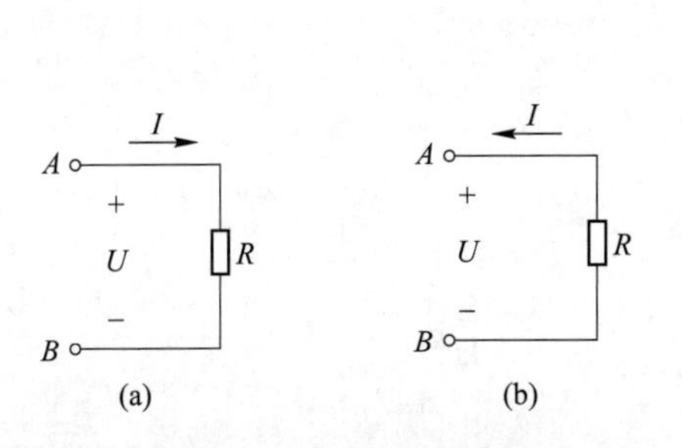

图 1-12 关联参考方向和非关联参考方向
(a) 关联参考方向；(b) 非关联参考方向

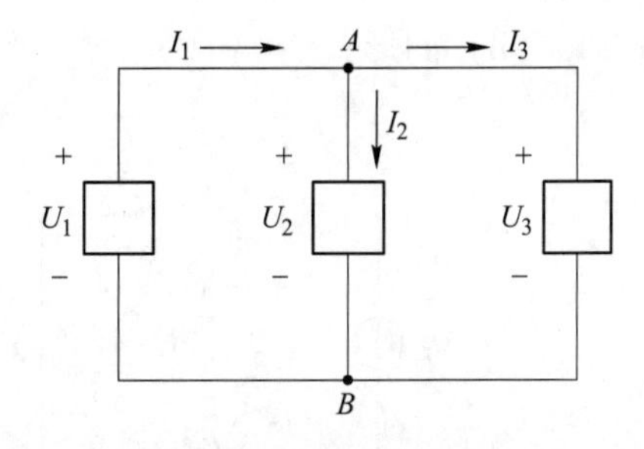

图 1-13 例 1-3 图

解：

(1) U_1 和 I_1 非关联，U_2 和 I_2 关联，U_3 和 I_3 关联；

（2）I_1实际方向和参考方向相同，B 指向 A；I_2实际方向和参考方向相反，B 指向 A；I_3实际方向和参考方向相同，A 指向 B；

（3）$U_1=-7\text{V}$，U_1的实际方向与参考方向相反，实际方向为 B 指向 A。

1-2　电流和电压

1.2.3　电位

1.2.3.1　电位的定义

在电路的分析与计算时，常常要用到电位的概念。电路中某点的电位定义为电场力把单位正电荷由该点移至参考点所做的功，电位的单位为伏（V）。电位是针对电路中某一点而言，用符号 V 表示，A 点电位即为 V_A。

为了确定某点的电位，必须在电路中选定某一点作为“参考点”。参考点的电位通常规定为零，假设参考点为 O 点，则：

$$V_O=0$$

根据电位的定义，可以确定电路中某点电位是该点到参考点的电压，如图 1-14 所示，$V_A=U_{AO}$、$V_B=U_{BO}$。

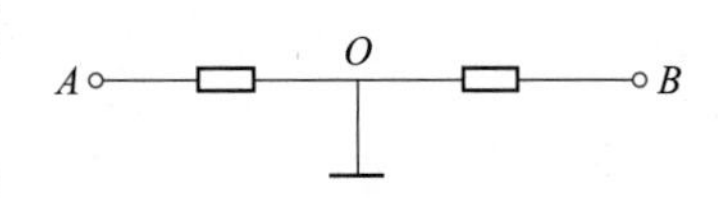

图 1-14　求 A 点和 B 点电位

电路中参考点的选择是任意的，一般而言，选择电路的公共点或是电源的负极作为参考点，用符号⊥表示。

1.2.3.2　电位与电压的关系

电压是两点的电位之差，比如 A 点到 B 点的电压 U_{AB}可以表示为：

$$U_{AB}=V_A-V_B$$

从上式可知，A 点到 B 点的电压 U_{AB}的值为 A 点的电位与 B 点的电位之差。

电位是相对量，选择不同参考点，在同一个电路，同一点的电位会有所不同；但是电压是一个绝对量，即使参考点不同，对于同一个电路，两点之间的电压是不变的。

利用电位的概念，还可以简化电路图，常采用电位标注法，也可使计算更为简单。在电子电路中，为简化电路，一般不画出一端接地（参考点）的直流电压源，而只标出各点的电位值，也就是各点到参考点的电压值。图 1-15（a）所示电路用电位标注时，可简化成图 1-15（b）的形式。

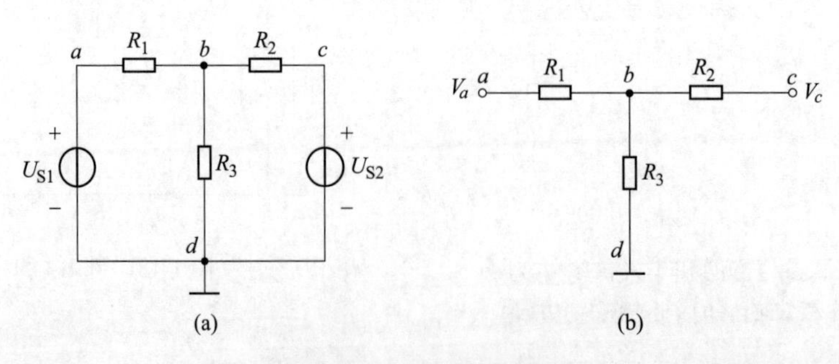

图 1-15　电路的简化表示

（a）电路；（b）简化电路

1.2.3.3　电位的测量

测量电路中某点电位时应用电压表或万用表的电压挡。测量电位时，应选择合适的量程，让黑表笔与参考点（电路中的公共连接点）相接触，红表笔与待测点相接触，此时电表指示值即为待测的电位值。

1.2.4　电动势

电源的作用和水泵相似，水泵不断地把低处的水抽到高处，使供水系统始终保持一定的水压；电源则不断地把负极板上的正电荷移到正极板，以保持一定的电压，这样电路中才会有持续不断的电流。要使负极板上的正电荷逆着电场力的方向返回正极板，必须有外力克服电场力做功。电源克服电场力做功（把其他形式的能转换为电能）的这种能力称为电源力。

1.2.4.1　电动势的定义

在电源内部，电源力将单位正电荷由负极移到正极所做的功定义为电源的电动势，电动势的单位为伏（V）。

交流电源电动势用小写字母 e 表示。

$$e = \frac{\mathrm{d}w}{\mathrm{d}q}$$

直流电源电动势用大写字母 E 表示。

$$E = \frac{W}{Q}$$

电动势的图形符号如图 1-16 所示。

电动势的实际方向规定为电位升高的方向，即由电源的负极指向正极。

1.2.4.2　电源电动势和电压的关系

电压源对外电路的作用效果既可以用电动势表示，也可以用电压表示，如图 1-17 所示。电源的正负极已知，电源的电动势为 E，参考方向为负极指向正极；电源的电压为 U_{ab}，参考方向为正极指向负极。电源沿电动势的方向电位升高了 E，沿电压的方向电位降低了同样的数值，故电源的电动势和电压是方向相反，大小相等，即 $E = U_{ab}$。

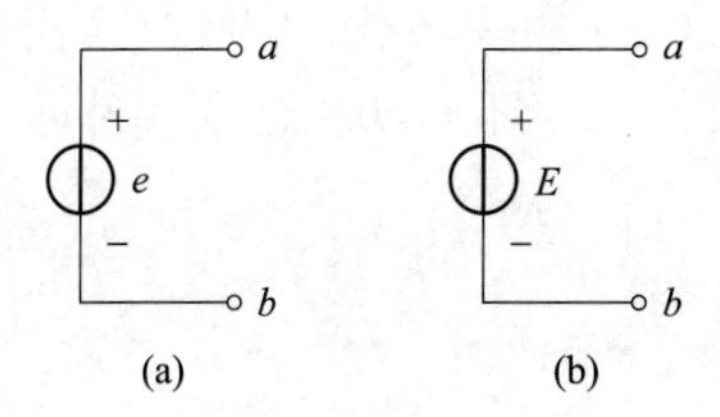

图 1-16　电动势的图形符号
（a）交流电动势；（b）直流电动势

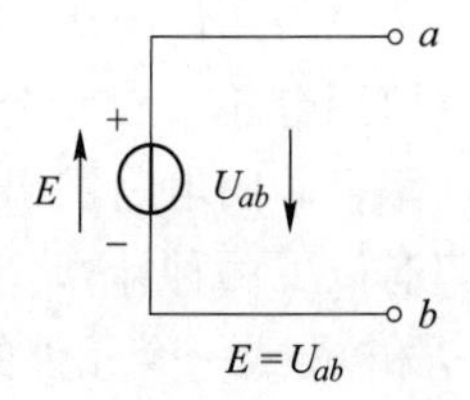

图 1-17　电源电动势和电压的关系

1.2.5　电能和电功率

1.2.5.1　电能（电功）

电流能使电动机转动、电炉发热、电灯发光，说明电能可以转换为其他形式的能。电能转化为其他形式能的过程实际上就是电流做功的过程，电能的多少可以用电流所做的功（即电功）来计量。

日常生活中，用电度表测量电能（电功）。当使用电器工作时，电度表转动并且显示电流做功的多少。显然电功的大小不仅与电压电流的大小有关，还取决于用电时间的长短。

电流做的功称为电功，用字母 W 表示。

$$W = UIt$$

电功（电能）的单位是焦耳（J）。

$$1\mathrm{J} = 1\mathrm{V} \times 1\mathrm{A} \times 1\mathrm{s}$$

在实际生活中，电能（电功）的实际单位是千瓦·时（kW·h），简称“度”。

$$1\mathrm{kW} \cdot \mathrm{h} = 3.6 \times 10^6\mathrm{J}$$

1.2.5.2　电功率

（1）电功率的定义。

电功率简称功率，是指在单位时间内电流所做的功，功率常标注在各用电器的铭牌上，功率用功率表测量。

交流电功率用小写字母 p 表示。

$$p = \frac{\mathrm{d}w}{\mathrm{d}t} = \frac{\mathrm{d}w}{\mathrm{d}q}\frac{\mathrm{d}q}{\mathrm{d}t} = ui$$

直流电功率用大写字母 P 表示。

$$P = UI$$

功率的单位为瓦特（W），较小的单位有毫瓦（mW），较大的单位有千瓦（kW）、兆瓦（MW）等。它们之间的换算关系是：

$$1\mathrm{W} = 10^3\mathrm{mW},\ 1\mathrm{kW} = 10^3\mathrm{W},\ 1\mathrm{MW} = 10^6\mathrm{W}$$

（2）功率正负的意义。

在电路分析中，电功率有正、负之分，可以通过电功率的正、负来判断元件在电路中的作用。当一个电路元件的功率为正值时，即 $P>0$，这个元件是负载，它吸收（消耗）功率，即从电路取用电能。当一个电路元件的功率为负值时，即 $P<0$，这个元件起电源作用，它发出功率，即向电路发出（提供）电能。

故电功率有以下两种计算公式。

1）当一段电路或一个元件的电流、电压参考方向关联时。

$$P = UI$$

2）当一段电路或一个元件的电流、电压参考方向非关联时。

$$P = -UI$$

【例 1-4】 求图 1-18 中各元件的功率，并说明各元件的作用。

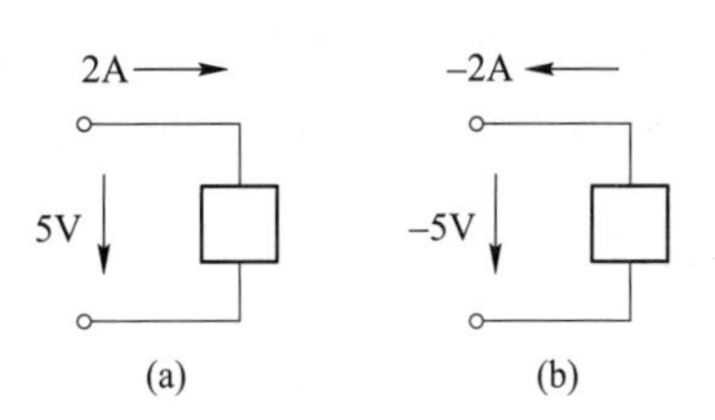

图 1-18　例 1-4 图

解： 图 1-18（a）为电流、电压关联方向。

$$P = UI = 5 \times 2 = 10\text{W}$$

$$P > 0$$

吸收 10W 的功率，该元件为负载。

图 1-18（b）为电流、电压非关联方向。

$$P = - UI = - (-5) \times (-2) = - 10\text{W}$$

$$P < 0$$

发出 10W 的功率，该元件为电源。

1-3　电位、电动势、电能和电功率

任务 1.3　建立电路模型

实际电路由起不同作用的电路元件组成，它们所表征的电磁现象和能量转换特征一般都比较复杂，为便于分析和计算实际电路，将实际元件理想化，即在一定条件下突出其主要电磁性质，忽略其次要因素，把它近似地看作理想电路元件。例如，用“电阻元件”反映电阻器消耗电能的性质，用“电容元件”反映电容器储存电场能量的性质，用“电感元件”反映电感线圈存储磁场能量的性质等。

1.3.1　电路模型

用理想电路元件所组成的电路，就是实际电路的电路模型，它是对实际电路电磁性质的科学抽象和概括。

对于一个实际电路进行分析，首先把电路中每一个实际电路元件用理想电路元件来表示，构成电路模型，然后对电路模型进行分析计算，就近似得到实际电路的特性。

图 1-19 所示为家庭照明电路的实际电路和电路模型，图中 u_s、QF、S 和 R 分别为实际电路中电源、断路器、开关和白炽灯的理想电路元件。实际电路中的白炽灯除具有消耗

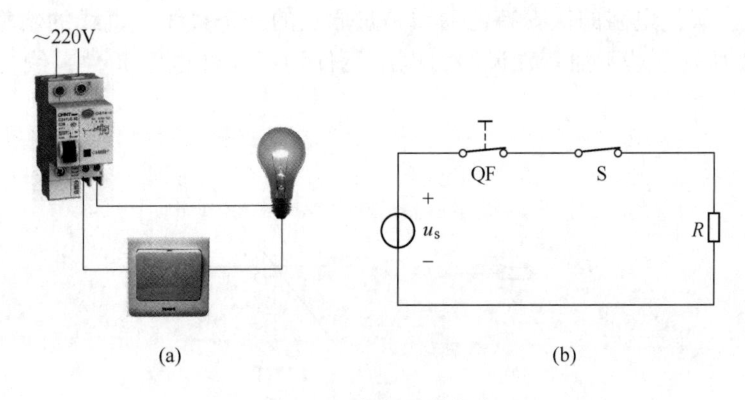

图 1-19　家庭照明电路

（a）实际电路；（b）电路模型

电能的性质（电阻性）外，当通过电流时还会产生磁场，所以它还具有电感性，但由于电感微小，可忽略不计，在电路模型中可用电阻元件来表示白炽灯。

1.3.2 电路的无源元件

常见的无源元件有电阻元件 R、电感元件 L 和电容元件 C，它们的图形符号如图 1-20 所示。这些元件不产生能量，称为无源元件。

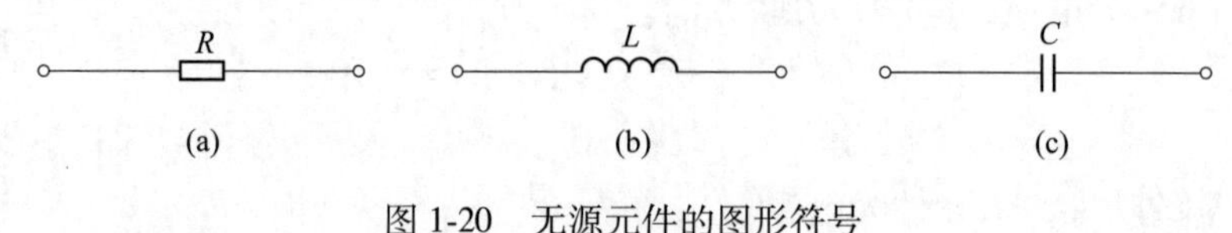

图 1-20 无源元件的图形符号
（a）电阻元件；（b）电感元件；（c）电容元件

1.3.2.1 电阻元件

（1）电阻和电阻元件。

电流在导体中流动通常要受到阻碍作用，反映这种阻碍作用的参数称为电阻。电阻用 R 来表示，单位为欧姆（Ω），较大的单位有千欧（kΩ）、兆欧（MΩ）等。它们之间的换算关系是：

$$1\text{k}\Omega = 10^3\Omega,\ 1\text{M}\Omega = 10^6\Omega$$

电阻的倒数称为电导 G，表示某一种导体传输电流能力强弱程度，单位为西门子（S）。

电阻元件（简称电阻）是反映材料或元器件对电流呈现阻力、消耗电能的一种理想元件。它的突出作用是耗能，将电能转换为热能、光能、机械能等其他形式的能量，这个过程是不可逆的。电学中电阻元件意义更加广泛，除去电阻器、白炽灯、电热器等可视为电阻元件，电路中导线和负载上产生的热损耗通常也归结于电阻元件。

（2）电阻元件的伏安特性。

电阻元件两端的电压 U 与通过它的电流 I 的关系，称为电阻元件的伏安特性。在直角坐标平面上，线性电阻的伏安特性曲线是过原点的一条直线，直线的斜率是电阻的大小，如图 1-21 所示。若不加特殊说明，电阻元件均指线性电阻元件，线性电阻元件简称电阻。

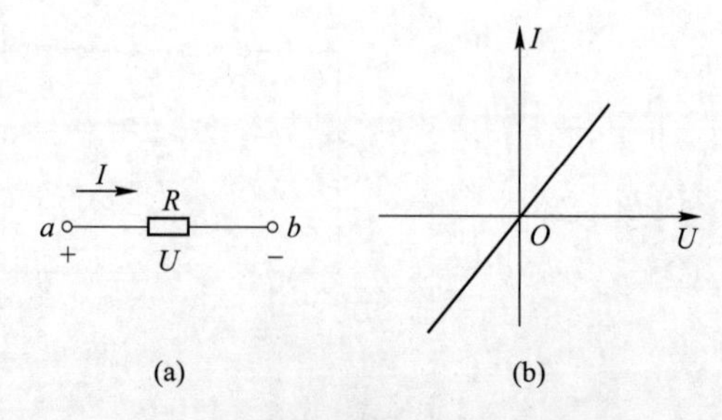

图 1-21 线性电阻元件及伏安特性
（a）电阻元件；（b）伏安特性

线性电阻元件的伏安特性曲线表明：通过电阻元件的电流与元件两端的电压成正比，这就是电阻元件的欧姆定律。

如图 1-22（a）所示，若电阻元件电压和电流是关联参考方向，欧姆定律表示为 $U=IR$；如图 1-22（b）所示，若电阻元件电压和电流是非关联参考方向，欧姆定律表示为 $U=-IR$。为了避免公式中出现符号，在对电路进行分析计算时，常采用关联参考方向。

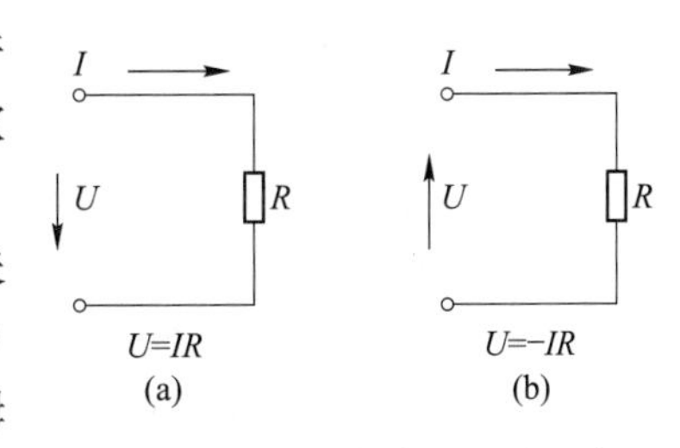

图 1-22　欧姆定律的两种形式

1.3.2.2　电感元件

（1）电感线圈和电感元件。

实际电感线圈的绕组是由导线绕制成的，日常生活中常见的电机、变压器等电气设备内部都含有电感线圈，收音机的接收电路、电视机的高频头也都含有电感线圈。表征电感线圈存储磁场能量大小的参数称为电感系数，也称自感系数，简称电感，用 L 表示，它的基本单位是亨利（H），比亨利（H）还小的单位有毫亨（mH）、微亨（μH）。它们的换算关系是：

$$1\text{H}=10^{3}\text{mH}=10^{6}\mu\text{H}$$

电感线圈除了具有电感外，总有一定的电阻。若忽略电阻，电感线圈可用其理想化的模型电感元件替代。电感元件是用来表征电路中磁场存储能力这一物理性质的电路元件，简称电感，用 L 表示。电感元件在电路中只进行能量交换，不消耗能量。

空心电感线圈的电感 L 为常数，可视为线性电感元件；铁芯线圈的电感 L 不为常数，可视为非线性电感元件。本书主要讨论线性电感元件。

（2）电感元件的伏安特性。

如图 1-23 所示，电感元件的电流 i 和电压 u 为关联参考方向，当电流发生变化时，则电感元件两端就会形成电压，两者关系为：

$$u=L\frac{\mathrm{d}i}{\mathrm{d}t}$$

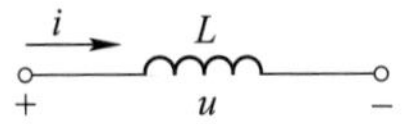

图 1-23　线性电感元件图形符号

上式表明线性电感元件两端的电压与通过的电流变化率成正比。通过电感元件的电流为恒定的直流电流时，它的电压为零，相当于导线；只有通过电感元件的电流发生变化时，电感元件两端才有电压。因此电感元件也是一种动态元件。

1.3.2.3　电容元件

（1）电容器及电容元件。

两块导体中间夹着绝缘介质构成的整体就是电容器，使用不同的绝缘介质可以构成不同的电容器。电子设备或仪器中有许多电容器，电力系统中也有许多电力电容器。若忽略电容器中介质的漏电现象，电容器可用其理想化的模型电容元件替代。电容元件是用来表征电路中电场存储能力这一物理性质的电路元件，简称电容，用 C 表示。电容元件在电路中只进行能量交换，不消耗能量。

电容元件的参数用电容量 C 表示，简称电容，它反映了电容元件存储电场能量的本领大小。它的基本单位是法拉（F），在实际应用中“法拉”单位太大，常用单位为微法（μF）、皮法（pF）、纳法（nF）。它们的换算关系是：

$$1\mathrm{F} = 10^{6}\mu\mathrm{F} = 10^{9}\mathrm{pF} = 10^{12}\mathrm{nF}$$

若电容器的电容量为常数，这样的电容称为线性电容。忽略损耗的电容器可视为线性电容。若电容器的电容量不为常数，这样的电容称为非线性电容。本书仅讨论线性电容。

（2）电容元件的伏安特性。

如图 1-24 所示，当电容量为 C 的电容元件两端加上电压 u 时，两个极板上分别存储等量的正负电荷，若电压 u 发生变化，则在电路中就会形成电流 i，在关联参考方向下，两者关系为：

$$i = \frac{\mathrm{d}q}{\mathrm{d}t} = \frac{\mathrm{d}(Cu)}{\mathrm{d}t} = C\frac{\mathrm{d}u}{\mathrm{d}t}$$

图 1-24　线性电容元件图形符号

上式表明线性电容元件的电流与其两端电压变化率成正比。只有当电容元件两端的电压发生变化时，才有电流流过。因此电容元件也是一种动态元件。当电容元件两端加直流电压时，电流 $i=0$，电容元件相当于开路（隔直流作用）。

1.3.3　电路的有源元件

1-4　电阻元件、电感元件和电容元件

电源是电路中能量的来源，它将其他形式的能转换为电能。实际使用的电源种类繁多，经过分析、归纳及科学抽象，可以得到两种电源模型，即电压源和电流源。它们的图形符号如图 1-25 所示。

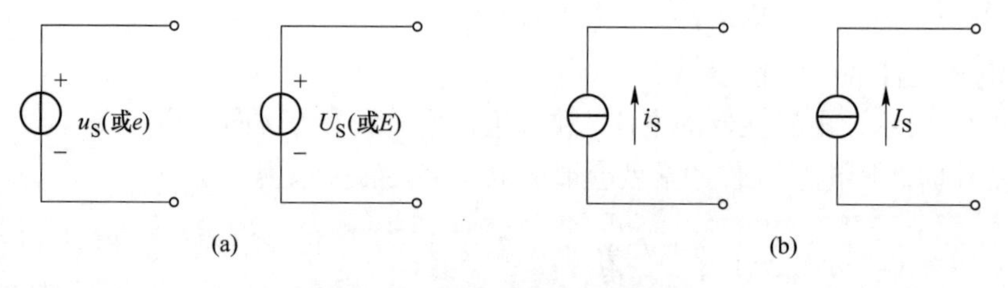

图 1-25　有源元件的图形符号
（a）电压源元件；（b）电流源元件

1.3.3.1　电压源

（1）理想电压源（恒压源）。

在实际电路中给负载提供电能的设备有发电机、蓄电池、干电池等，这些器件在电路中能够提供较为稳定的电压，若忽略其次要特性，可用理想电压源模型来表示。理想电压源两端的电压是一定时间的函数 u_{S}（交流电压源）或是一个定值 U_{S}（直流电压源），其图形符号如图 1-25（a）所示。

理想直流电压源的伏安特性曲线如图 1-26 所示。

理想直流电压源的特点如下所述。

1）端电压：电压源的端电压是一个确定的常数，与外电路无关，与流经电压源的电流无关，即 $U=U_S$。

2）电流：流过电压源的电流是任意的，其数值不能由电压源本身确定，而是由外电路决定的。当外电路断开时，电流大小为零；当外电路短路时，电流为无穷大。电流的无穷大将造成外电路烧毁，因此，理想电压源的外电路绝对不可以短路。

两个电路如图 1-27 所示，10V 的电压源，分别接入 10Ω 和 5Ω 的电阻，电压源两端的电压并没有改变，但是电路中的电流就不一样了，可见理想电压源的电流是外电路决定。

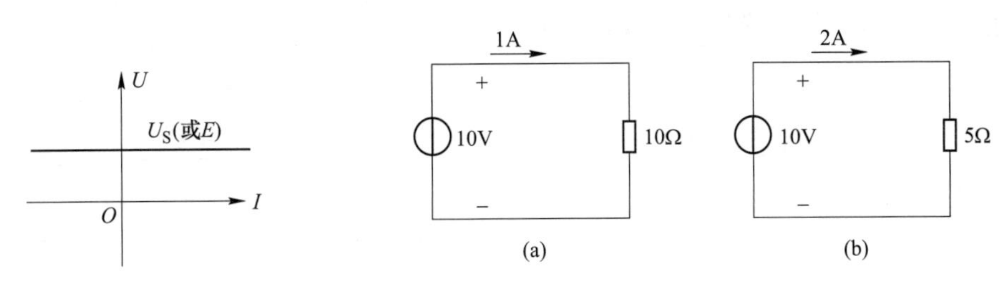

图 1-26　理想直流电压源伏安特性曲线

图 1-27　同一电压源接入不同电阻

当电路中有两个以上的电压源串联时，可以等效为一个电压源。图 1-28 给出了两个电压源串联电路的等效电压源。

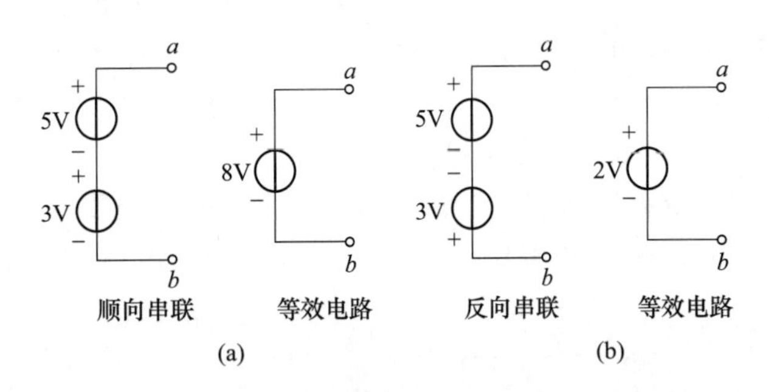

图 1-28　等效电压源示例

（2）实际电压源。

理想电压源是一种理想情况。实际电压源随着输出电流的增大，其端电压有所下降，这说明电源内部存在一定的内阻 R_0。当接上负载时，电源中就有电流通过，在电源内阻上将产生电压降 IR_0，则电压源两端实际输出电压必将下降，电流越大，电源端电压下降越多。因此，干电池、蓄电池和直流发电机等实际直流电压源，可以用一个理想电压源 E 和内阻 R_0 串联的电路模型表示，如图 1-29 所示。

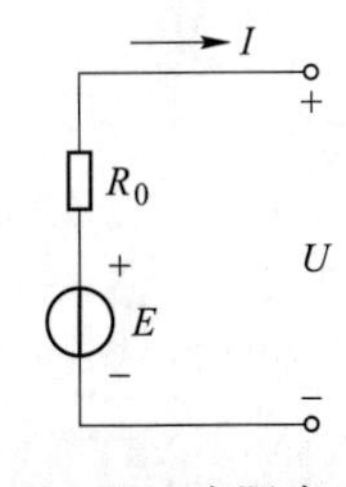

图 1-29　实际直流电压源模型

图 1-30 所示为实际直流电压源的伏安特性曲线，其端电压 U 是随电流 I 的增大呈下降变化趋势的直线。内阻 R_0 越小，U 越接近理想情况，当 $R_0=0$ 时，就是理想电压源。其伏安关系为：

$$U = E - IR_0$$

1.3.3.2　电流源

（1）理想电流源（恒流源）。

理想电流源是能向电路提供恒定的电流，理想电流源的输出电流是一定时间的函数 i_S（交流电流源）或是一个定值 I_S（直流电流源），其图形符号如图1-25（b）所示。在实际应用中，光电池、电子稳流器等都属于电流源，当忽略其内部损耗时，可用理想电流源模型表示。

理想直流电流源的伏安特性曲线如图1-31所示。

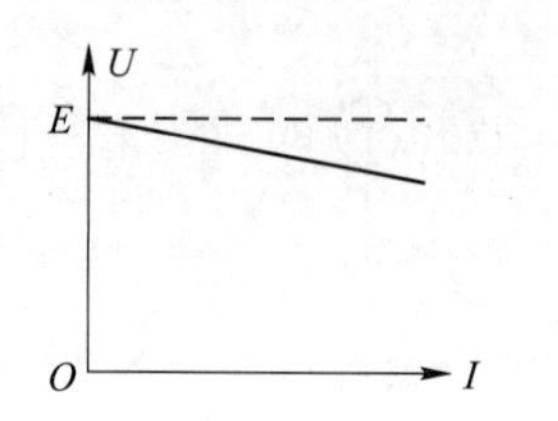

图1-30　实际直流电压源伏安特性曲线

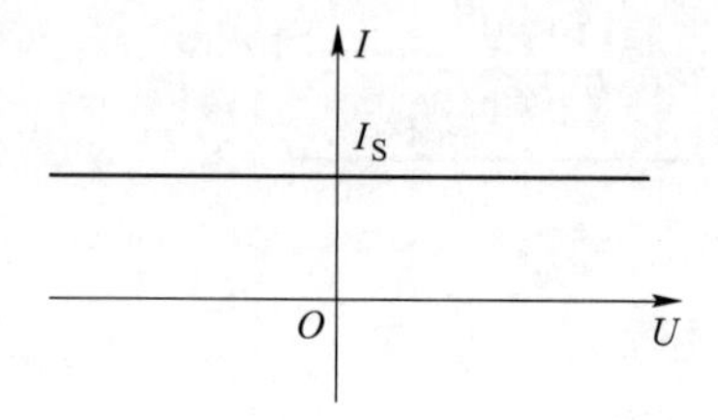

图1-31　理想直流电流源伏安特性曲线

理想直流电流源的特点如下所述。

1）电流：电流源的电流是一个确定的常数，与外电路无关，与电流源两端电压无关，即 $I=I_S$；

2）端电压：电流源两端电压是任意的，其数值不能由电流源本身确定，而是由外电路决定的。当外电路短路时电阻 $R=0$，电压大小为0，即 $U=0$；当外电路断路时电阻 R 为无穷大，电压 U 为无穷大。无穷大的电压使电源输出功率为无穷大，将造成外电路烧毁，因此理想电流源的外电路绝对不可以断路。

两个电路如图1-32所示，2A的电流源，分别接入10Ω和5Ω的电阻，电流源的电流并没有改变，但是电流源两端的电压不一样了，可见理想电流源的端电压是由外电路决定。

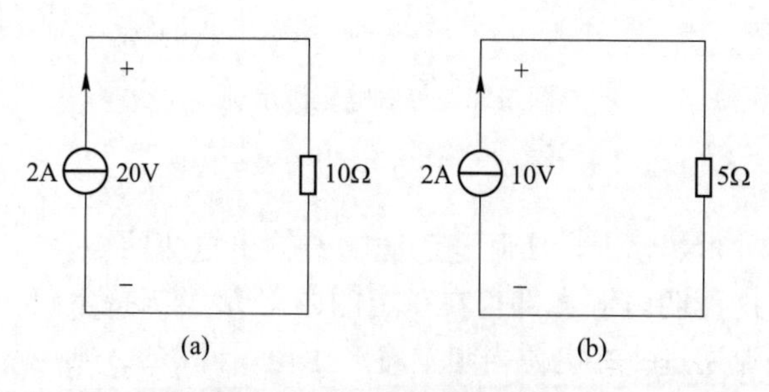

图1-32　同一电流源接入不同电阻

当电路中有两个以上的电流源并联时，可以等效为一个电流源。图1-33给出了两个电流源并联电路的等效电流源。

（2）实际电流源。

理想电流源是一种理想情况。实际电流源随着输出电压的增大，其输出电流有所下降，这说明电源内部存在一定的内阻 R_S。因此，光电池、电子稳流器等实际直流电流源，

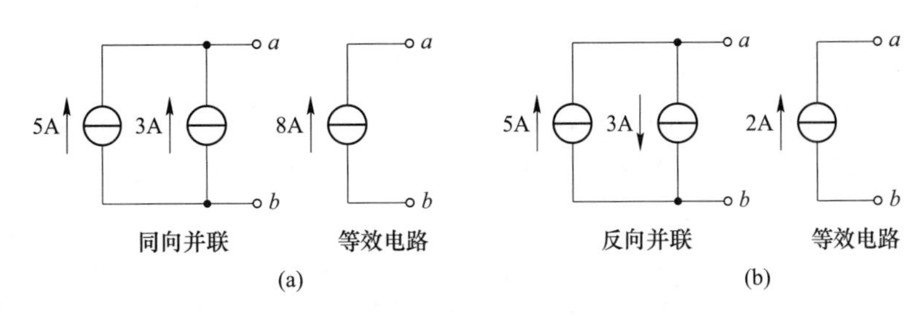

图 1-33　等效电流源示例

（a）同向并联；（b）反向并联

可以用一个理想电流源 I_S 和内阻 R_S 并联的电路模型表示，如图 1-34 所示。

图 1-35 所示为实际直流电流源的伏安特性曲线，其输出电流 I 是随着端电压的增大呈下降变化趋势的直线。内阻 R_S 越大，曲线下降越小，I 越接近理想情况；当 $R_S=\infty$ 时，就是理想电流源。其伏安关系为：

$$I = I_S - \frac{U}{R_S}$$

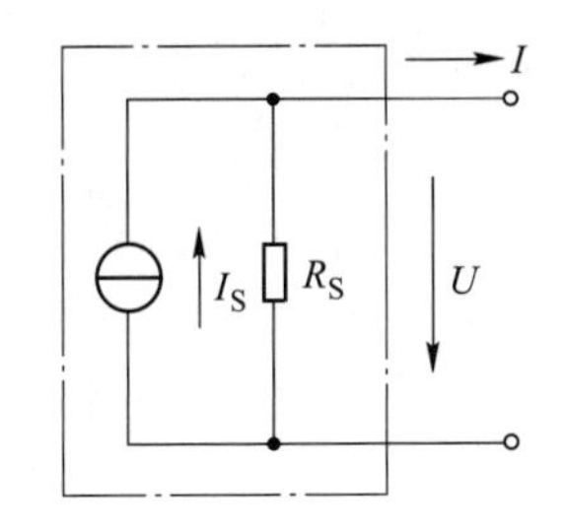

图 1-34　实际直流电流源模型

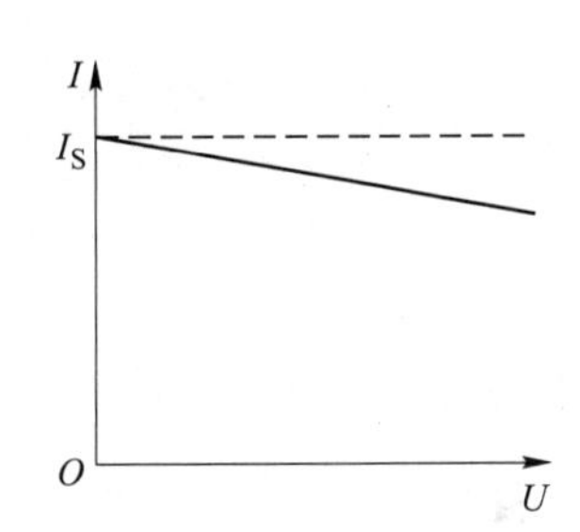

图 1-35　实际直流电流源伏安特性曲线

1.3.4　电路的工作状态

在实际用电过程中，根据不同的需要和不同的负载情况，电路可分为 3 种不同的状态。了解并掌握使电路处于不同状态的条件和特点，是正确用电和安全用电的前提。

1-5　电压源和电流源

1.3.4.1　开路状态

开路又称为断路，是电源和负载未接通时的工作状态。典型的开路状态如图 1-36 所示，当开关 S 断开时，电源空载，电源与负载断开（外电路的电阻无穷大），未构成闭合回路，电路中无电流，电源不能输出电能，负载也不消耗电能。

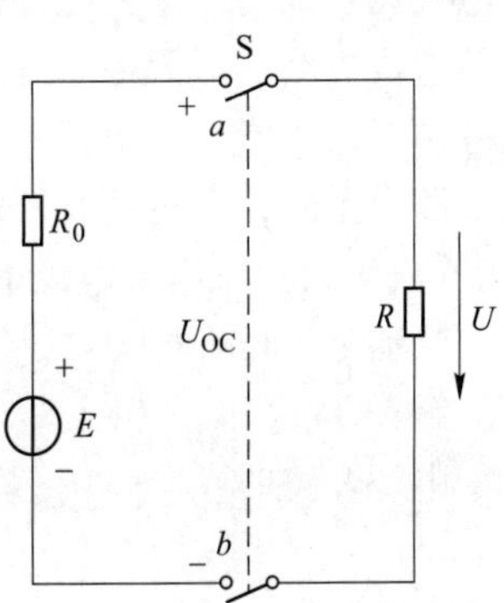

图 1-36　开路状态

电源开路时的电路特征如下：

（1）电路中的电流 $I=0$；

（2）电源两端的开路电压 $U_{ab}=U_{OC}=E$，负载两端的电

压 $U=0$；

（3）电源产生的功率与负载消耗的功率均为零，即 $P_E=P=0$。

开路状态有两种情况：一种是正常开路，如检修电源或负载不用电的情况；另一种是故障开路，如电路中的熔断器等保护设备断开的情况，应尽量避免故障开路。

1.3.4.2　短路状态

电路中任何一部分负载被短接，使其两端电压降为零，这种情况称电路处于短路状态。图1-37（a）所示电路是电源被短接的情况，其等效电路如图1-37（b）所示，其短路电流用 I_{SC} 表示，因为电源内阻很小，所以短路电流 I_{SC} 很大，短路时外电路电阻为零，电源和负载的端电压均为零，故电源输出功率及负载获得的功率均为零。

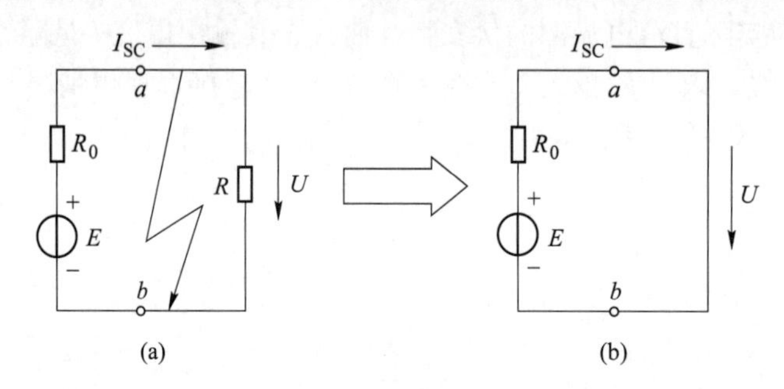

图1-37　短路状态

电源短路状态的特征如下：

（1）短路电流 $I=I_{SC}=\dfrac{E}{R_0}$；

（2）电源的端电压 $U=0$；

（3）电源发出及负载消耗的功率均为零，即 $P=0$；电源产生的功率全消耗在内阻上，即 $P_E=\Delta P=I^2R_0$。

短路状态有两种情况。一种是将电路某一部分或某一元件的两端用导线连接，称为局部短路，有些局部短路是允许的，称为工作短路，常称为“短接”，如电流表完成测量时的短接等。另一种短路是故障短路，如电源被短路或一部分负载被短路，它会使电源或其他电气设备因为严重发热而烧毁，用电操作中应注意避免，注意电压源不允许短路。

造成短路的原因主要是绝缘损坏或接线不当。因此工作中要经常检查电气设备和线路绝缘情况，正常连接电路。电源短路的保护措施是：在电源侧接入熔断器或自动断路器，当短路发生时，能迅速切断故障电路，防止电气设备的进一步损坏。

【例1-5】　某直流电源串联一个 $R=10\Omega$ 的电阻后，进行开路、短路试验，如图1-38所示，分别测得开路电压 $U_{OC}=24V$，短路电流 $I_S=2A$。试问该电源的电动势和内阻各为多少？

解：

电源开路时：

$$U_S=U_{OC}=20V$$

电源的电动势：

$$E=U_S=20V$$

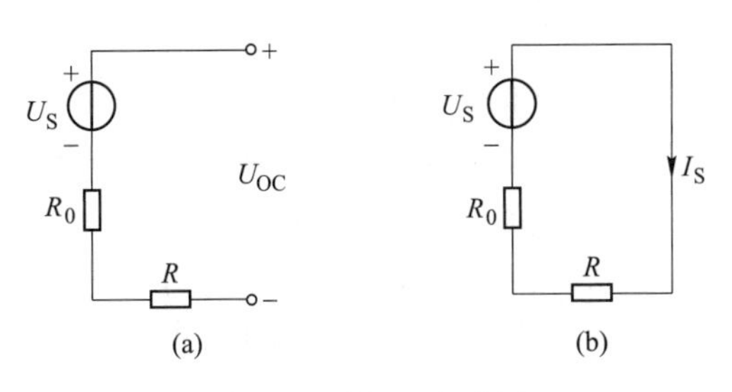

图 1-38　例 1-5 电路图

电源短路时：

$$I_S = \frac{U_S}{R_0 + R}$$

故内阻为：

$$R_0 = \frac{U_S}{I_S} - R = \frac{24}{2} - 10 = 2\Omega$$

1.3.4.3　有载工作状态

电路如图 1-39 所示，开关 S 闭合后，电源与负载接通构成回路，电路中产生了电流，并向负载输出电功率，即电路中开始了正常工作，电路的这种工作状态称为有载工作状态。

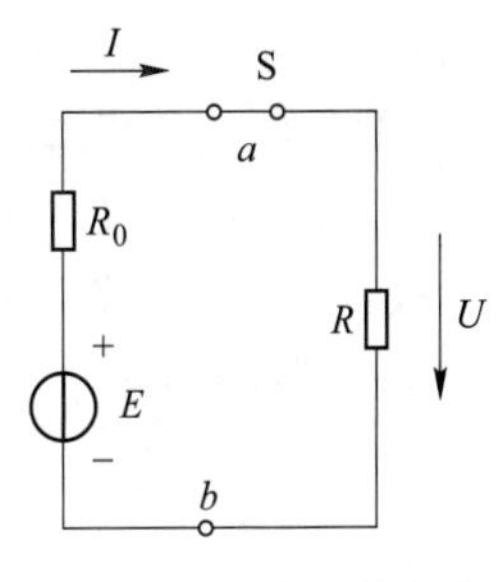

图 1-39　有载工作状态

电路有载工作状态的特征如下所述。

（1）电路中的电流：$I = \frac{E}{R + R_0}$。

（2）电源输出电压和负载端电压：$U = IR = E - IR_0$。

（3）功率平衡关系：$P_E = P + \Delta P$。

电源输出功率和负载消耗功率：$P = UI = I^2R$。

电源产生功率：$P_E = EI$。

电源内阻消耗的功率：$\Delta P = I^2R_0$。

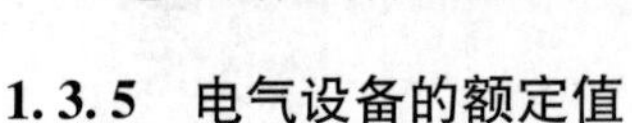

1.3.5　电气设备的额定值

任何电气元件或设备所能承受的电压或电流都有一定的限额。当电流过大时，将使导体发热、温度上升过高，导致烧坏导体。当电压过高时，可能超过设备内部绝缘强度，影响设备寿命，甚至发生击穿现象，造成设备及人身安全事故。为了使电气设备能长期安全、可靠地运行，必须给它规定一些必要的数值。

1.3.5.1　额定值

电气设备在给定的工作条件下正常运行而规定的容许值称为额定值。电气设备的额定值一般包括额定电压 U_N、额定电流 I_N和额定功率 P_N（对电源而言称为额定容量 S_N）。

（1）额定电流：电气设备在一定的环境温度条件下长期连续工作所容许通过的最佳安

全电流。

（2）额定电压：电气设备正常工作时的端电压。

（3）额定功率：电气设备正常工作时的输出功率或输入功率。

电阻类负载的额定值因为与电阻 R 之间有确定的关系，一般给出其中两个即可。电气设备的额定值一般都标注在设备的铭牌上或列入产品说明书中。电气设备在实际运行时应严格遵守额定值的规定。电源输出的功率和电流由负载决定。

1.3.5.2　额定工作状态

若电气设备正好在额定值下运行，这种在额定情况下的有载工作状态称为额定状态。这是一种使设备得到充分利用的经济、合理的工作状态。

电气设备工作在非额定状态时有以下两种情况。

（1）欠载：若电气设备在低于额定值的状态下运行称为欠载。这种状态下设备不能被充分利用，还有可能使设备工作不正常，甚至损坏设备。

（2）过载：电气设备在高于额定值（超负荷）下运行称为过载。若超过额定值不多，且持续时间不长，一般不会造成明显的事故；若电气设备长期过载运行，必将影响设备的使用寿命，甚至损坏设备，造成电火灾等事故。一般不允许电气设备长时间过载工作。

【例 1-6】 电路如图 1-40 所示，电源额定功率 $P_N = 22kW$，额定电压 $U_N = 220V$，内阻 $R_0 = 0.2\Omega$，R 为可调节的负载电阻。

求：（1）电源的额定电流 I_N；（2）电源开路电压 U_0；（3）电源在额定工作情况下的负载电阻 R_N；（4）负载发生短路时的短路电流 I_S。

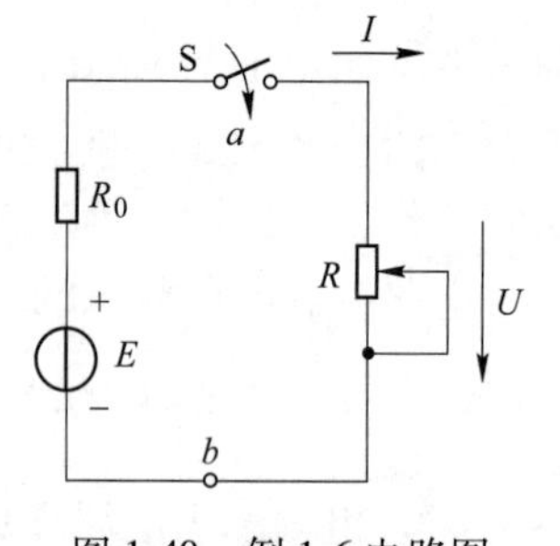

图 1-40　例 1-6 电路图

解：

（1）电源的额定电流：

$$I_N = \frac{P_N}{U_N} = \frac{22 \times 10^3}{220} = 100A$$

（2）电源开路电压为：

$$U_0 = E = U_N + I_N R_0 = 220 + 100 \times 0.2 = 240V$$

（3）电源在额定状态时的负载电阻为：

$$R_N = \frac{U_N}{I_N} = \frac{220}{100} = 2.2\Omega$$

（4）由于短路时负载电阻 $R = 0$，因此短路电流为：

$$I_S = \frac{E}{R_0} = \frac{240}{0.2} = 1200A$$

1-6　电路的工作状态和电气设备的额定值

思考与练习

一、填空题

1. 电压和电流既有大小又有________，电路图中标注的电压和电流的方向都是________方向。

2. 电路中任意两点的电压都等于两点间________的差值，________与参考点的选择有关，而________则与参考点无关。

3. 电路中 a、b 两点间的电压 U_{ab} 与 a 点电位 V_a 及 b 点电位 V_b 的关系为________。

4. 若 U_{ab} = 5V，则 U_{ba} = ________，说明 U_{ab} 与 U_{ba} 的关系为大小________，方向________。

5. 某支路电流 I_{AB} = －2A，表明该支路电流参考方向为________，实际方向为________，大小为________。

6. 某空调的额定功率为 1kW，则额定电压运行下的该空调每月（每月按 30 天、每天按 5h 计算）耗电量是________度。

7. 习惯上把________运动方向规定为电流的方向。

8. 测得某元件的功率为 P，若 $P>0$（正值），说明该元件________功率，该元件为________。若 $P<0$（负值），说明该元件________功率，该元件为________。

9. 任一电路中，产生的功率和消耗的功率应该________，称为功率平衡定律。

10. 电路如图 1-41 所示，若 $U_1=8\text{V}$，$U_2=-7\text{V}$，则 U_{ab} = ________，若选 c 点为参考点，则 b 点电位为________。

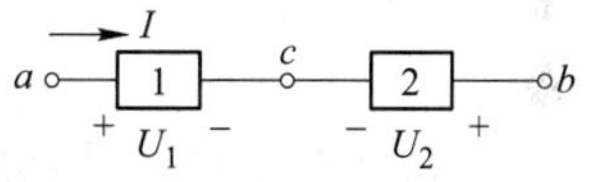

图 1-41　填空题 10 电路

11. 只消耗电能的理想元件是________，只存储磁能的理想元件是________，只存储电能的理想元件是________。

12. 关联参考方向下，电阻元件的瞬时电压与电流的关系式________，电感元件的瞬时电压与电流的关系式________，电容元件的瞬时电压与电流的关系式________。

13. 根据提供恒定的电流还是恒定的电压，电源可以分为________和________。

14. 电路的三种工作状态分别为________、________和________。

15. 额定值为“220V　40W”的白炽灯的灯丝热态电阻的阻值为________，如果把它接到 110V 的电源上，实际消耗的功率为________。

二、判断题

1. 如果把一个 6V 的电源正极接地，则其负极电位为-6V。（　　）
2. 电路中某点的电位值与参考点的选择无关。（　　）
3. 电路中某两点间电压的正负，就是指这两点电位的相对高低。（　　）
4. 电功率大的用电器，其消耗的电功也一定比电功率小的用电器多。（　　）
5. 生活中“用电度数”中的“度”是电功率的单位。（　　）
6. 电路中电位与电压是同一个概念。（　　）
7. 电容元件不能存储能量。（　　）
8. 理想电阻元件是表征材料或器件对电流呈现阻力的电路元件。（　　）
9. 干电池和照明电源在规定的工作范围内可以向外提供不同的电流或功率，但电源的电压近似保持不变。（　　）
10. 电阻元件一般用符号 L 表示。（　　）
11. 在非关联参考方向下，电阻的欧姆定律为：$U = RI$。（　　）

三、单选题

1. 当电路中电流的参考方向与电流的真实方向相同时，该电流（　　）。

A. 一定为正值　　B. 一定为负值　　C. 无穷大　　D. 为0

2. 设电路的电压与电流参考方向如图1-42所示，已知 $U<0$，$I<0$，则电压与电流的实际方向为（　　）。

A. a 点为高电位，电流由 a 至 b

B. a 点为高电位，电流由 b 至 a

C. b 点为高电位，电流由 a 至 b

D. b 点为高电位，电流由 b 至 a

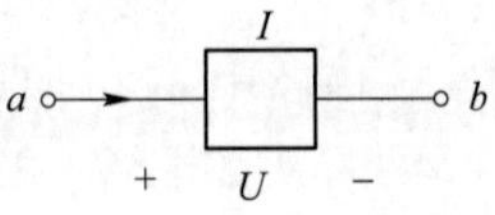

图1-42　选择题2电路

3. 电流与电压为关联参考方向是指（　　）。

A. 电流参考方向与电压参考方向一致　　B. 电流参考方向与电压参考方向相反

C. 电流实际方向与电压实际方向一致　　D. 电流实际方向与电压实际方向相反

4. 已知电路中有 a、b 两点，电压 $U_{ab}=10V$，a 点电位为 $V_a=4V$，则 b 点电位 V_b 为（　　）。

A. 6V　　B. −6V　　C. 14V　　D. 10V

5. 关于 U_{ab} 与 U_{ba} 下列叙述正确的是（　　）。

A. 两者大小相同，方向一致　　B. 两者大小不同，方向一致

C. 两者大小相同，方向相反　　D. 两者大小不同，方向相反

6. 一个输出电压几乎不变的设备有载运行，其“负载增大”指（　　）。

A. 负载电阻增大　　B. 负载电阻减小

C. 电源输出的电流增大　　D. 电源输出的电流减小

7. 电容是（　　）元件，电容上的电压不能跃变。

A. 耗能　　B. 储能　　C. 吸收　　D. 无记忆

8. 由理想电路元件所组成的电路，就是实际电路的（　　）。

A. 元件　　B. 状态　　C. 电路模型　　D. 电流

9. 电路中电流为零，电路的工作状况可能是（　　）。

A. 开路　　B. 短路　　C. 通路　　D. 不确定状态

10. 理想电压源的（　　）是一个确定的常数，与外部所接电路外电路无关。

A. 端电压　　B. 电流　　C. 电功率　　D. 电位

四、简答题

1. 简述电路的组成及各元件的作用。

2. 简要说明电路的种类。

3. 说明电流与电压的关联参考方向与非关联参考方向的含义。

五、计算题

1. 电路如图1-43所示，求元件 Y_1 和 Y_2 的功率，并判断 Y_1 和 Y_2 哪个是输出功率，哪个是吸收功率。已知：$I=1A$，$I_2=3A$，$U_1=-10V$，$U_2=40V$。

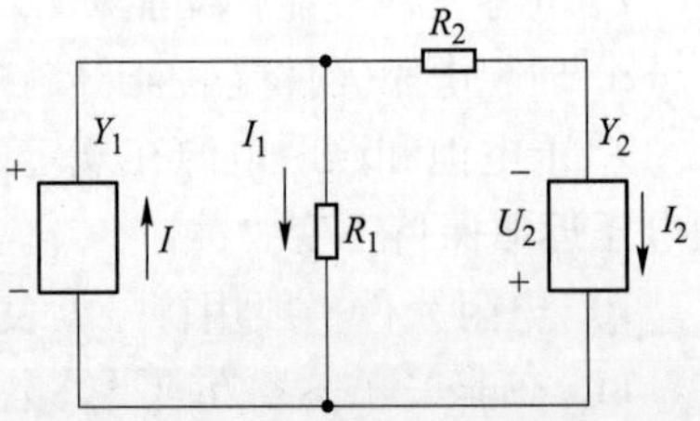

图1-43　计算题1电路

2. 已知某元件的电流和电压如图1-44所示，试分别求出元件的功率，并说明各元件是电源还是负载。

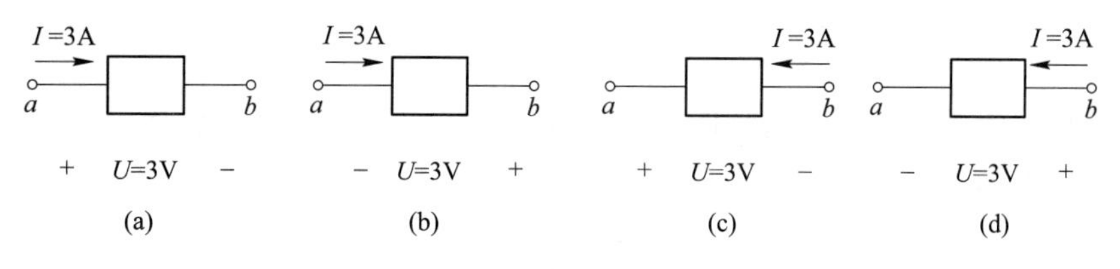

图 1-44　计算题 2 电路

3. 计算图 1-45 所示电路中的电流 I 和电压 U 的大小。

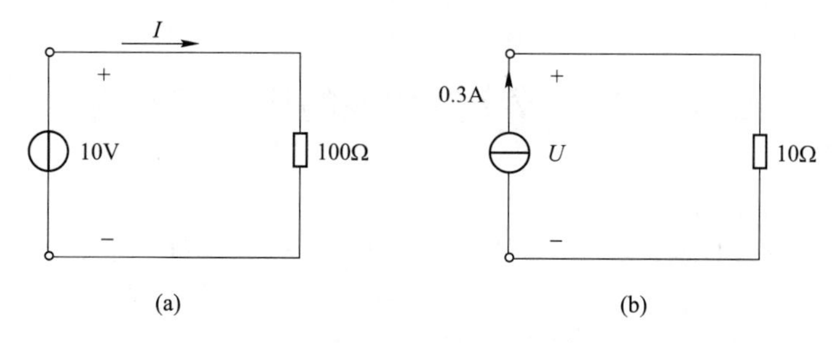

图 1-45　计算题 3 电路

4. 电路如图 1-46 所示，$U_1=11\text{V}$，$R_1=5\text{k}\Omega$，$R_2=6\text{k}\Omega$。

（1）求电路所示电流 I 的值，并指出 I 的实际方向。

（2）把电压源符号省略，画出该电路的简化图。

5. 试计算图 1-47 所示电路 B 点电位。

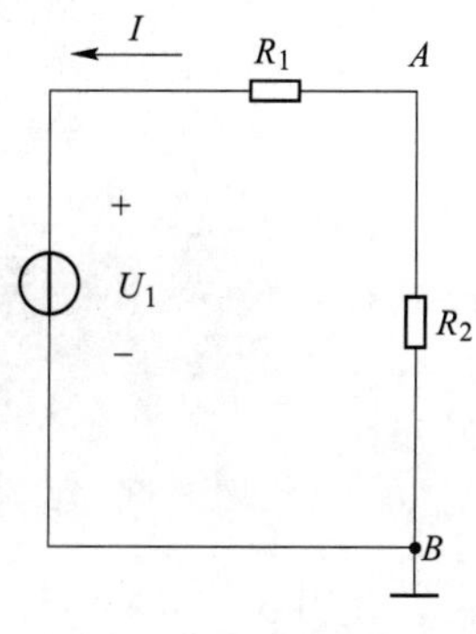

图 1-46　计算题 4 电路

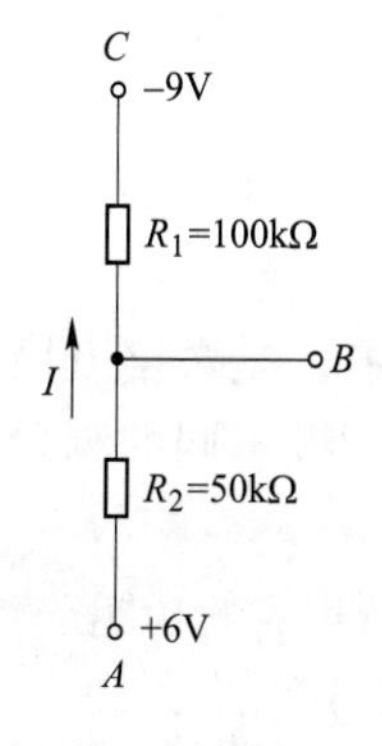

图 1-47　计算题 5 电路

6. 有一个 $U_S=10\text{V}$ 的理想电压源，求在以下各种情况下它的输出电流与输出功率。

（1）开路；（2）接 10Ω 电阻；（3）接 1Ω 电阻；（4）短路。

7. 有一个 $I_S=10\text{A}$ 的理想电流源，求在以下各种情况下它的端电压与输出功率。

（1）短路；（2）接 10Ω 电阻；（3）接 100Ω 电阻；（4）开路。

8. 电路如图 1-48 所示，当电阻 R 阻值变化时，电压 U 是否变化，为什么？

9. 电路如图 1-49 所示，计算电流源的端电压及电流源和电压源的功率。

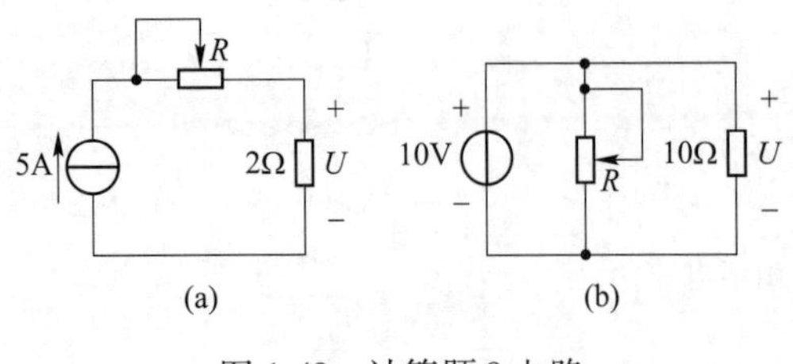

图 1-48　计算题 8 电路

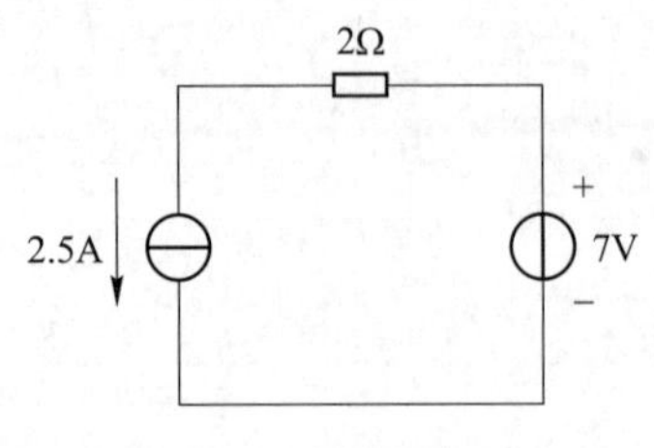

图 1-49　计算题 9 电路

知识拓展　数字万用表的认识和使用

（1）数字万用表的认识。

万用表是电子测量技术领域中出现最早的一种仪表，是电子产品设计与制作中必不可少的工具，主要测量电压、电流及电阻等参数量。根据万用表数据采集原理以及测量结果的显示方式的不同，可以分为模拟指针式万用表和数字万用表。

数字万用表是由模/数转换器（A/D）将被测量转换为数字量，再通过电子技术，把测量结果用数字直接显示到数字万用表的显示屏上。如图 1-50 所示，数字万用表因其使用操作方便、用户界面友好、可读性高等优点而被广泛使用。

图 1-50　数字万用表

1）数字万用表的面板组成。

数字万用表的面板主要划分为以下 3 部分。

①LCD 显示：用于显示测量结果，一般为四位数码液晶显示器构成。

②量程开关：用于数字万用表测量参数及其量程的选择，也称为功能开关旋钮。

③表笔插孔：是数字万用表红黑表笔插入的地方，对于不同的测量参数以及不同的测量大小，红黑表笔插入的插孔会有所不同。

2）数字万用表的功能按键及其测试功能。

本书以 LINI-T 的 UT39C+型数字万用表为例，说明数字万用表的功能按键及其测试功能。

①功能按键。

SEL/REL 按键：复用功能按键，用于二极管/通断测量量程或是摄氏/华氏温度量程选择。

HOLD/☼按键：数据保持/取消模式按键；当按此键超过 2s 时，则是打开/关闭显示屏的背景光。

②测量功能。

数字万用表能测量电压、电流、电阻和电容等，具体的测量功能见表 1-1。

表 1-1　数字万用表的测量功能

符号	名称	测量功能	量程	符号	名称	测量功能
Ω	电阻挡（或欧姆挡）	测量电阻的阻值	400Ω、4kΩ、40kΩ、400kΩ，4MΩ、40MΩ	hFE	晶体管测量挡	测量晶体管的放大倍数
V~	交流电压挡	测量交流电压	4V、40V、400V、750V	℃	温度挡	测量 K 型热电偶的温度
V	直流电压挡	测量直流电压	400mV、4V、40V、400V、1000V	—	二极管挡	测量二极管性能
A~	交流电流挡	测量交流电流	40mA、400mA、10A	—	峰鸣挡	测量电路通断
A	直流电流挡	测量直流电流	400μA、400mA、10A	OFF	电源关闭	关闭数字万用表电源
Hz	频率挡	测量频率	1MHz	NCV	非接触交流电场测量挡	感测空间是否存在交流电压或电磁场
F	电容测量挡	测量电容的电容量	40mF			

（2）数字万用表的使用。

1）直流电压和交流电压测量。如图 1-51 所示。

①将功能量程开关拨到直流或交流电压挡位上。

②将红表笔插入“VΩ mA”插孔，黑表笔插入“COM”插孔，并将两只表笔笔尖分别接触所测电压的两端（并联到负载上）进行测量。

③从显示屏上读取测试结果。

2）直流电流与交流电流测量。如图 1-52 所示。

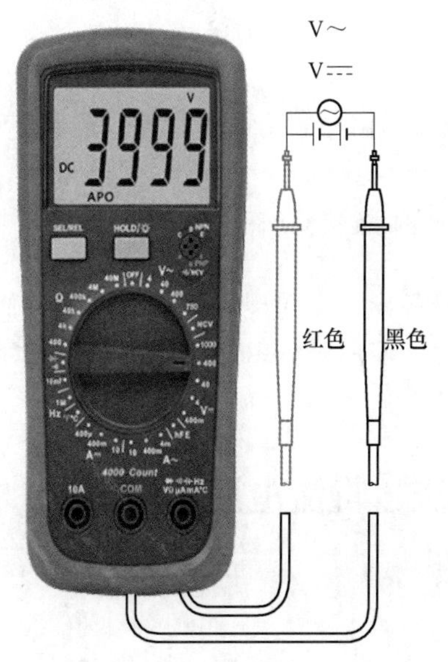

图 1-51　数字万用表测量直流电压或交流电压示意图

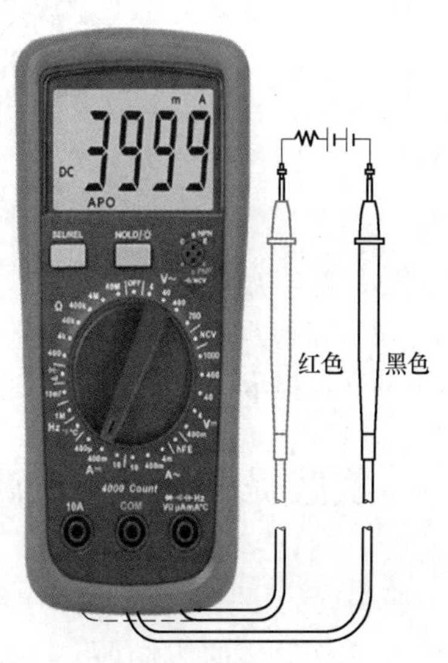

图 1-52　数字万用表测量直流电流或交流电流连接示意图

①将功能量程开关拨到直流电流或交流电流挡位上。

②如果是测量小于 400mA 的电流，将红表笔插入“VΩ mA”插孔，黑表笔插入“COM”插孔，并将表笔串联到待测量的电源或者电路中。

如果是测量大于 400mA 的电流，则将红表笔插入“10A”插孔，黑表笔插入“COM”插孔，并将表笔串联到待测量的电源或者电路中。

③从显示屏上读取测试结果。

3）电路通断测量。如图 1-53 所示。

①将功能量程开关拨到蜂鸣挡位上。

②将红表笔插入“VΩ mA”插孔，黑表笔插入“COM”插孔，并将两只表笔笔尖分别接触被测量的两个端点进行测量。

③如果被测两个端点之间电阻大于 51Ω，认为电路断路，蜂鸣器无声；被测两个端点之间电阻小于等于 10Ω，则认为电路导通性良好，蜂鸣器连续蜂鸣，发声的同时，并伴有红色 LED 发光指示。

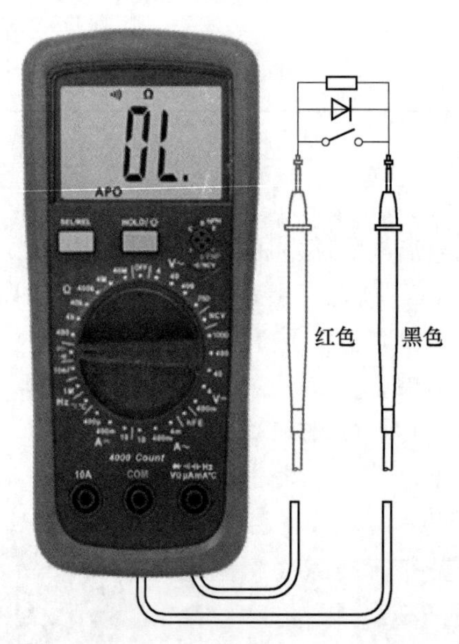

图 1-53 数字万用表对电路通断测量的连接示意图

不同型号数字万用表的使用：数字万用表的型号各异，不同型号数字万用表的面板组成和测量功能都是大同小异，在使用上并无多大区分，使用时可以通过仔细观察数字万用表面板上的字符提示进行相应的操作和测量。

实践提高 万用表测量直流电流、直流电压及电位

1. 实训目的

（1）了解万用表的基本使用常识。

（2）熟练掌握直流稳压电源的使用。

（3）熟练掌握用万用表测量直流电流、电压及电位的方法。

2. 实训器材

数字万用表、直流稳压电源、电阻元件、导线若干。

3. 实训内容

（1）数字万用表的认识和使用。根据知识拓展介绍的内容，了解数字万用表的认识和使用。

（2）直流电路的测量。在电路板上按照图 1-54 所示连接电路，调节稳压电源输出电压为 U=20V，接上开关后，测量电压 U_{AB}、U_{AC}、U_{AD}；测量电流 I_1、I_2、I_3；测量电位 V_A、V_B、V_C、V_D（分别设 A、B、C 为参考点）。

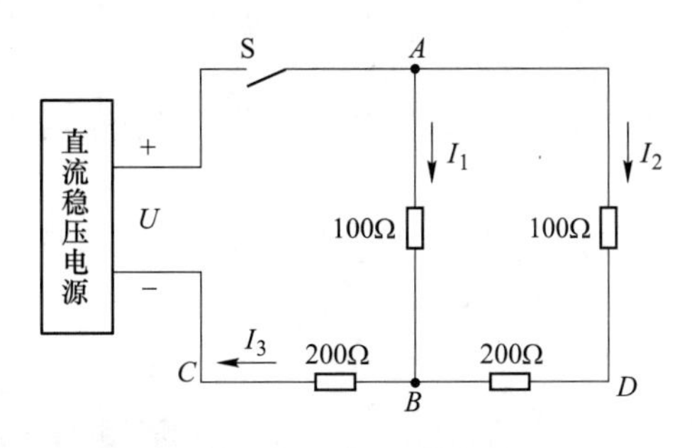

图 1-54　直流电路测试

4. 实训报告

（1）要求学生自己设计数据表格，将上述要求测量的内容和数据记入表中。

（2）简述实训过程，总结本次实训的收获和体会。

项目 2　常用电子元器件的识别和检测

项目引入

一切电子装置，如家用电器、计算机、仪器仪表等都是由形形色色、不同功能的电子元器件组成的，而电子元器件是组成电子电路的基本单位。辨认各种类型的元器件，看懂各种元器件的型号及主要参数，使用仪表检测元器件的性能，是电路初学者必须掌握的一项基本技能。

图 2-1 所示是生活中常见的电视机遥控器的电路板，电路板上有很多不同的电子元器件，由它们组成的不同电路可以实现各种各样的功能。

图 2-1　电视机遥控器的电路板

思政案例

以“中兴事件”为例，结合华为海思麒麟 980 手机芯片制造和封装工艺，介绍我国电子封装行业现状。通过对我国电子制造行业现状的清醒认识和定位，让学生清楚认识到我国电子制造行业所面临的严峻困境和“卡脖子”技术，激发学生对专业学习的热情以及为我国电子制造行业的崛起而努力奋斗的爱国情怀和社会责任感，并树立科学报国的远大理想。结合电子器件的高集成化和封装材料工艺的精细化要求，让学生清楚认识到“失之毫厘，谬以千里”的道理，培养学生严谨细致、一丝不苟、精益求精的工匠精神。

学习目标

（1）知识目标：

1）熟悉电阻器、电位器的识别和检测方法；

2）熟悉电容器的识别和检测方法；

3）熟悉电感器的识别和检测方法。

（2）技能目标：能使用万用表检测常用电子元器件的性能。

（3）素质目标：

1）团队沟通、协作能力；

2）观察、信息收集和自主学习能力；

3）钻研精神、分析总结能力；

4）良好的职业素养和工匠精神。

2-0　项目引入

任务 2.1　电阻器的识别和检测

电阻器简称电阻，英文名为 Resistor，通常缩写为 R，它一般采用电阻率较大的材料（碳或镍铬合金等）制成的，是具有两个引脚的无源元件，也是电路中最常见的元件之一，对交流电流、直流电流都有阻碍作用，常用于控制电路电流和电压的大小，即在电路中有限流、分压的作用。

2.1.1　电阻器的分类

电阻器的分类有多种，可以按照材料、结构、制造工艺和用途等进行分类，其分类如图 2-2 所示。

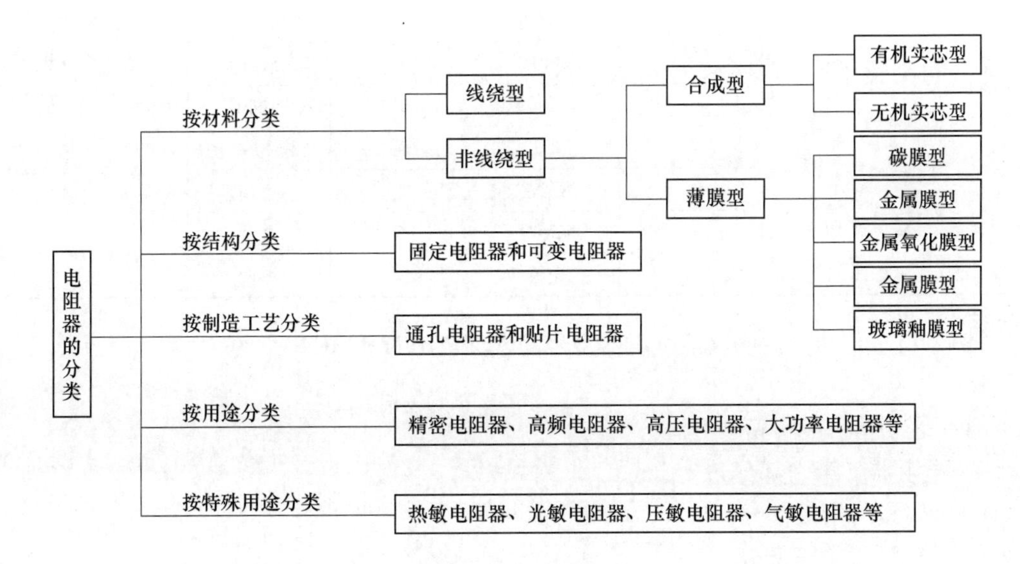

图 2-2　电阻器的分类

2.1.2　电阻器的型号命名方法

电阻器的种类很多，根据国家标准规定，电阻器的型号一般由四部分组成，具体如图 2-3 所示。

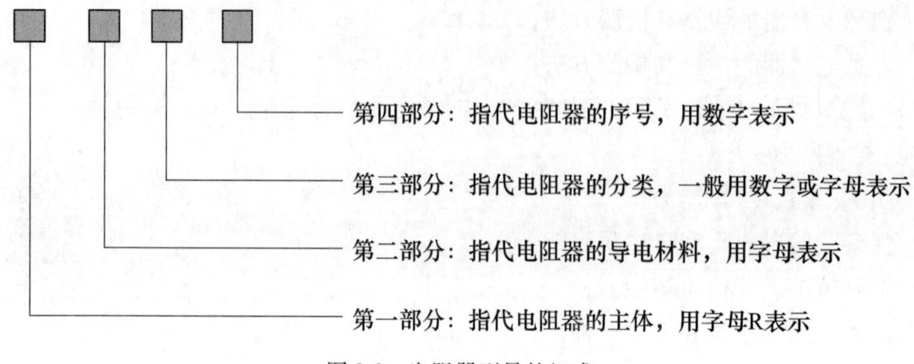

图 2-3　电阻器型号的组成

电阻器的型号命名意义见表 2-1。

表 2-1　电阻器的型号命名意义

第一部分（主体）		第二部分（材料）		第三部分（分类）		第四部分（序号）
字母	含义	字母	含义	数字或字母	产品类型	用数字表示
R	固定电阻器	T	碳膜	1	普通型	常用个位数或无数字表示
		P	硼碳膜	2	普通型	
		U	硅碳膜	3	超高频	
		H	合成膜	4	高阻型	
		I	玻璃釉膜	5	高温	
		J	金属膜	7	精密型	
		Y	氧化膜	8	高压型	
		S	有机实芯	9	特殊型	
		N	无机实芯	G	高功率	
		X	线绕	T	可调	
		C	沉积膜	W	微调	
		G	光敏	D	多调	

【例 2-1】　请简要说明以下电阻器型号的含义：RJ71 和 RI40。

解：

RJ71 表示精密金属膜电阻器：

R—电阻器（第一部分）；

J—金属膜（第二部分）；

7—精密型（第三部分）；

1—序号（第四部分）。

RI40 表示高阻型玻璃釉膜电阻器：

R—电阻器（第一部分）；

I—玻璃釉膜（第二部分）；

4—高阻型（第三部分）；

0—序号（第四部分）。

2.1.3　电阻器的参数

电阻器的结构、材料不同，性能就会有一定的差异。反映电阻器性能特点的主要参数有标称阻值和允许偏差。

（1）标称阻值：标示在电阻器上的阻值。常用固定电阻器的标称阻值见表 2-2，电阻器上的标称阻值是按照国家规定的阻值系列标注的，因此选用时必须按此阻值系列去选用。使用时将表中的数值乘以 $10^n\Omega$，就成为这一阻值系列。例如，E24 系列中的 1.2 就代表有 1.2Ω、12Ω、120Ω、1.2kΩ、120kΩ 等标称阻值。

（2）允许偏差：标称阻值和实际阻值的差额与标称阻值之比的百分数。通常分为 ±5%（Ⅰ级），±10%（Ⅱ级），±20%（Ⅲ级）。

表 2-2　电阻器的标称阻值系列及其允许偏差

系列	允许偏差	电阻器的标称阻值
E24	±5%（Ⅰ级）	1.0　1.1　1.2　1.3　1.5　1.6　1.8　2.0　2.2　2.4　2.7 3.0　3.3　3.6　3.9　4.3　5.1　5.6　6.2　6.8　7.5　8.2　9.1
E12	±10%（Ⅱ级）	1.0　1.2　1.5　1.8　2.2　2.7　3.3　3.9　4.7　5.6　6.8　8.2
E6	±20%（Ⅲ级）	1.0　1.5　2.2　3.3　4.7　6.8

（3）额定功率：在正常环境温度下，电阻器长期稳定工作所能承受的最大功率。

（4）温度系数：指温度每变化 1℃所引起的电阻值的相对变化。温度系数越小，电阻的稳定性越好。阻值随温度的升高而增大的为正温度系数，反之为负温度系数。

2.1.4　电阻器阻值的标注方法

电阻器阻值的标注方法有直标法、数标法和色标法三种。

（1）直标法：直标法往往使用在体积比较大的电阻上，是用数字及文字符号单位在元件表面上直接标出电阻器的主要参数和技术性能，直标法具有直观清楚、易识别等优点，但它的小数点容易失落，此方法只适用于大中型电阻器的参数表示。如图 2-4 所示，该电阻器是标称值为 390Ω、允许偏差为 ±5%、额定功率为 50W 的线绕电阻器。

（2）数标法：常用 3 位数字来表示电阻器的标称值，前两位数字为阻值的有效值，第三位数字表示倍率（10^n），单位为 Ω。但当电阻值小于 10Ω 时，以×*R*×（×代表数字）表示，*R* 看作小数点，如“8R2”表示标称电阻为 8.2Ω。该方法常见于贴片电阻或进口器件上。如图 2-5 所示，电阻器上的 103，代表标称阻值为 $10\times10^3\Omega=10000\Omega=10k\Omega$。

（3）色标法：将阻值和允许偏差用色环的方式标注在电阻器上，分为以下两种方法。

1）四色环标注法。普通电阻器采用四色环标注法，就是用 4 条色环表示电阻器的主要参数。其中，前两环表示阻值的有效数字，第三环表示倍率，最后一环为误差。例如，

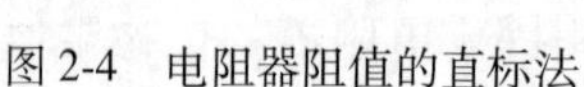
图 2-4　电阻器阻值的直标法

图 2-5　电阻器阻值的数标法

一个四色环电阻器的色序是红红黑金，根据表 2-3 所示方法，其阻值为 $22\times10^0=22\Omega$，误差为±5%。

2）五色环标注法。精密电阻器采用五色环标注法，就是用 5 条色环表示电阻器的主要参数。其中，前三环表示阻值的有效数字，第四环表示倍率，最后一环为误差。例如，一个五色环电阻器的色序是黄紫黑橙棕，根据表 2-3 所示方法，其阻值为 $470\times10^3=470\text{k}\Omega$，误差为±1%。

表 2-3　电阻器阻值的色标法

颜色	第一段	第二段	第三段	倍率	允许偏差	
黑色	0	0	0	$1(10^0)$		
棕色	1	1	1	$10(10^1)$	±1%	F
红色	2	2	2	$100(10^2)$	±2%	G
橙色	3	3	3	$1\text{k}(10^3)$		
黄色	4	4	4	$10\text{k}(10^4)$		
绿色	5	5	5	$100\text{k}(10^5)$	±0.5%	D
蓝色	6	6	6	$1\text{M}(10^6)$	±0.25%	C
紫色	7	7	7	$10\text{M}(10^7)$	±0.10%	B
灰色	8	8	8		±0.05%	A
白色	9	9	9			
金色				$0.1(10^{-1})$	±5%	J
银色				$0.01(10^{-2})$	±10%	K
无					±20%	M

从上面分析可以看出，色环确定的电阻值与电阻上色环的排序是有关系的，那么如何确定色环顺序，在识别时可运用如下技巧加以判断。

技巧 1：先找标志允许偏差的色环，从而排定色环顺序。最常用的表示电阻允许偏差的颜色是：金、银、棕，尤其是金环和银环，一般不用作电阻色环的第一环，所以在电阻上只要任意端有金环或银环，就可以认定这是色环电阻的最末一环。

技巧 2：棕色环是否允许偏差标志的判别。棕色环既常用作允许偏差环，又常作为有效数字环，且常常在第一环和最末一环中同时出现，使人很难识别谁是第一环。在实践中，可以按照色环之间的间隔加以判别：例如对于一个五色环的电阻而言，第五环和第四环之间的间隔比第一环和第二环之间的间隔要宽一些。同样，对四色环的电阻而言，第四环和第三环之间的间隔比第一环和第二环之间的间隔要宽一些，据此可以判定色环的排列顺序。

技巧 3：在仅靠色环间距还无法判定色环顺序的情况下，还可以利用电阻的标称值加以判别。比如有一个电阻的色环读序是：棕黑黑黄棕，其阻值为：$100\times10^4=1\text{M}\Omega$，允许偏差为±1%，属于正常的电阻系列值，若是反顺序读：棕黄黑黑棕，其值为 $140\times10^0=140\Omega$，允许偏差为±1%。显然按照后一种排序所读出的电阻值，在电阻的生产系列中是没有的，所以后一种色环顺序是不对的。

技巧 4：对于某些非常特殊的电阻，自己无法通过以上方法判别和推算阻值的话，最有效的方法是利用万用表的电阻测试挡位进行测试加以比对，最终确定阻值。

【例 2-2】 已知一只五色环的电阻其色环序列为：红黑黑棕棕，请用电阻的色标法识别电阻的阻值。

解： 五色环电阻前三环为有效位，故依次写出颜色对应的有效值为 200；第四环数字代表为 10 的倍率，棕色即 10^1，电阻的阻值应为：

$$200\times10^1=2000\Omega=2\text{k}\Omega$$

最后一环代表允许偏差值，棕色表示±1%的允许偏差。所以该电阻的阻值为 2kΩ，允许偏差为±1%。

2.1.5　常见电阻器的外形及特点

常见电阻器的外形及特点见表 2-4。

表 2-4　常见电阻器的外形及特点

电阻的种类	实物图	特　点
碳膜电阻（RT）		由碳粉、填充剂等压制而成。碳膜电阻成本较低，价格便宜，但电性能和稳定性差 固定电阻电路图形符号：R
金属膜电阻（RJ）		采用在真空中加热合金、合金蒸发，使瓷棒表面形成一层导电金属膜。这种电阻器体积小、色彩亮丽、噪声低、稳定性好，但成本较高
金属氧化膜电阻（RY）		用锡和锑等金属盐溶液喷雾到炽热的陶瓷骨架表面，经过水解、沉淀可形成金属氧化膜电阻器。这类电阻抗氧化和热稳定性好

续表 2-4

电阻的种类	实物图	特　点
线绕电阻（RX）		采用康铜或镍铬合金电阻丝在陶瓷骨架上绕制而成。这种电阻分固定和可变两种。它的特点是工作稳定，耐热性能好，误差范围小，适用于大功率场合
水泥电阻（RX）	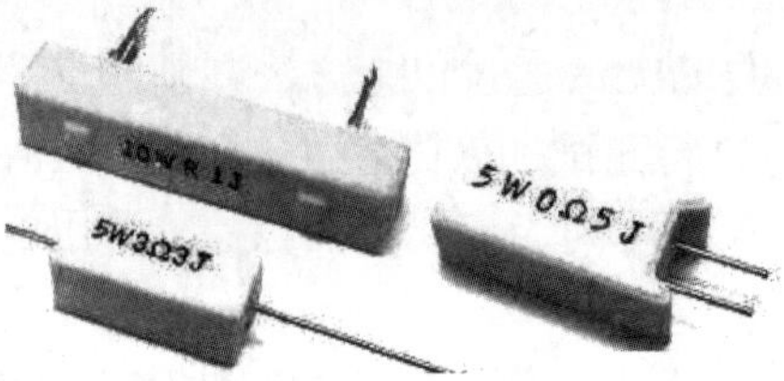	将电阻线绕在耐热瓷件上，外面加上耐热、耐湿及耐腐蚀的材料并保护、固定而成。具有耐高功率、散热容易、稳定性高等特点
有机实芯电阻（RS）		把颗粒状导电物、填充料和黏合剂等材料混合均匀后热压在一起，然后装在塑料壳内组成的电阻。由于它的导体横截面较大，因此它具有很强的过负载能力
热敏电阻（MF、MZ）	 正温度系数热敏电阻（PTC） 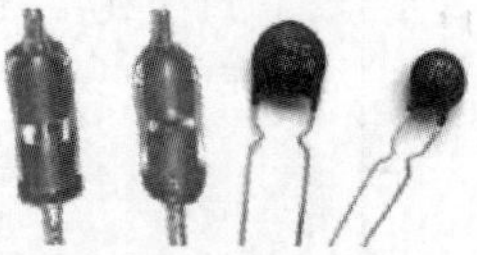 负温度系数热敏电阻（NTC）	热敏电阻的阻值随着温度的变化而变化，一般应用于温度补偿、过载保护和温度控制等场合。热敏电阻上标称的阻值一般是指25℃条件下的阻值 热敏电阻电路图形符号： 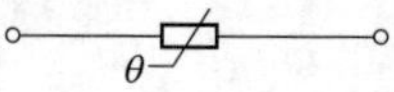 θ
压敏电阻（MY）	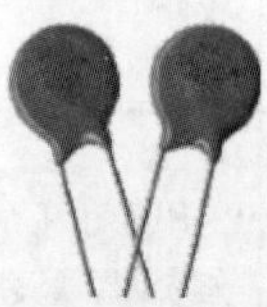	压敏电阻是以氧化锌为主要材料制作而成的金属氧化物半导体陶瓷元件。当电阻两端电压低于标称电压时，其阻值为无穷大；当电阻两端电压增加到某一临界值（理想值为标称值）时，其阻值急剧减小 压敏电阻电路图形符号： 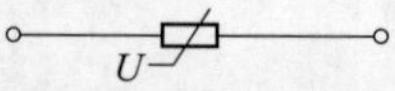 U

续表 2-4

电阻的种类	实物图	特　点
光敏电阻（MG）		光敏电阻是利用半导体的光效应制成的一种电阻值随入射光的强弱而改变的电阻。入射光强，电阻减小；入射光弱，电阻增大。光敏电阻一般用于光的测量、光的控制和光电转换。例如报警器、亮度控制、光控开关、光控灯 光敏电阻电路图形符号：

2.1.6　电阻器的选用

电阻器是电子设备基础元件之一，其性能的好坏对电子设备技术性能有重要影响。在选用时，根据电子产品使用条件、电路的具体要求等多方面考虑，选择电阻器的型号、阻值、允许偏差和额定功率；在更换电阻器时，应选用相同规格或相近规格的电阻器。

在要求不高的电路中，一般选用碳膜电阻器；对要求较高的电路，如高频电路应选用高频电阻；小信号高增益放大电路应选用低噪声电阻器，而不能使用噪声较大的合成碳膜电阻器和有机实芯电阻器；线绕电阻器的功率较大、电流噪声小、耐高温、但体积较大；普通线绕电阻器常用于低频电路中作限流电阻器、分压电阻器；精密度较高的线绕电阻器多用于固定衰减器、电阻箱、计算机及各种精密电子仪器中。

所选电阻器的额定功率要符合应用电路中对电阻器功率的要求，电阻器的额定功率可高于实际应用电路要求功率的 1.5~2 倍。

2.1.7　电阻器的检测

如图 2-6 所示，使用数字万用表对电阻器进行检测，将功能量程开关拨到电阻测量挡

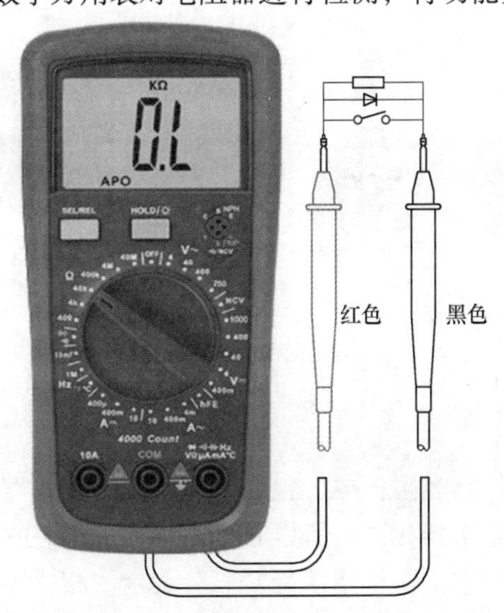

图 2-6　数字万用表测量电阻连接示意图

位上，将红表笔插入“VΩ mA”插孔，黑表笔插入“COM”插孔，并将两只表笔笔尖分别接触所测电阻的两端（与被测电阻并联）进行测量，从显示屏上读取测试结果。当所测电阻的阻值超过挡位的最大值时，数字万用表会显示“1”或者“OL”（根据数字万用表具体型号有所不同）。

在欧姆挡测量中，如果红黑表笔不接任何电子元器件，那么数字万用表会显示“1”或者“OL”，这是因为表笔不接触任何器件，相当于红黑表笔测量空气的阻值，由于空气不导电，理想情况则为无穷大，因此数字万用表会显示“1”或者“OL”，超过欧姆挡任何量程的最大值。

2-1　电阻器的识别和检测

任务 2.2　电位器的识别和检测

2.2.1　电位器的识别

电位器英文为 Potentiometer，在电路中通常用 RP 表示，一般具有 3 个引脚，它是一种阻值连续可调的电子元器件，通常由两个固定输出端和一个滑动抽头组成，用于调节电路中电压和电流的大小。常用电位器的外形如图 2-7 所示。

图 2-7　常用电位器的外形
（a）普通电位器；（b）直滑式电位器；（c）线绕多圈电位器；（d）微型可变电位器

电位器的型号命名和固定电阻一样，包含主称、材料、分类、序号 4 部分，由于制作电位器所用的材料与固定电阻器相同，所以其主要参数与相应的固定电阻也基本相同，但由于其阻值是可调的，所以它的主称用字母“W”表示。相比固定电阻，它还具有最大阻值和最小阻值两项参数，每个电位器的外壳上标注的标称值是指电位器的最大阻值，最小阻值又称零位电阻。电位器的图形符号如图 2-8 所示。

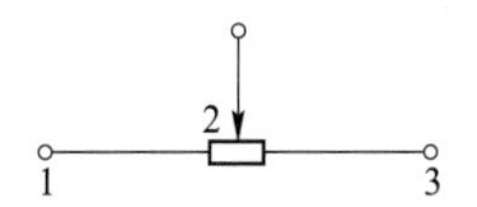

图 2-8　电位器的图形符号

2.2.2　电位器的检测

电位器的性能可以通过数字万用表的电阻挡进行检测，电位器有 3 个引脚，将电位器的 1 和 3 引脚与万用表的两个表笔连接，此时万用表显示电位器总电阻大小，该电阻数值即为电位器的标称阻值，旋转电位器的旋钮，在万用表屏幕上所显示的电阻值是没有任何变化的，如图 2-9（a）所示。更换表笔接到 1 和 2 引脚，如图 2-9（b）所示，此时旋转电位器旋钮，该万用表屏幕上所显示的电阻值会随着旋钮的旋转而发生变化。

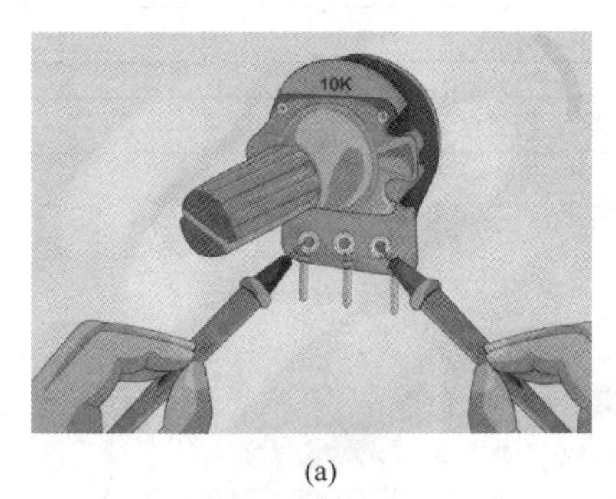

(a)

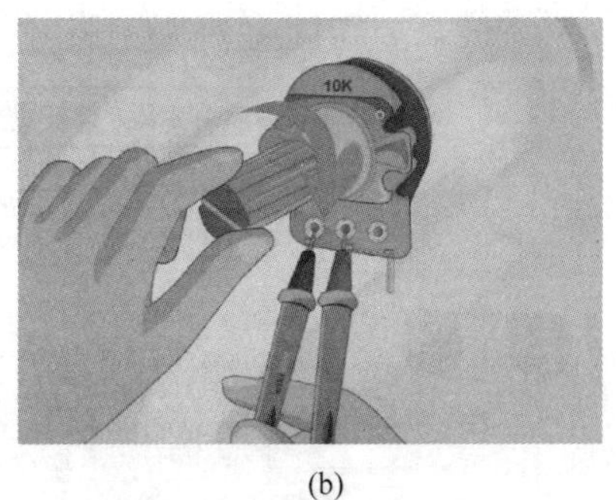

(b)

图 2-9　电位器的测量

（a）测量电位器的总电阻；（b）测量电位器可调的阻值

2-2　电位器的识别和检测

电位器的性能测试主要测量电位器的中心抽头触片与电阻体接触是否良好。测量时，将电位器的中心触片旋至电位器的任意一端，选择万用表欧姆挡适当量程，将万用表的一只表笔搭在电位器两端片的任意一片上，另一只表笔搭在电位器的中心抽头触片上。此时，万用表上读数应为电位器的标称值或为零，然后缓慢旋转电位器的旋钮至另一端，万用表的读数会随着电位器旋钮的转动从标称值连续不断下降或从零连续不断上升，直到下降为零或上升到电位器的标称阻值。

任务 2.3　电容器的识别和检测

电容器英文为 Capacitor，在电路中用字母 C 表示，固定电容器为两个引脚的无源电子元件，它能存储元件，是由中间夹着绝缘介质的两个互相靠近的导体构成。在电路中，电容器起到隔直流、调谐、旁路、耦合和滤波等作用。

2.3.1　电容器的分类

电容器有多种，可以按照材料、结构、制造工艺和用途等分类，其分类如图 2-10 所示。

2.3.2　电容器的型号命名方法

电容器的种类很多，根据国家标准规定，电容器的型号一般由四部分组成，具体如图 2-11 所示。

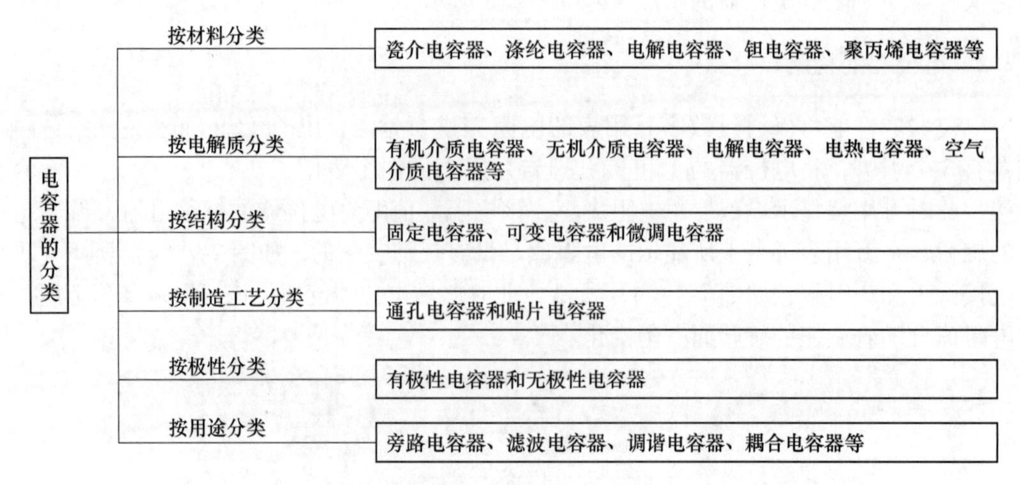

图 2-10　电容器的分类

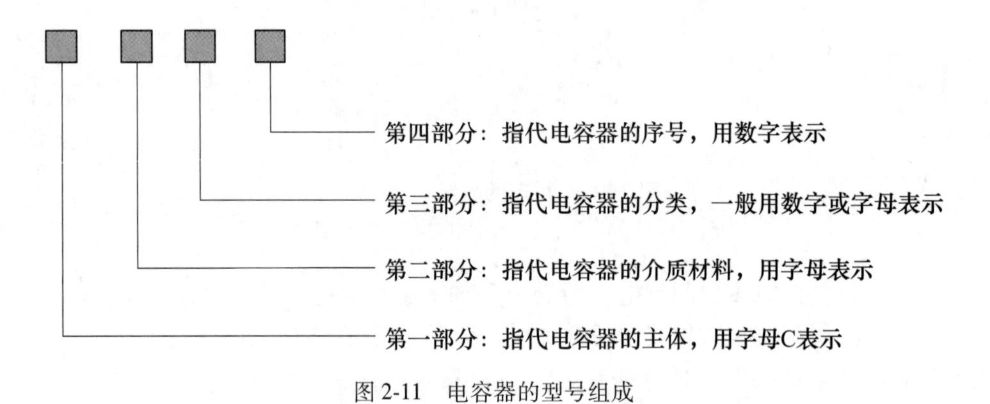

图 2-11　电容器的型号组成

电容器的型号命名意义见表 2-5。

表 2-5　电容器的型号命名意义

第二部分（电容器介质材料）		第三部分（电容器分类）				
字母	含义	数字或字母	介质材料			
			瓷介	云母	有机	电解
A	钽电解	1	圆形	非密封	非密封	箔式
B	聚苯乙烯	2	管形	非密封	非密封	箔式
C	高频陶瓷	3	叠片	密封	密封	烧结粉、非固体
D	铝电解	4	独石	密封	密封	烧结粉、固体
E	其他材料能源	5	穿心	—	穿心	—
G	合金电解	6	支柱形	—	—	—
H	纸膜复合	7	—	—	—	无极性
I	玻璃釉	8	高压	高压	高压	—

续表 2-5

第二部分（电容器介质材料）		第三部分（电容器分类）				
字母	含义	数字或字母	介质材料			
			瓷介	云母	有机	电解
J	金属化纸介	9	—	—	特殊	特殊
L	涤纶	G	高功率型			
N	铌电解	T	叠片式			
O	玻璃膜	W	微调型			
Q	漆膜	J	金属化型			
T	低频陶瓷	Y	高压型			
V	云母纸	X	小型			
Y	云母	D	低压			
Z	纸介	M	密封			

例如：型号 CT81 表示普通高压瓷片电容器。

【例 2-3】 请简要说明以下电容器型号的含义：CA42 和 CYM2。

解：

CA42 表示钽电解电容器：

C—电容器（第一部分）；

A—钽电解（第二部分）；

4—烧结粉、固体（第三部分）；

2—序号（第四部分）。

CYM2 表示云母电容器：

C—电容器（第一部分）；

Y—云母（第二部分）；

M—密封（第三部分）；

2—序号（第四部分）。

2.3.3 电容器的参数

电容器的参数有标称电容量、额定功率、精度、最高工作温度、最高工作电压、噪声参数及高频特性等。在挑选电容器的时候，主要考虑电容量、额定电压及允许偏差。

（1）标称容量：标注在电容器上的电容量。

（2）额定电压：即电容器的耐压值，指电容器在规定的温度范围内，能够连续正常工作时所承受的最高电压，该额定电压值通常标注在电容器上。在实际应用时，电容器的工作电压应低于电容器上标注的额定电压，一般是在耐压值的 80%的工作电压中使用，否则会造成电容器因过电压而击穿损坏。

（3）允许偏差：电容器的标称容量与实际容量之间的允许最大偏差范围。通常分为

±5%（Ⅰ级）、±10%（Ⅱ级）、±20%（Ⅲ级）。

（4）温度系数：在一定温度范围内，温度每变化 1℃时，电容器容量的相对变化值。温度系数值越小，电容器的性能越好。

2.3.4　电容器容量的标注方法

电容器容量的标注方法有直标法、文字符号标注法和色标法三种。

2.3.4.1　直标法

直标法就是将电容器的标称容量、耐压等直接印在电容器表面，如“4700μF 25V”表示电容量为 4700μF，耐压值为 25V，如图 2-12 所示。

2.3.4.2　文字符号标注法

用三位数字或者是数字与字母混合的符号表示电容量大小的标注方法，如图 2-13 所示。

图 2-12　电容器电容量的直标法

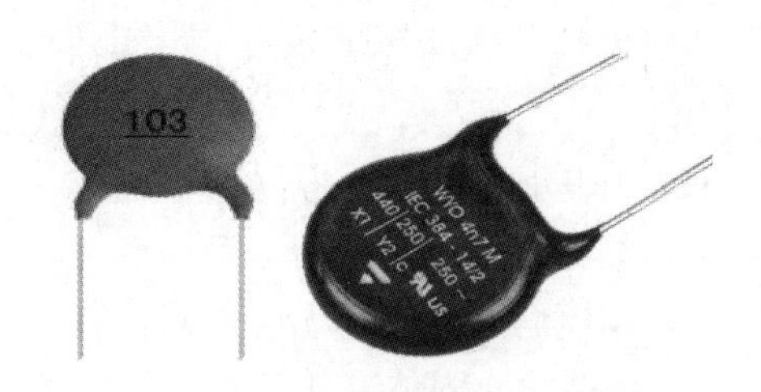

图 2-13　电容器电容量的文字符号标注法

如果是三位数字的标注法，则前两位数字表示电容量的有效数字，后一位表示幂指数，单位为 pF。当最后一位数为 9 时，$n=-1$；当最后一位数为 8 时，$n=-2$。

例如：103 表示电容量为 10×10^{3}pF = 10nF；

222 表示电容量为 22×10^{2}pF = 2200pF = 2.2nF；

337 表示电容量为 33×10^{7}pF = 330μF；

508 表示电容量为 50×10^{-2}pF = 0.5pF；

479 表示电容量为 47×10^{-1}pF = 4.7pF。

如果采用数字和字母符号的混合标注法，其符号一般由三部分组成：容量的整数部分、容量的单位符号和容量的小数部分。其中容量的单位符号可以是 m（毫法）、μ（微法）、n（纳法）以及 p（皮法）。

例如：“4n7”表示电容量为 4.7nF；“3P3”表示电容量为 3.3pF；“2m2”表示电容量为 2.2mF；“18P”表示电容量为 18pF；“4m7”表示电容量为 4.7mF；

2.3.4.3　色标法

用 3 种色圈表示电容量大小的标注方法，称为电容容量的色标法。如图 2-14 所示，该方法现在应用得较少。

识别的方法是：色环顺序自上而下，沿着引线方向排列，分别是第一、第二、第三道色圈，第一、第二颜色表示电容的两位有效数字，分别用黑、棕、红、橙、黄、绿、蓝、紫、灰、白表示 0～9 的 10 个数字。第三颜色表示有效数字后加“0”的个数，电容的单位用 pF。

电容器如图 2-14 所示，前三个环的颜色分别为红、黄、黑，则该电容大小为 24×10^{0}pF = 24pF。

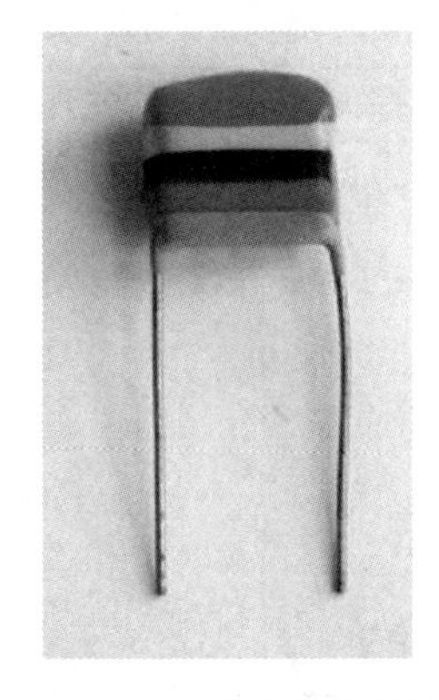

图 2-14　电容器的色标法

2.3.5　常见电容器的外形及特点

常见电容器的外形及特点见表 2-6。

表 2-6　常见电容器的外形及特点

电容器的种类	实物图	特　　点
铝电解电容	直插式　贴片式	铝电解电容为极性电容，引脚的正负极性不能接错，对于直插式铝电解电容可根据引脚的长短判断极性，长的引脚为正极，短的引脚为负极。还可以根据电容体上灰色部分的负号指示确定电容的负极。贴片式电容上黑色指示的一端为负极 电解电容的图像符号为：
瓷片电容		瓷片电容是一种用陶瓷材料作为介质的无极性电容器，耐高温，成本低。主要应用于中、低频电路中，起隔直、耦合、旁路和滤波等作用
云母电容		云母电容器为无极性电容，其形状多为方块状，它采用天然云母作为电容器间的介质，因此它的耐压性能相当好，电容量很稳定。它主要用于无线电收发设备、精密电子仪器、现代通信仪器仪表及设备、收音机、功放机、电视机等

续表 2-6

电容器的种类	实物图	特　点
涤纶电容		涤纶电容为无极性电容，其薄膜电容精度、损耗角、绝缘电阻、温度特性、可靠性及适应环境等指标都优于电解电容和瓷片电容。在各种直流或中低频脉动电路中使用。适宜作为旁路电容使用
钽电解电容	 直插式　贴片式	钽电解电容是极性电容，也属于电解电容的一种，使用金属钽作为介质，钽电容的特点是寿命长、耐高温、准确度高，但价格比铝电解电容贵。钽电解电容有标记（横线）的一端是正极
贴片无极性电容		贴片电容体积小，占用很小的PCB面积，不用在线路板上钻孔插装，只在单面安装焊接，非常适用大批量自动生产。性能与直插式电容相比没太大区别
聚苯乙烯电容器	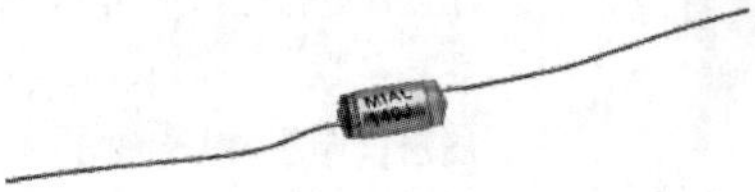	用电子级聚苯乙烯膜作为介质的电容器。容量范围为 100pF ~ 0.01μF，具有负温度系数、绝缘电阻高、极低泄漏电流等特点。应用于各类精密测量仪器；汽车收音机；工业用接近开关、高精度的数模转换电路
可变电容		可变电容也称为可调电容，是一种电容量可以在一定范围内连续调节、可变的电容器。一般是通过改变极片间相对的有效面积或片间距离来改变电容量。可变电容一般在各种调谐及振荡电路中作为调谐、补偿电容器/校正电容器使用

2.3.6　电容器的选用

选用电容器时，不仅要考虑电容器的各种性能，还应考虑体积、重量和工作环境等因素。

一般来说，用于低频耦合、旁路等场合选用纸介、涤纶电容器；在高频和高压电路中，选用云母、瓷介电容器；在电源滤波电路中选用电解电容器，有极性的电解电容器只能用在直流电路中。此外，可以利用瓷介电容器的温度特性，在电路中做温度补偿。

2.3.7　电容器的检测

如图 2-15 所示，使用数字万用表对电容器进行检测，将黑色表笔插进“COM”插口，红色表笔插入“VΩ mA”插口中，把旋钮拨到电容测量挡位上，两只表笔笔尖分别接触待测电容的两个端点即可，从显示屏上读取测试结果。

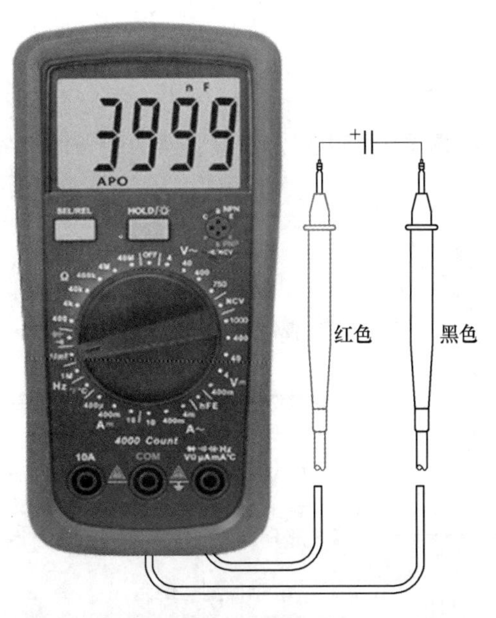

图 2-15　数字万用表测量电容连接示意图

2-3　电容器的识别和检测

任务 2.4　电感器的识别和检测

电感器通常也称为线圈，英文为 Inductor，在电路中用字母 L 表示，是具有两个引脚无源电子元件，能够把电能转化为磁场能存储起来。电感器在电路中具有滤波、振荡、延迟、陷波等作用，还可以筛选信号、过滤噪声、稳定电流及抑制电磁波干扰等。

2.4.1　电感器的分类

电感器的分类有多种，可以按照频率、耦合方式、导磁体、用途、结构、制造工艺和绕线形式分类，其分类如图 2-16 所示。

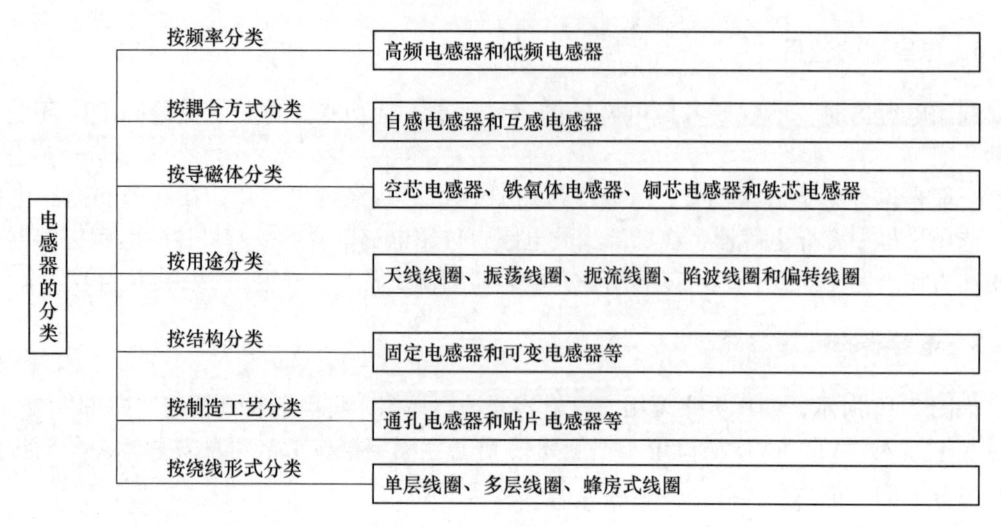

图 2-16 电感器的分类

2.4.2 电感器型号的命名方法

电感器的种类很多，根据国家标准规定，电感器的型号一般由四部分组成，如图 2-17 所示。

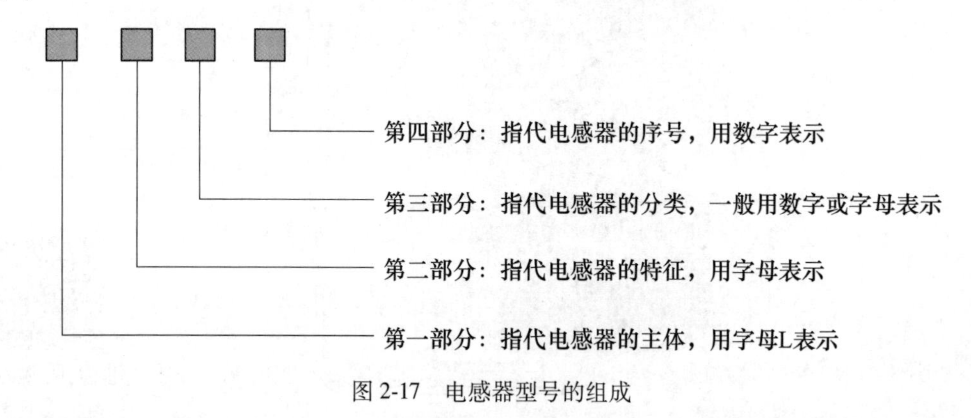

图 2-17 电感器型号的组成

2.4.3 电感器的参数

电感器的参数有标称电感量、额定电流、允许偏差、最高工作温度、最高工作电压、噪声参数及高频特性等。在挑选电感器的时候，主要考虑电感量、额定电压及允许偏差。

(1) 标称电感量：电感量也称自感系数，是表示电感器产生自感应能力的一个物理量。主要取决于线圈的匝数、绕制方式、有无磁芯及磁芯的材料等。通常线圈匝数越多、绕制的线圈越密集，电感量越大。

(2) 允许偏差：电感器的标称电感量与实际电感量之间的允许最大偏差范围。对它们的要求，也视用途不同而不同。一般来说，对振荡线圈要求较高，为±0. 2%～±0. 5%；而对耦合线圈和高频扼流圈要求较低，为±10%～±20%。

(3) 额定电流：指线圈允许通过的电流大小。常以字母 A、B、C、D、E 来代表，标称电流分别为 50mA、150mA、300mA、700mA、1600mA。大体积的电感器，标称电流及电感量都在外壳上表明。

(4) 品质因数：它是衡量电感器好坏的一个物理量。它的品质因数越高，回路的损耗越小，则品质越好。

(5) 分布电容：电感线圈的匝与匝间、线圈与屏蔽罩间、线圈与底板间存在的电容。它的存在使线圈的 Q 值越小，稳定性变差，因而线圈的分布电容越小越好。

2.4.4　电感器电感量的标注方法

电感器的电感量标注方法有直标法、文字符号标注法和色标法三种。

2.4.4.1　直标法

直标法就是将电感器的标称电感量直接印在电感器表面，图 2-18 所示电感量为 220μH。

图 2-18　电感器电感量的直标法

2.4.4.2　文字符号标注法

文字符号法是将电感器的标称值和允许偏差值用数字和文字符号按一定的规律组合标注在电感体上，如图 2-19 所示。

图 2-19　电感器电感量的文字符号标注法

采用这种标注方法的通常是一些小功率的电感器，其单位为 μH，用字母 R 代表小数点。例如：4R7 表示电感量为 4.7μH；6R8 表示电感量为 6.8μH。

如果是 3 个数字，则前两位数字是有效数字，第三位数字表示倍率（10^n），单位为 μH。例如：101 表示 10×10μH，即 100μH。

2.4.4.3　色标法

色环电感与四个环的色环电阻读法一样，只是色环电感的基本单位是“μH”，例如，一个色环电感的颜色依次为棕、绿、红、银，那么此电感的电感量为：

$$15 \times 10^2 \mu H = 1500 \mu H = 1.5 mH$$

2.4.5　常见电感器的外形及特点

常见电感器的外形及特点见表 2-7。

表 2-7　常见电感器的外形及特点

电感器的种类	实物图	特　点
铁芯电感器		使用铁芯（通常为薄交错叠片形式）或铜线绕制的电枢的电感器。在电子设备中应用极为广泛，品种也很繁多
空芯电感器		空芯电感器即线圈直接绕制而成，其感抗大大低于实芯电感器，最大的优点是线性电感，即电感量很稳定
铁氧体电感器		铁氧体材料是铁镁合金或铁镍合金，这种材料具有很高的磁导率，铁氧体电感器通常在高频情况下应用
环形磁环电感器		工作频段阻抗小，干扰频率阻抗大，高导磁率，低损耗，电感量可以从几微亨至几百微亨，最大工作电流可达几十安培，电感量稳定，热稳定性好。常用于开关电源抑噪滤波器、电源线和信号线静电噪声滤波器、变换器和超声设备等辐射干扰抑制器
扼流电感器		在电子产品中，用于阻止较高的频率，同时在电路中通过直流电和较低频率的交流电。在电路中起控制电流的作用，插件时有方向区分
色环电感器		它是一种带磁芯的小型固定电感器。其电感量表示方法与色环电阻器一样，以色环或色点表示

续表 2-7

电感器的种类	实物图	特　点
贴片铁氧体电感器		它体积小，占用很小的 PCB 面积，不用在线路板上钻孔插装，只在单面安装焊接，适用于大批量自动生产
可调电感器		通过将磁芯移入电感器绕组的内部或外部来调节电感量，通常用于需要调谐的无线电和高频应用中

2.4.6　电感器的选择

（1）根据电路要求和电路工作频率选择合适的电感器。

低频电路用的电感器应该选用铁氧体或硅钢片作为铁芯材料，其线圈还必须能够承受较大电流。

音频电路用的电感器则是选择硅钢片或坡莫合金作为磁性材料。

频率较高的电路用的电感器则选用高频铁氧体作为磁性材料。

若工作频率超过 100MHz 的时候，则最好采用空芯电感器。

（2）根据电路板的尺寸和安装位置要求选择合适外形尺寸的电感器。

对于尺寸较小的电路板，应选择贴片型的电感器。

（3）电感器的电感量和额定电流两个参数，必须满足电路的设计要求。

2-4　电感器的识别和检测

2.4.7　电感器的检测

由于电感器属于非标准件，不像电阻器或电容器那样可以方便地检测，而且在有些电感体上没有任何标志，所以一般要借助电路图参数标注来识别其电感量。

在电感器性能的判断中，常使用万用表电阻挡测量其等效电阻大小来加以判断。将万用表置于电阻挡，红、黑表笔各接电感器的任一引脚，根据测出的电阻值大小，可以具体分以下 4 种情况加以判断。

（1）被测电感器电阻值太小，将电阻挡的量程调小，再次检测，如果电感器的阻值还是很小，说明电感器内部线圈可能有短路性故障。

（2）被测电感器的电阻值为无穷大，说明电感器内部线圈或引出端与线圈接点处发生了断路性故障。

（3）被测电感器有电阻值，电感器的直流电阻大小与绕制电感器线圈所用的漆包线线径、绕制圈数有直接关系，线径越细、圈数越多，则电阻值越大。只要能测出电阻值，则认为被测电感器是正常的。

（4）在测量电感量很小的线圈时，只要电阻挡测量线圈两端导通就可以了。

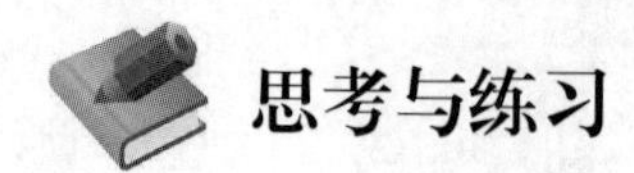

思考与练习

一、填空题

1. 各种电阻器的电路符号如图 2-20 所示，填写其具体名称。

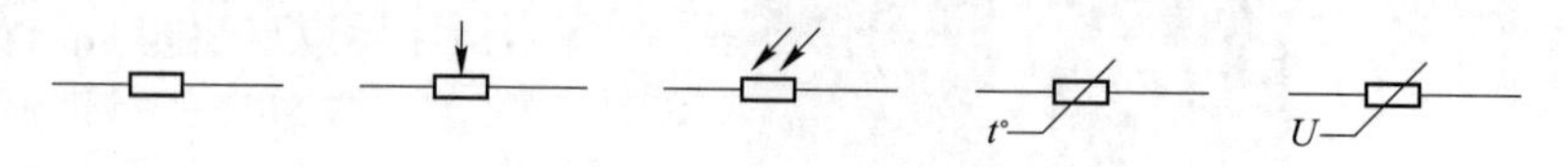

图 2-20　不同电阻器的电路符号

2. 电阻器是利用材料的电阻特性制作出的电子元器件，常用单位有欧姆（Ω）、千欧（kΩ）和兆欧（MΩ），各单位之间的转换关系为 1MΩ = ________ kΩ = ________ Ω。

3. 电阻器阻值的标示方法有________、________和________。

4. ________是用导线在绝缘骨架上单层或多层绕制而成的，又叫电感线圈。

5. 根据电容单位的转换关系，4. 7μF = ________ nF = ________ pF。

6. 电位器是一种________连续可调的电子元器件，通常由________个固定输出端和________个滑动抽头组成。

7. 万用表可以分为________万用表和________万用表。

8. 万用表测量电路支路的电流时，需要将其________到电路支路中；测量电路某两点的电压时，需要将其________到电路两端。

9. 对电路的通断进行测量，需要将数字万用表拨到________挡上。

10. 按照耦合方式分，电感器可以分为________电感器和________电感器。

二、判断题

1. 将粗细均匀的柱状导体的长度增大一倍，则其电阻也增大一倍。（　　）

2. 一个四色环电阻的标示为“棕、绿、红、金”，其阻值为 150kΩ。（　　）

3. 万用表是一种多用途的测量仪表，主要用来测试电压、电阻及电流。（　　）

4. 色环电阻的表示方法是：每一色环代表一位有效数字。（　　）

三、单选题

1. 一个四色环电阻其彩色标示为“灰、红、红、金”，其阻值应为（　　）。

A. 100Ω　　B. 120Ω　　C. 8. 2kΩ　　D. 1. 5kΩ

2. 测试电阻时，应将数字万用表拨到（　　）。

A. 电流挡　　B. 直流电压挡　　C. 欧姆挡　　D. 蜂鸣挡

3. 电容器的两个重要参数是（　　）。

A. 阻值、电压　　B. 容量、耐压值　　C. 容量、正负值　　D. 阻值、容量

4. 某一可调电阻标示为 504，其阻值应为（　　）Ω。

A. 50k　　B. 500k　　C. 5M　　D. 50M

5. 一个四色环电阻，其阻值大小由第三色环数字决定，若为橙色，则倍数是（　　）。

A. 10 倍　　B. 100 倍　　C. 1000 倍　　D. 10000 倍

四、简答题

1. 试问怎样确认色环电阻的第一环？

2. 如何区分色环电感和色环电阻？

3. 和普通电子元件相比，片状（贴片）元件有什么优点？

4. 用数字万用表如何测量电阻的阻值？

5. 已知一只五色环的电阻器色环序列为“绿红黑棕棕”，请用电阻的色标法识别电阻的阻值。

知识拓展　片装元器件

目前，表面组装技术（Surface Mount Technology，SMT）是电子组装行业里流行的一种技术和工艺。片装元器件是 SMT 的专用元器件，它是属于无引脚或短引脚的新型微型电子元件，也叫表面贴装元件，具有尺寸小、重量轻、形状标准化，适合在印制电路板上进行表面安装。

表面贴装元件（Surface Mount Components）可分为无源表面安装元件（SMC）和有源表面安装元件（SMD）；根据元件的形状，表面贴装元件主要有矩形片式元件、圆柱形片式元件、复合片式元件和异形片式元件。

（1）常见的片装元件。常见的片装元件如图 2-21 所示。

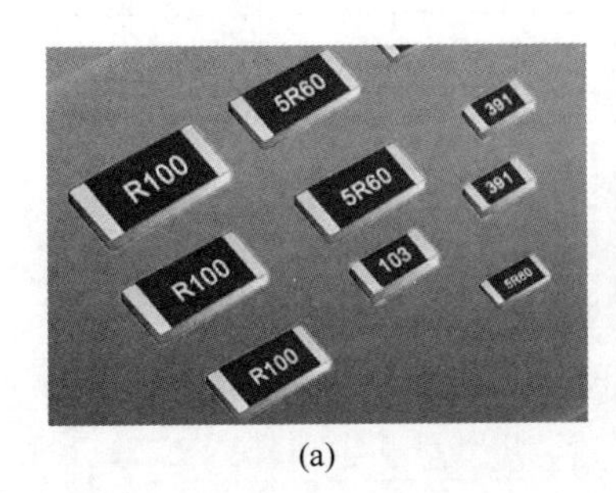

(a)

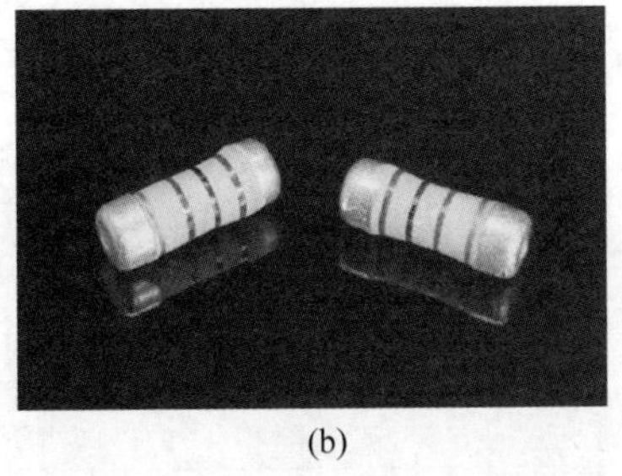
(b)

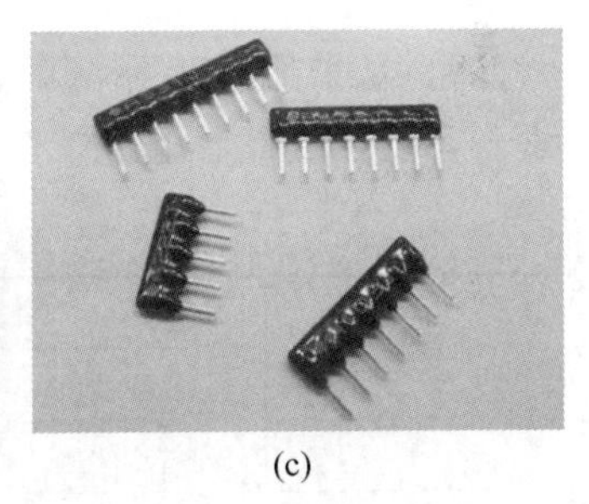
(c)

图 2-21　各种形状的片装元件

（a）矩形片式电阻；（b）圆柱形电阻；（c）网络电阻（排阻）

（2）片装元件的参数表示方法。

1）非精密电阻（±5%）的贴片电阻一般用数标法：三位数字标印在电阻器上，其中前两位表示为有效数字，第三位表示倍数 10 的 n 次方。例如：“102”表示 1000Ω。

2）小于 10Ω 的电阻值用字母 R 与二位数字表示，R 代表小数点。例如：“5R6”表示 5.6；“R82”表示 0.82Ω。

3）精密电阻（±1%）通常用 4 位数字表示，前 3 位为有效数字，第四位表示“10”，例如：147Ω 精密电阻，其代码为 1470。

实践提高　电阻器、电容器和电感器的识别与检测

1. 实训目的

（1）正确识别常用电阻器的型号及主要技术参数；

（2）正确识别常用电容器的型号及主要技术参数；

（3）正确识别常用电感器的型号及主要技术参数；

（4）学习使用万用表检测电阻器和电位器；

（5）学习使用万用表检测电容器及电感器的质量好坏。

2. 实训器材

数字万用表、各类电阻器、电容器及电感器若干。

3. 实训内容

（1）电阻器和电位器的识别与检测。

根据前面介绍的内容，了解电阻器和电位器的识别与检测。

1）从采用直标法和数标法的若干个不同的电阻器中任意选取，将识别与检测的结果填入表2-8中。

表2-8　电阻器的识别与检测

序号	识别				测量	
	材料	阻值	允许偏差	额定功率	挡位	阻值
1						
2						
3						

2）从采用色环标法的若干个不同的电阻器中任意选取，将识别与检测的结果填入表2-9中。

表2-9　色环电阻器的识别与检测

序号	识别			测量	
	色环颜色	阻值	允许偏差	挡位	阻值
1					
2					
3					

3）任意选取若干个不同的电位器，将识别与检测的结果填入表2-10中。

表2-10　电位器的识别与检测

序号	识别		测量			
	阻值	允许偏差	R_{12}	R_{13}	R_{23}	滑动端状态
1						
2						

（2）电容器的识别与检测。

根据前面介绍的内容，了解电容器的识别与检测。

任意选择若干个不同的电容器，将识别与检测的结果填入表2-11中。

表2-11　电容器的识别与检测

序号	识别				测量	
	标记	电容量	耐压	允许偏差	量程	电容量
1						
2						

（3）电感器的识别与检测

根据前面介绍的内容，了解电感器的识别与检测。

任意选择一个的电感器，将识别与检测的结果填入表2-12中。

表2-12　电感器的识别与检测

序号	识别		测量
	标记	电感量	直流电阻
1			

首先进行外观观察，看线圈有无松散，引脚有无折断、生锈现象，然后用万用表的欧姆挡测量线圈的直流电阻，若为无穷大，说明线圈（或与引出线间）有短路；若比正常值小很多，说明有局部短路；若为零，则线圈被完全短路。对于有金属屏蔽罩的电感器线圈，还需要检查线圈与屏蔽罩间是否短路；对于有磁芯的可调电感器，螺纹配合要好。

4. 实训报告

（1）完成各项实训数据的测量与填写。

（2）简述实训过程，总结本次实训的收获和体会。

项目 3　直流电路的分析方法

项目引入

随着读者对于电路课程学习的深入，会遇到形式各样的复杂电路，在这里不仅要求读者能够找到熟悉的电路元器件来识读电路，还要能够分析和计算它们。简单的电路可以应用之前学习的欧姆定律来解决，但是对于一些复杂电路，往往还需要一些其他电路分析方法来简化计算。

例如：某个电视遥控器需要两节 5 号干电池，有一天电池没电了，为了节约电池，小王只更换了一节新电池，可是没过多久他发现遥控器没电了。小王疑惑不解，为什么只换了一节新电池比更换两节新电池耗电更快呢？该现象能否用电路分析的方法来解释呢？

思政案例

19 世纪 40 年代，由于电气技术发展十分迅速，电路变得越来越复杂，这些复杂电路问题应用串、并联电路公式和欧姆定律不能得到有效的解决。年仅 21 岁的德国人基尔霍夫在他的第 1 篇论文中提出了电路网络中电流、电压、电阻关系的两条电路定律，即著名的基尔霍夫电流定律（KCL）和基尔霍夫电压定律（KVL），该定律能够迅速地求解任何复杂电路，从而成功地解决了阻碍电气技术发展的难题。众所周知，德国人对待工作要求很高，学习和工作中追求敬业、精益、专注、创新。他们的“工匠精神”体现在他们勤于思考、善于学习、崇尚科学和乐于动手的社会氛围和民族特性。

学习目标

（1）知识目标：

1）理解并掌握等效电路的应用；

2）理解并掌握基尔霍夫定律的应用；

3）掌握电路的基本分析方法。

（2）技能目标：

1）能够利用基尔霍夫定律计算电路；

2）能够通过实验验证直流电路的分析方法。

（3）素质目标：

1）团队沟通、协作能力；

2）观察、信息收集和自主学习能力；

3）钻研精神、分析总结能力；

4）良好的职业素养和工匠精神。

3-0　项目引入

任务 3.1　电路的等效变换

3.1.1　等效的概念

所谓等效是指在电路功能保持不变的情况下，为了使电路的分析和计算更方便，将结构复杂的电路用简单电路来代替。这种电路的分析方法称为等效变换。常用的等效变换有电阻等效、电容等效、电感等效及电源等效等。

二端网络：一个电路不论其内部结构如何复杂，最终只有两个端钮与外部相连，并且进出这两个端钮的电流相等，如图 3-1 所示。

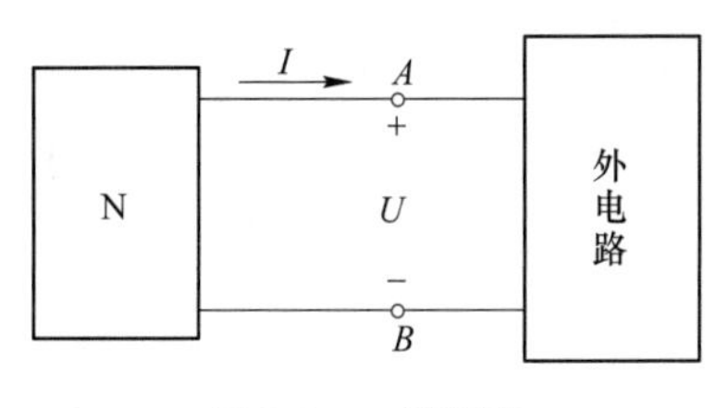

图 3-1　二端网络

根据二端网络内部是否含有电源，可将二端网络分为有源二端网络和无源二端网络。有源二端网络指电路内部 N 中含有电源元件；无源二端网络指电路内部 N 中不含有电源元件。

等效电路：如果电路结构、元器件参数完全不相同的两个二端网络具有相同的电压和电流，即具有相同的伏安关系，则这两个二端网络称为等效电路。

如图 3-2 所示，二端网络 N 与二端网络 N′的端口伏安特性相同，这两个网络对外电路的影响完全相同，这两个二端网络就可以互称为等效电路。

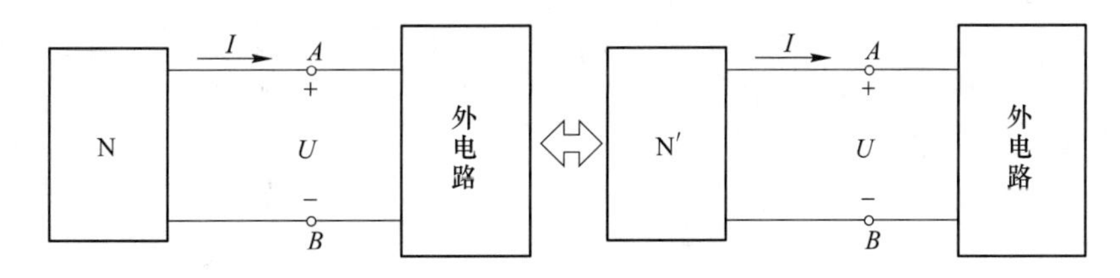

图 3-2　等效电路

3.1.2　电阻串联电路的等效变换

在电路中，几个电阻依次首尾相接并且中间没有分支的联结方式称为电阻的串联，如图 3-3 所示。

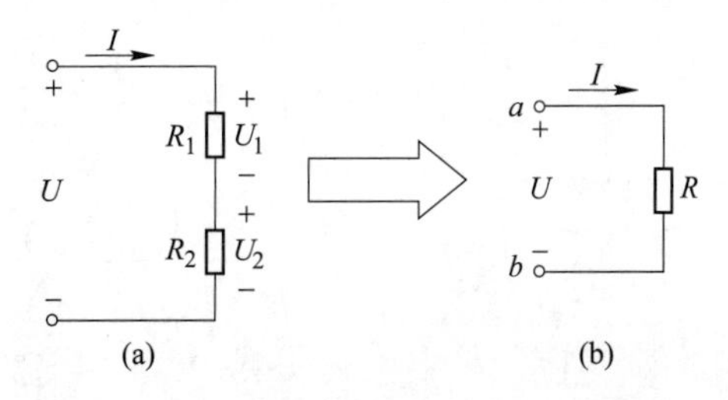

图 3-3　电阻的串联及其等效电路

电阻串联具有以下特点。

（1）通过各电阻的电流相等。

（2）串联电路的等效电阻等于各电阻之和。

$$R = R_1 + R_2$$

等效电阻是指用图 3-3（b）中所示的 R 代替 R_1、R_2，电路中的总电压和电流的关系保持不变，这种方式的替代就是等效变换。

（3）串联电路的总电压等于各电阻电压之和。

$$U = U_1 + U_2$$

（4）在电路中，常用电阻的串联来达到分压的目的。两个电阻串联时，各电阻两端的电压分别为：

$$U_1 = IR_1 = \frac{R_1}{R_1 + R_2}U$$

$$U_2 = IR_2 = \frac{R_2}{R_1 + R_2}U$$

从上式可以看出，串联电阻上的电压分配与其阻值成正比，即阻值越大的电阻分压越高。串联电阻的分压作用广泛应用于电压表扩大量程等场合。

（5）电阻串联时，等效电阻消耗的功率等于各串联电阻消耗功率的总和。

$$P = P_1 + P_2 = I^2R$$

【例 3-1】 如图 3-4 所示，用一个满刻度偏转电流为 50μA、电阻 R_g 为 2kΩ 的表头制成 100V 量程的直流电压表，应串联多大的附加电阻 R_f？

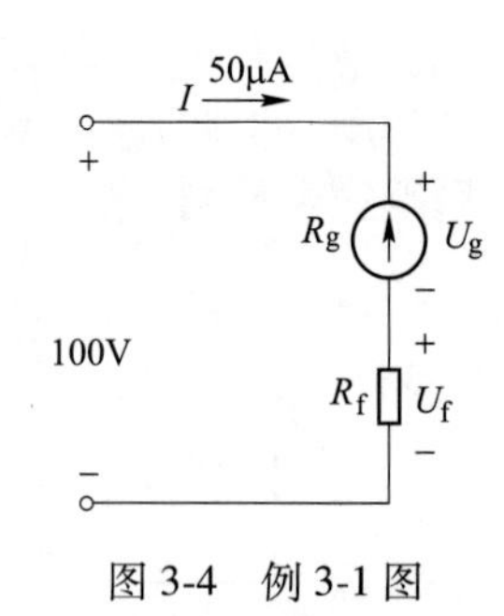

图 3-4　例 3-1 图

解： 满刻度时表头电压为：

$$U_g = R_gI = 2 \times 10^3 \times 50 \times 10^{-6} = 0.1\text{V}$$

附加电阻 R_f 承担的电压为：

$$U_f = 100 - 0.1 = 99.9\text{V}$$

$$U_f = \frac{R_f}{R_g + R_f}U$$

$$99.9 = \frac{R_f}{2 + R_f} \times 100$$

$$R_f = 1998\text{k}\Omega$$

3.1.3　电阻并联电路的等效变换

几个电阻元件接在电路中相同的两点之间，这种联结方式称为电阻并联，如图 3-5 所示。

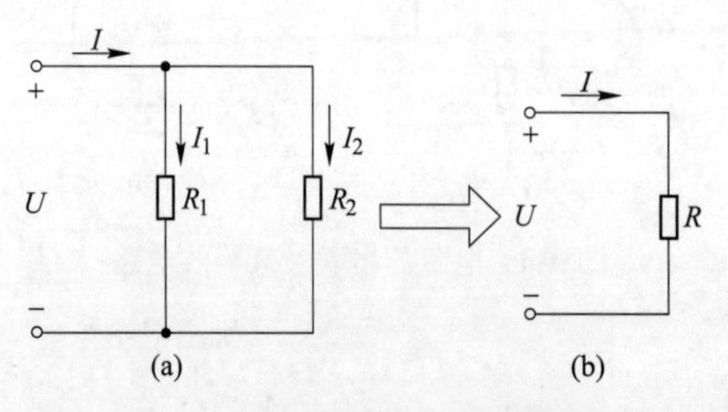

图 3-5　电阻的并联及其等效电路

电阻并联具有以下特点。

（1）各并联电阻的两端电压相等。

（2）总电流等于各电阻的电流之和。

$$I = I_1 + I_2$$

（3）等效电阻的倒数等于各个并联电阻的倒数之和。

$$\frac{1}{R} = \frac{1}{R_1} + \frac{1}{R_2}$$

$$R = R_1 // R_2，即 R = \frac{R_1 R_2}{R_1 + R_2}$$

（4）在电路中，常用电阻的并联来达到分流的目的。两个电阻并联时，各电阻上的电流分别为：

$$I_1 = \frac{U}{R_1} = \frac{R_2}{R_1 + R_2} I$$

$$I_2 = \frac{U}{R_2} = \frac{R_1}{R_1 + R_2} I$$

从上式可以看出，并联电阻上的电流分配与其阻值成反比，即阻值越大的电阻分流越小。并联电阻的分流作用广泛应用于电流表扩大量程等场合。

（5）电阻并联时，等效电阻消耗的功率等于各并联电阻消耗功率的总和。

$$P = P_1 + P_2 = I^2 R$$

【例 3-2】 如图 3-6 所示，用一个满刻度偏转电流为 50μA、电阻为 R_g 为 2kΩ 的表头制成量程为 50mA 的直流电流表，应并联多大的分流电阻 R_f？

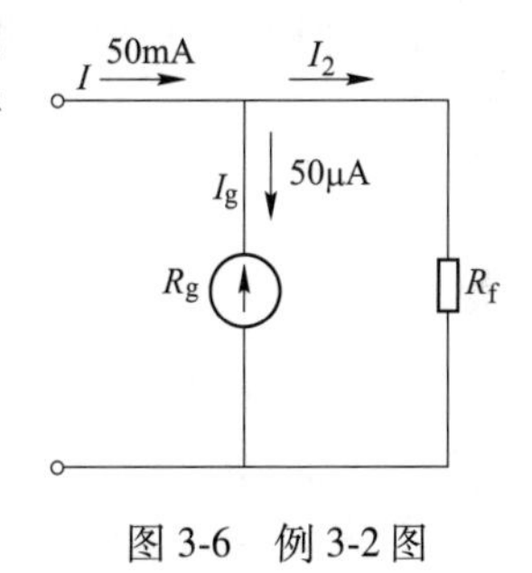

图 3-6　例 3-2 图

解： 由题意可知：

$$I_g = 50\mu A \quad R_g = 2000\Omega \quad I = 50mA$$

$$I_g = \frac{R_f}{R_g + R_f} I$$

$$50 = \frac{R_f}{2000 + R_f} \times 50 \times 10^3$$

$$R_f = 2.002\Omega$$

3.1.4　电阻混联电路的等效变换

既有电阻串联又有电阻并联的电路称为电阻混联电路。

求解电阻的混联电路时，首先应从电路结构上分清哪些电阻元件是串联的，哪些电阻元件是并联的，然后根据电阻串联、并联的特点逐步求解。对于某些无法认清电路结构的复杂电路，最有效的方法是画出原电路的直观等效电路，然后计算其等效电阻。

【例 3-3】 如图 3-7（a）所示，已知 $U = 12V$，求 I 为多少？

解： 原电路的等效电路如图 3-7（b）所示。

$$R = 6//(1 + 3//6) = 2k\Omega$$

$$I = U/R = 12V/2k\Omega = 6mA$$

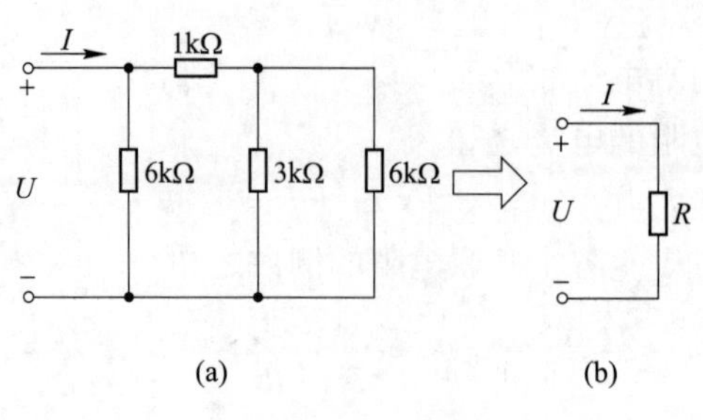

图 3-7　例 3-3 图

【例 3-4】　如图 3-8（a）所示，求电路的电压 U_1及电流 I_2。

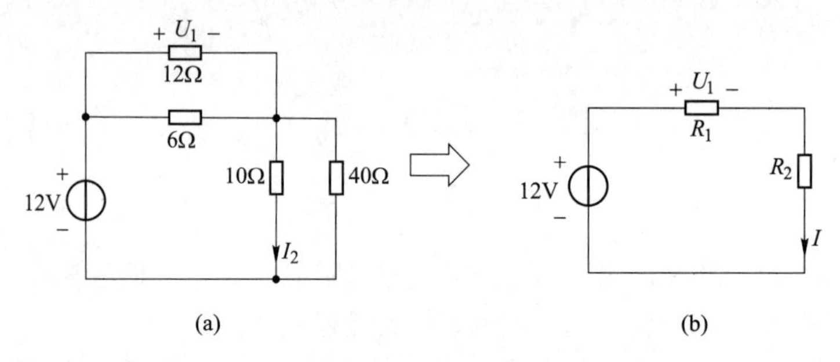

图 3-8　例 3-4 图

解：原电路的等效电路如图 3-8（b）所示。

$$R_1 = \frac{12 \times 6}{12 + 6} = 4\Omega$$

$$R_2 = \frac{10 \times 40}{10 + 40} = 8\Omega$$

由串联分压公式得：

$$U_1 = \frac{R_1}{R_1 + R_2} \times 12 = 4\text{V}$$

$$I = \frac{12}{R_1 + R_2} = 1\text{A}$$

分流公式为：

$$I_2 = \frac{40}{10 + 40} \times I = 0.8\text{A}$$

【例 3-5】　如图 3-9（a）所示，已知每一电阻的阻值 $R=10\Omega$，电源电动势 $E=6\text{V}$，电源内阻 $r=0.5\Omega$，求电路上的总电流。

解：原电路的等效电路如图 3-9（b）所示。

总的等效电阻是 $R_{总}=2.5\Omega$，总电流是 $I=2\text{A}$。

3.1.5　电阻的星形联结、三角形联结的等效变换

无源三端网络：具有 3 个引出端且内部无任何电源（独立源与受控源）的电路。图 3-10

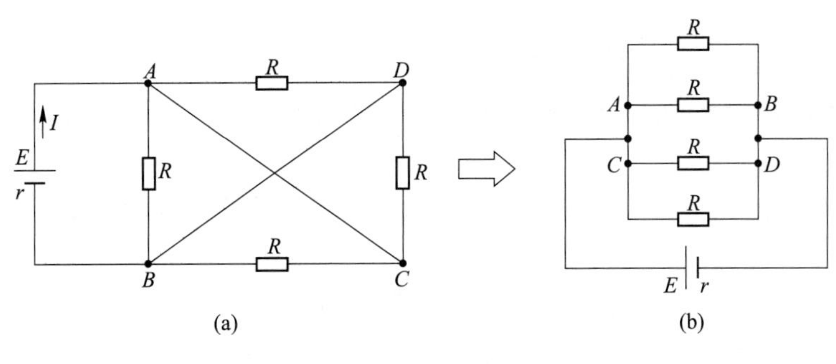

图 3-9　例 3-5 图

3-1　电路的等效变换

所示为星形联结的无源三端网络，图 3-11 所示为三角形联结的无源三端网络，这两种无源三端网络在满足一定条件时可进行等效变换。

3.1.5.1　电阻的星形联结和三角形联结

电阻星形联结：3 个电阻的一端联结在一个结点上，呈放射状，用符号Y表示，如图 3-10 所示。

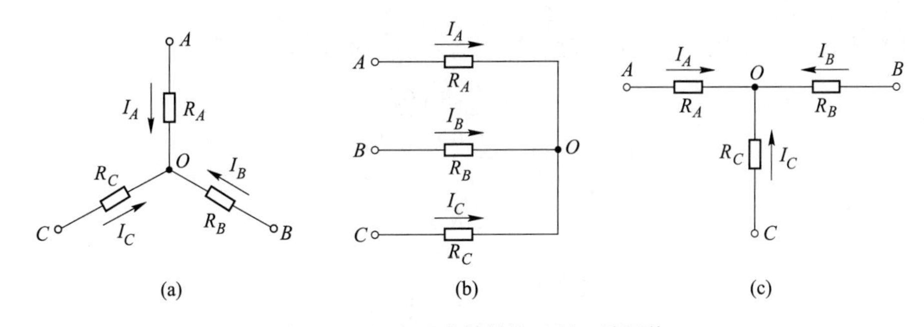

图 3-10　电阻星形联结的无源三端网络

电阻三角形联结：3 个电阻依次首尾相接，呈环状，用符号△表示，如图 3-11 所示。

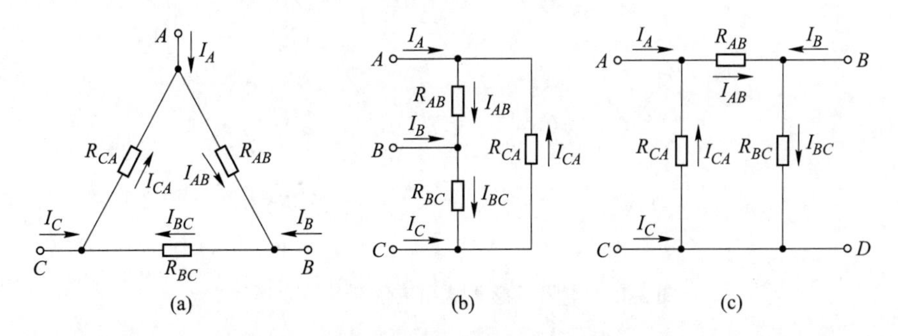

图 3-11　电阻三角形联结的无源三端网络

3.1.5.2　等效变换

变换前后，对于外部电路而言，流入（出）对应端子的电流以及各端子之间的电压必须完全相同。

（1）电阻星形联结变成三角形联结。

电阻星形联结变成三角形联结如图 3-12（a）所示，即由实线表示的联结方式变成虚线表示的联结方式。

已知星形联结的电阻 R_A、R_B、R_C，求等效三角形联结的电阻 R_{AB}、R_{BC}、R_{CA}。

$$R_{AB} = R_A + R_B + \frac{R_A R_B}{R_C}$$

$$R_{BC} = R_B + R_C + \frac{R_B R_C}{R_A}$$

$$R_{CA} = R_A + R_C + \frac{R_A R_C}{R_B}$$

公式特征：看下角标，两个相关电阻的和再加上两个相关电阻的积除以另 1 个电阻的商。

（2）电阻三角形联结变成星形联结。

电阻三角形联结变成星形联结如图 3-12（b）所示，即由实线表示的联结方式变成虚线表示的联结方式。

已知星形联结的电阻 R_{AB}、R_{BC}、R_{CA}，求等效三角形联结的电阻 R_A、R_B、R_C。

$$R_A = \frac{R_{AB} R_{CA}}{R_{AB} + R_{BC} + R_{CA}}$$

$$R_B = \frac{R_{BC} R_{AB}}{R_{AB} + R_{BC} + R_{CA}}$$

$$R_C = \frac{R_{CA} R_{BC}}{R_{AB} + R_{BC} + R_{CA}}$$

公式特征：看下角标，分子为两个相关电阻的积，分母为 3 个电阻的和。

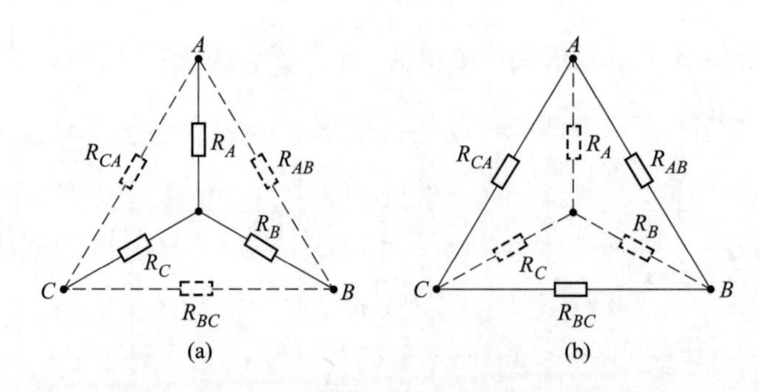

图 3-12　电阻星形联结和三角形联结变换图

特殊情况：当三角形（星形）联结的 3 个电阻阻值都相等时，变换后的 3 个阻值也应相等。

$$R_{\mathrm{Y}} = \frac{1}{3} R_{\triangle}$$

$$R_{\triangle} = 3R_{\mathrm{Y}}$$

【例 3-6】 无源两端网络如图 3-13（a）（b）（c）所示，求 A、B 两端的等效电阻。

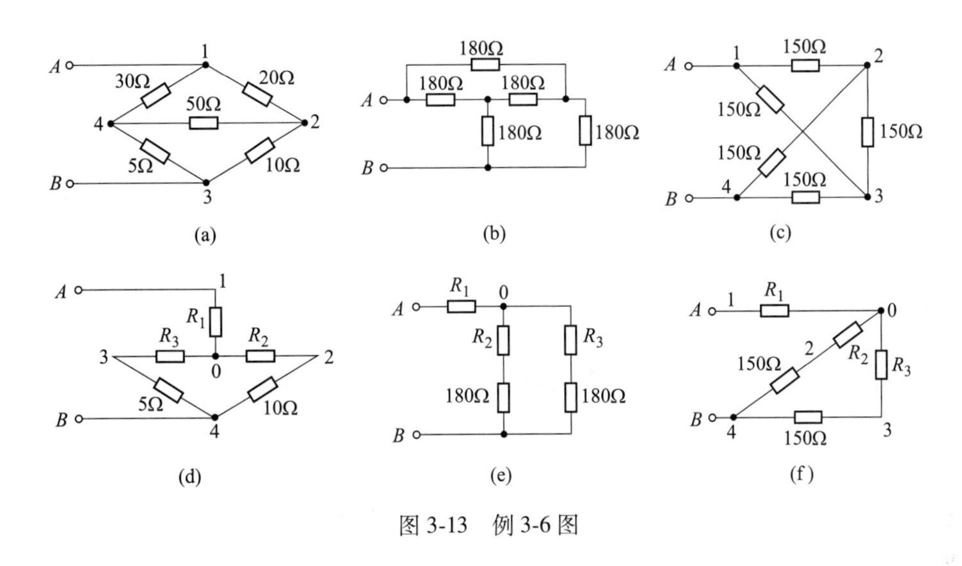

图 3-13　例 3-6 图

解： 图 3-13（a）（b）（c）经过Y—△等效变换，可得到图 3-13（d）（e）（f）所示的对应电路。

图（d）：

$$R_1 = \frac{30 \times 20}{30 + 20 + 50} = 6\Omega,\ R_2 = \frac{20 \times 50}{30 + 20 + 50} = 10\Omega,\ R_3 = \frac{30 \times 50}{30 + 20 + 50} = 15\Omega,$$

$$R_{AB} = 16\Omega$$

图（e）：

$$R_1 = R_2 = R_3 = 60\Omega,\ R_{AB} = 180\Omega$$

图（f）：

$$R_1 = R_2 = R_3 = 50\Omega,\ R_{AB} = 150\Omega$$

任务 3.2　基尔霍夫定律

基尔霍夫定律是 1845 年由刚从德国哥尼斯堡大学毕业的基尔霍夫提出的电路定律，它反映了电路中各条支路的电流及回路中各元器件电压之间的约束关系。

在电路的分析和计算中有欧姆定律和基尔霍夫定律两个基本定律，欧姆定律用于简单电路的分析和计算，对于复杂电路的分析和计算，除了要应用欧姆定律，还必须应用基尔霍夫定律。图 3-14 所示电路是由两个电源、三个电阻联结的复杂电路，用欧姆定律无法直接求解，而基尔霍夫定律可用来分析求解复杂电路。

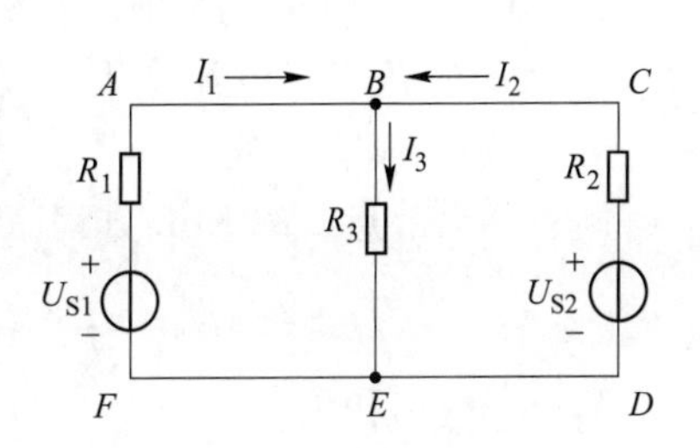

图 3-14　复杂电路图

基尔霍夫定律包含基尔霍夫电流定律和基尔霍夫电压定律两条定律。

3.2.1　电路中常用的名词术语

为了便于讨论基尔霍夫定律，先介绍以下几个名词术语。

3.2.1.1　支路

电路中至少含有一个电路元件且通过同一电流的分支称为支路。图 3-14 中有 *BAFE*、*BCDE* 和 *BE* 共 3 条支路，其中前两条支路称为含源支路，后一条支路称为无源支路。它们分别流过的电流为 I_1、I_2 和 I_3，均为支路电流。

3.2.1.2　节点

三条或三条以上支路的联结点称为节点。图 3-14 中有 *B* 点和 *E* 点共两个节点。

3.2.1.3　回路

电路中的任一闭合路径称为回路。图 3-14 中有 *ABEFA*、*BCDEB* 和 *ABCDEFA* 共 3 个回路。

3.2.1.4　网孔

内部不含有支路的回路称为网孔。图 3-14 中有 *ABEFA* 和 *BCDEB* 两个网孔。

3.2.2　基尔霍夫定律电流定律（KCL）

3.2.2.1　基尔霍夫电流定律内容

基尔霍夫电流定律简称 KCL，又称节点电流定律，它反映了电路中某节点上各个支路电流之间的关系。即任一时刻，流入电路中的任一节点的电流之和等于流出该节点的电流之和，则：

$$\sum I_{入} = \sum I_{出}$$

若规定流入节点电流为正，流出节点电流为负，则：

$$\sum I = 0$$

在图 3-14 中，对于节点 *B*，列电流方程，可以写成：

$$I_1 + I_2 = I_3$$

【例 3-7】　在图 3-15 中，在给定参考方向下，流过节点 *a* 的各支路电流为 $I_1 = 1\text{A}$，$I_2 = -3\text{A}$，$I_3 = 4\text{A}$，$I_4 = -5\text{A}$，求 I_5。

解：列出节点 *a* 的 KCL 方程。

$$I_1 + I_3 + I_4 = I_2 + I_5$$

将已知数值代入：

得：$$I_5 = 3\text{A}$$

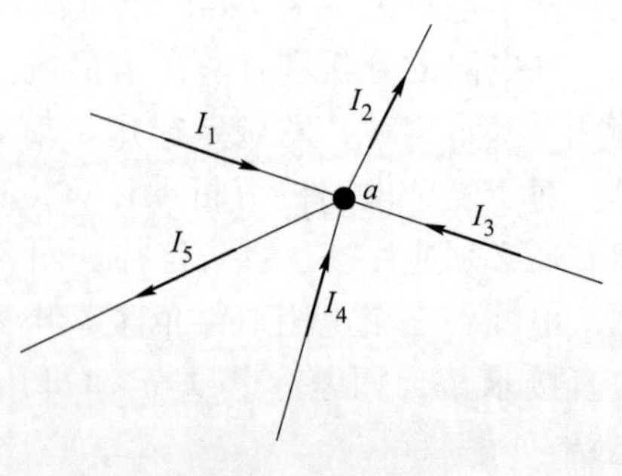

图 3-15　例 3-7 图

I_5为正值，说明 I_5的实际方向与参考方向一致，是流出节点 a 的电流。

3. 2. 2. 2　KCL 的推广应用

KCL 也适用于包围几个节点的闭合面。如图 3-16 所示，其中的虚线圈内可看成一个封闭面。

分别对图中的三个节点列电流方程。

节点 A：$I_A = I_{AB} - I_{CA}$

节点 B：$I_B = I_{BC} - I_{AB}$

节点 C：$I_C = I_{CA} - I_{BC}$

把以上三式相加得：

$$I_A + I_B + I_C = 0$$

【例 3-8】　如图 3-17 所示，试决定晶体管基极电流 I_b、发射极电流 I_e 和集电极电流 I_c 之间的关系。

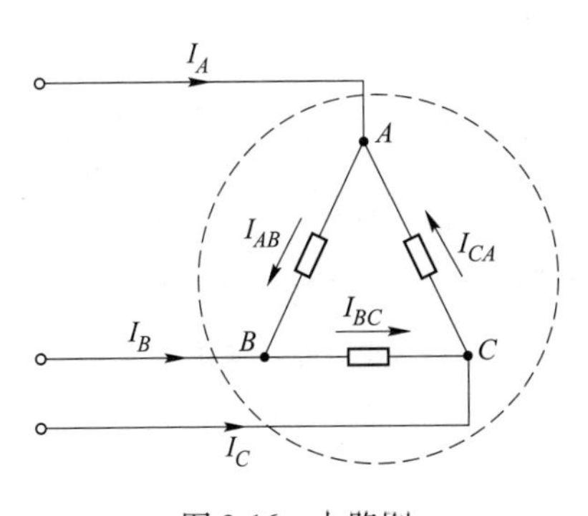

图 3-16　电路图

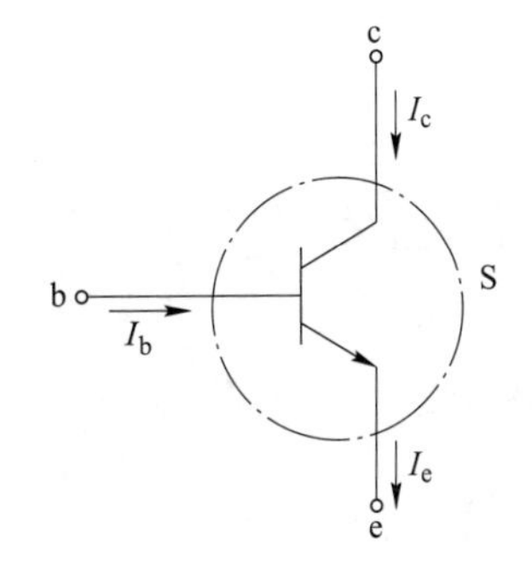

图 3-17　例 3-8 图

解：假设一闭合面 S，将晶体管包围起来。

则有：$I_e = I_b + I_c$

所以，无论工作在什么情况下，晶体管 3 个电极的电流之间的关系，总是发射极电流 I_e = 基极电流 I_b+集电极电流 I_c。

3. 2. 3　基尔霍夫电压定律（KVL）

3. 2. 3. 1　基尔霍夫定律电压定律内容

基尔霍夫电压定律简称 KVL，又称回路电压定律。它反映了回路中各个元件上电压之间的关系。即任一时刻，沿电路中的任一回路，各电路元件上的电压的代数和恒等于零，则：

$$\sum U = 0$$

应用方法：

（1）先选择某一回路，并指定回路的绕行方向（逆时针或顺时针）；

（2）各元件的电压参考方向若和绕行方向一致时，该电压前面取“+”号，反之取“-”号。

图 3-18 是某电路的一部分，该回路选择顺时针绕行方向，列出 KVL 方程为：

$$-U_1 - U_{S1} + U_2 + U_3 + U_4 + U_{S4} = 0$$

根据电路图将各电压改写为：

$$-R_1I_1 - U_{S1} + R_2I_2 + R_3I_3 + R_4I_4 + U_{S4} = 0$$

3.2.3.2　KVL 的推广应用

KVL 不仅应用于闭合回路，也可以把它推广应用于电路中任一假想的闭合回路。如图 3-19 所示，对假想的闭合回路列 KVL 方程。

图 3-19（a）：$U_S - IR - U = 0$，即 $U = U_S - IR$

图 3-19（b）：$U_A - U_B - U_{AB} = 0$，即 $U_{AB} = U_A - U_B$

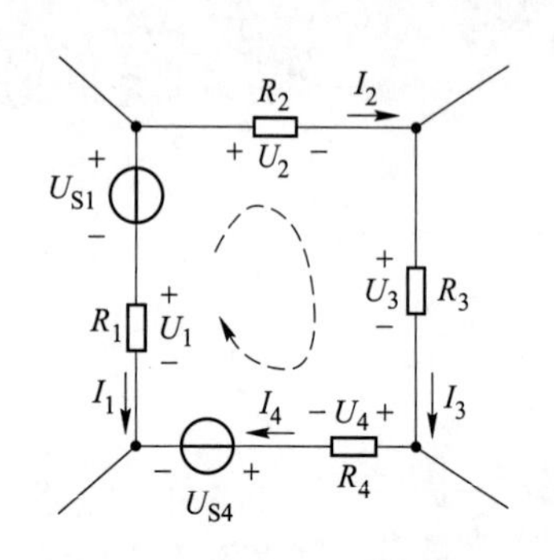

图 3-18　基尔霍夫电压定律示例

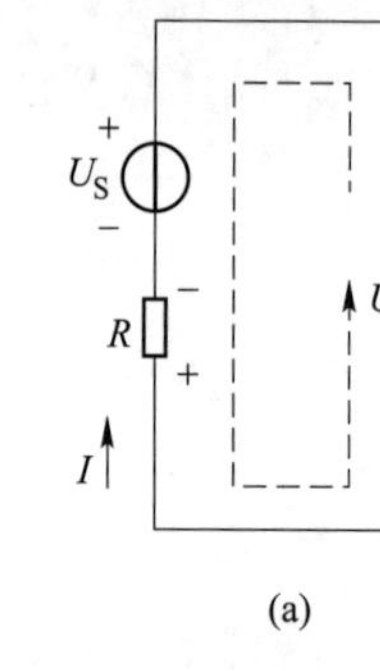

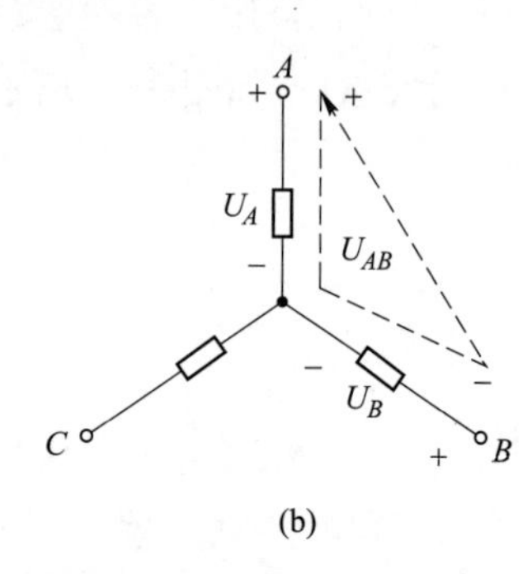

图 3-19　KVL 推广应用

【**例 3-9**】　求图 3-20 中电压 U 和电流 I。

解：

$$\text{KCL}\quad I + 3 + 1 = 2 \rightarrow I = -2\text{A}$$

$$U_1 = 3I = 3 \times (-2) = -6\text{V}$$

$$\text{KVL}\quad U + U_1 + 3 - 2 = 0 \rightarrow U = 5\text{V}$$

【**例 3-10**】　电路如图 3-21 所示，已知 $U_{S1} = 12\text{V}$，$U_{S2} = 3\text{V}$，$R_1 = 3\Omega$，$R_2 = 9\Omega$，$R_3 = 10\Omega$，求U_{ab}。

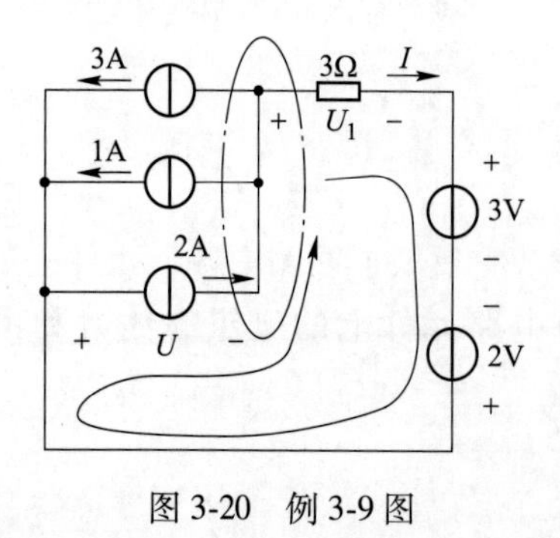

图 3-20　例 3-9 图

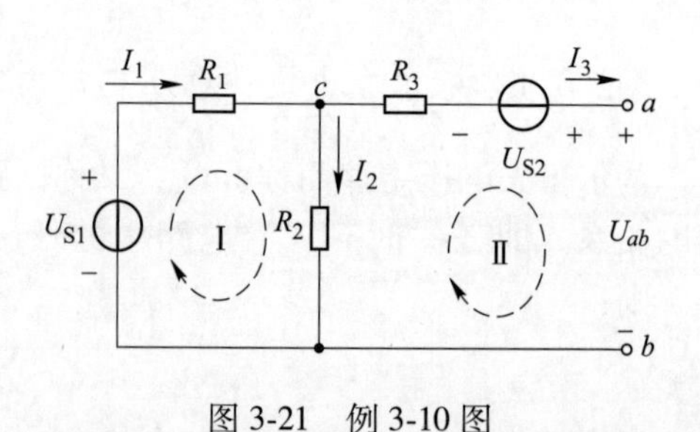

图 3-21　例 3-10 图

解：

KCL　$I_3 = 0$，$I_2 = I_1$

KVL　$I_1R_1 + I_2R_2 - U_{S1} = 0 \rightarrow I_1 = I_2 = 1A$

$U_{ab} - I_2R_2 + I_3R_3 - U_{S2} = 0 \rightarrow U_{ab} = 12V$

3.2.4　支路电流法

支路电流法是分析、计算复杂电路的方法之一，也是一种最基本的方法。支路电流法是以支路电流为未知量，直接应用 KCL 和 KVL，分别对节点和回路列出所需的方程式，然后联立求解出各未知电流的方法。

具体方法：一个具有 b 条支路、n 个节点的电路，根据 KCL 可列出（$n-1$）个独立的节点电流方程式，根据 KVL 可列出 $b-(n-1)$ 个独立的回路电压方程式。联立以上方程，代入已知数据求解方程组，求解各支路电流。

【例 3-11】 电路如图 3-22 所示，已知 $U_{S1}=70V$，$R_1=20\Omega$，$U_{S2}=45V$，$R_2=5\Omega$，$R_3=6\Omega$，计算各支路电流。

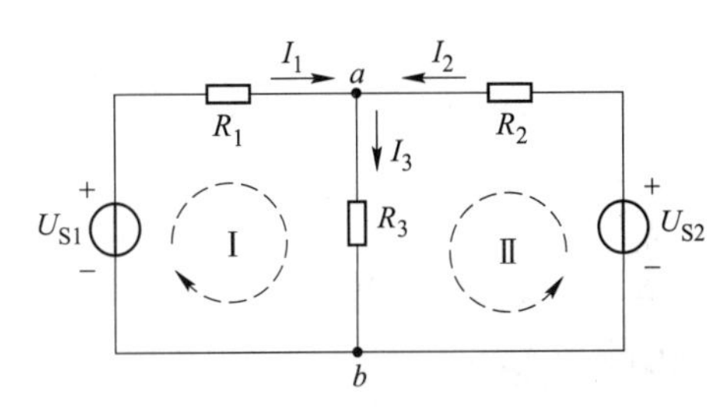

图 3-22　例 3-11 图

解：电路有两个节点、3 条支路、3 个回路（两个网孔）。3 个支路电流是待求量。

（1）列 KCL 方程。假定各支路电流 I_1、I_2、I_3及参考方向如图 3-22 所示。根据两个节点，可列出 2−1=1 个独立的 KCL 方程。节点 a 有：

$$I_1 + I_2 - I_3 = 0$$

（2）列 KVL 方程。根据两个网孔，可列出 3−(2−1)= 2 个独立的 KVL 方程。

3-2　基尔霍夫定律

$$I_1R_1 + I_3R_3 = U_{S1}$$
$$I_2R_2 + I_3R_3 = U_{S2}$$

（3）解联合方程组求得。

$$I_1 = 2A，I_2 = 3A，I_3 = 5A$$

任务 3.3　常用电路分析方法

简单电路可应用欧姆定律来进行分析和计算，复杂电路原则上应用基尔霍夫定律就可以进行分析了，且前面讲的电路的等效变换和支路电流法也能简单化复杂电路的分析，但电气工程上遇到的电路往往要复杂得多，仅仅使用前面的电路定律和方法会使得计算相当烦琐，甚至无法计算，因此此处将介绍电源的等效变换、叠加定理和戴维南定理几种常用的电路分析方法，它们不仅适用于直流电路，也适用于交流电路，可根据电路的结构和计算要求来选用一种电路分析方法或多种分析方法并用。

3.3.1　电源的等效变换

一个实际电源的作用既可以用电压源模型表示，也可以用电流源模型表示。这两种电源模型对外电路能够提供相同的特性时，就可以进行等效变换。

图 3-23 所示电压源和电流源外接同样的负载，这两个电源都为该负载提供相同的电压和相同的电流，即 $U=U'$，$I=I'$，对负载来说，该电压源和电流源是相互等效的，它们之间可以进行等效变换。

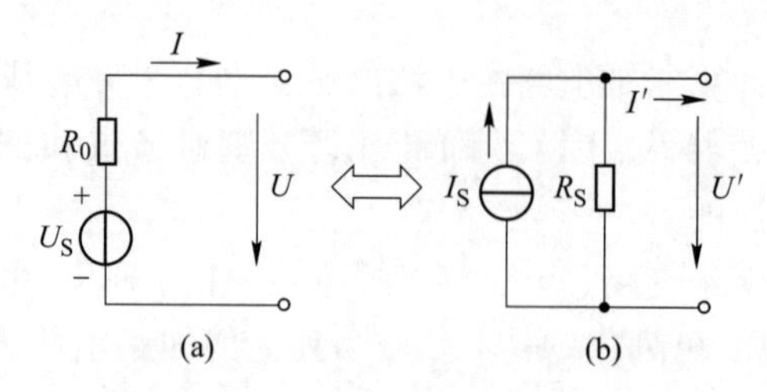

图 3-23　电压源和电流源的等效变换

由图 3-23（a）得 $U = U_S - IR_0$；

由图 3-23（b）得 $I' = I_S - \dfrac{U'}{R_S}$，推导得 $U' = I_S R_S - I'R_S$。

当电压源和电流源等效时，$U = U'$，$I = I'$，由此可得出电压源与电流源对外电路等效变换的条件如下。

（1）电压源（U_S、R_0已知）等效变换为电流源（求 I_S、R_S）：

$$I_S = \frac{U_S}{R_0},\ R_S = R_0$$

（2）电流源（I_S、R_S已知）等效变换为电压源（求 U_S、R_0）：

$$U_S = I_S R_S,\ I_S = \frac{U_S}{R_0},\ R_0 = R_S$$

等效变换前后两种电源模型的内阻相同，即 $R_0 = R_S$，并且电压源与电流源方向相同。

【例 3-12】 将图 3-24（a）所示电路等效化简为电压源模型。

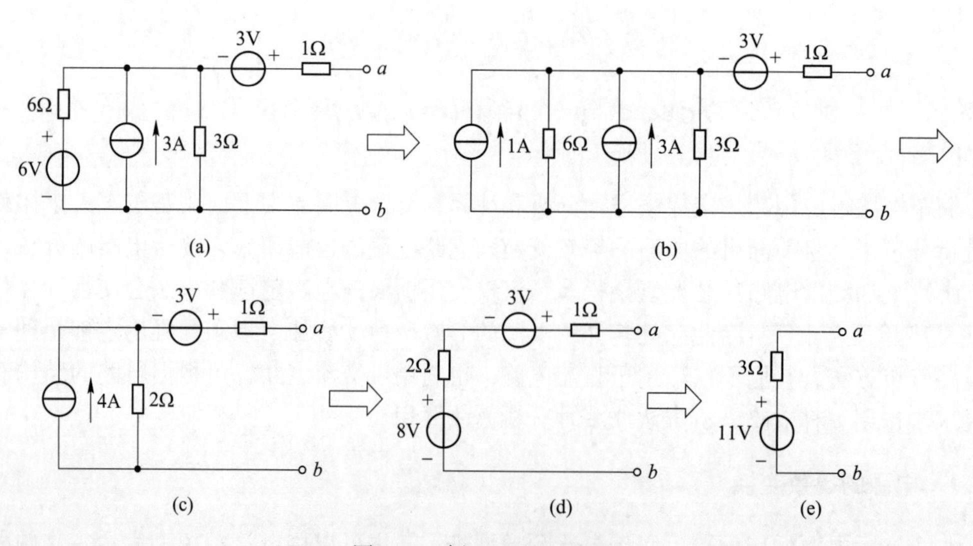

图 3-24　例 3-12 的电路图

解：该电路包含 3 个电源，最后的结果要求变换为电压源。分析图 3-24（a）可知，应先把左侧的两个电源想法变成与右侧电压源串联的形式。先把最左侧的 6V 电压源与 6Ω 电阻的串联组合变为电流源，与其右侧的电流源合并，整个电路的化简过程如图 3-24 所示。

【例 3-13】 求图 3-25（a）所示电路中的电流。

解：利用实际电源模型的等效变换将原电路等效变换为图 3-25（d），可求得电流。

$$I = \frac{15 + 1}{3 + 1 + 4}\text{A} = 2\text{A}$$

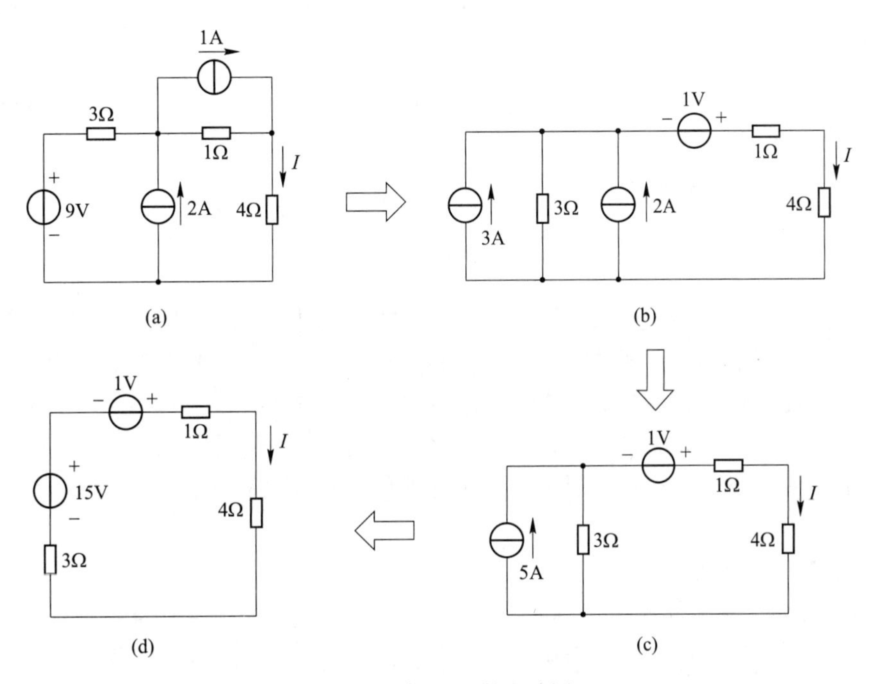

图 3-25　例 3-13 的电路图

电源等效化简和变换的注意事项。

（1）理想电源（即恒压源和恒流源）不能进行等效变换。恒压源输出电压恒定，恒流源没有这样的性质；同样，恒流源输出电流恒定，恒压源也没有这样的性质。因此二者不能进行等效变换。

（2）与恒压源并联的电阻、恒流源等对二端口以外的电路来说不起作用，故从对外部电路等效来说，内部与恒压源并联的支路可以断开，如图 3-26 所示。

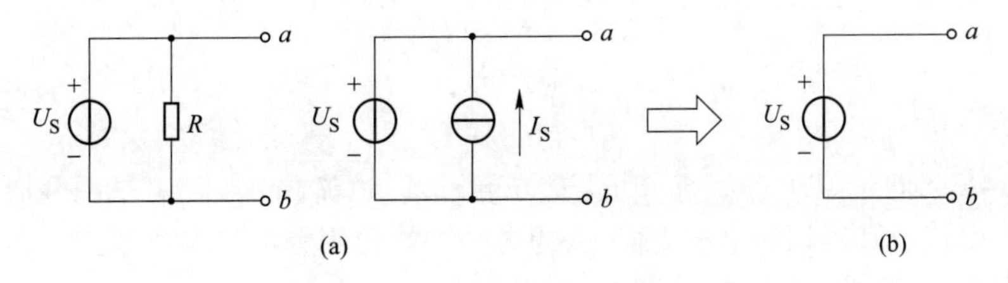

图 3-26　与恒压源并联支路的化简

（3）与恒流源串联的电阻、恒压源等对两端口以外的电路来说不起作用，故从对外部电路等效来说，内部与恒流源串联的电阻、恒压源等可以将其两端短路，如图 3-27 所示。

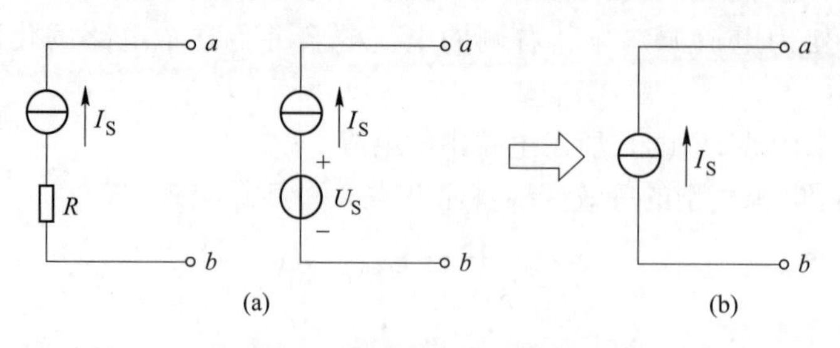

图 3-27　与恒流源串联元件的化简

3-3　电源的等效变换

3.3.2　叠加定理

电路中的元器件有线性和非线性之分，线性元器件的参数是常数，与电压、电流的大小无关。由线性元器件组成的电路称为线性电路。叠加定理是线性电路非常重要的分析和计算方法。

叠加原理内容：在线性电路中，有几个电源共同作用时，在任一支路所产生的电流（或电压）等于各电源单独作用时在该支路所产生的电流（或电压）的代数和。

叠加定理使用范围：多电源、线性电路中的电流和电压。

注意：在考虑某一电源单独作用时，要假设其他电源不存在。即将其他理想电源除源，理想电压源短路，理想电流源开路，保留所有电阻（包括电源内阻）。

解题步骤：

（1）标出待求电流或电压的参考方向。

（2）将电路分解为各理想电源单独作用的分电路（保留所有电阻及一个理想电源，将其他理想电源除源，理想电压源短接，理想电流源开路），标出各分电路中电流、电压的参考方向。

（3）求解各分电路中电流或电压。

（4）叠加合成，求各分电路中电流、电压的代数和。

叠加原则：当各分量电流或电压与原电路中的电流或电压参考方向相同时取正，相反时取负。

图 3-28（a）中已标出各支路电流的参考方向，各电压源单独作用时的电路如图 3-28（b）和（c）所示。对于图 3-28（a）电路中的各电流，应用叠加原理可分别由下列各式求出：

$$I_1 = I_1' + I_1''$$
$$I_2 = I_2' + I_2''$$
$$I_3 = I_3' + I_3''$$

【例 3-14】　求图 3-29（a）已知恒压源 $E = 10\text{V}$，恒流源 $I_S = 5\text{A}$，试用叠加原理求流过 $R_2 = 4\Omega$ 上的电流及其两端的电压 U_{R_2}，并思考功率能否用叠加定理计算。

解：假定待求支路电流 I 及电压 U_{R_2} 的参考方向如图 3-29（a）所示。

各电源单独作用时待求支路的电流分量及电压分量。

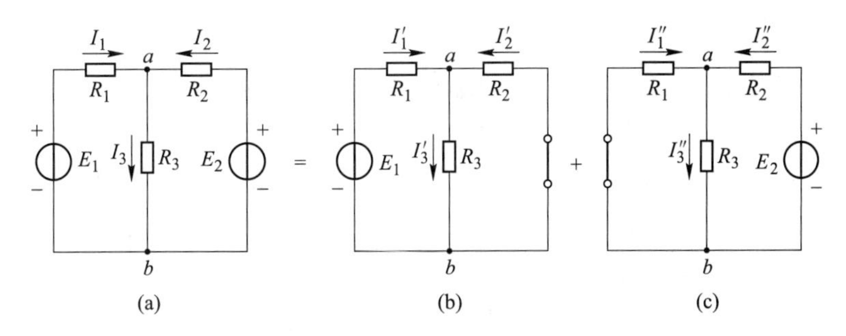

图 3-28　与恒流源串联元件的化简

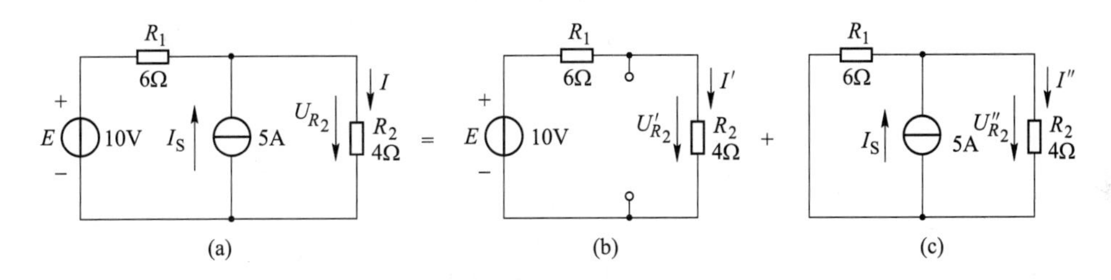

图 3-29　例 3-14 图

（a）电路；（b）电压源单独作用；（c）电流源单独作用

（1）设电压源单独作用，令 5A 电流源不起作用，即等效为开路，此时电路如图 3-29（b）所示。

$$I' = \frac{E}{R_1 + R_2} = \frac{10}{6 + 4} = 1\text{A}$$

$$U'_{R_2} = 4 \times I' = 4 \times 1 = 4\text{V}$$

$$P'_{R_2} = U' \times I' = 4 \times 1 = 4\text{W}$$

（2）设电流源单独作用，令 10V 电压源不起作用，即等效为短路，此时电路如图 3-29（c）所示。

$$I'' = I_S \frac{R_1}{R_1 + R_2} = 5 \times \frac{6}{6 + 4} = 3\text{A}$$

$$U''_{R_2} = 4 \times I'' = 4 \times 3 = 12\text{V}$$

$$P''_{R_2} = U''_{R_2} \times I'' = 12 \times 3 = 36\text{W}$$

将各电流分量及电压分量进行叠加，求出原电路中的电流和电压。

$$I = I' + I'' = 1 + 3 = 4\text{A}$$

$$U_{R_2} = U'_{R_2} + U''_{R_2} = 4 + 12 = 16\text{V}$$

电阻实际消耗的功率为　$P_{R_2} = R_2 I^2 = 4 \times 4^2 = 64\text{W}$

若用叠加定理，则　$P'_{R_2} + P''_{R_2} = 4 + 36 = 40\text{W}$

$$P_{R_2} \neq P'_{R_2} + P''_{R_2}$$

故功率不能用叠加原理计算。

3-4　叠加定理

3.3.3　戴维南定理

在一个复杂电路的分析中，有时候只需要研究某一支路的电流、电压或功率，无须把所有的未知量都计算出来，若用一般的电路分析法计算较麻烦，此时若采用戴维南定理较为简单。如图 3-30 所示，该方法是将待求的支路，即 R_L所在的 AB 支路单独划开，电路的其余部分用一个等效电压源来代替，这样的方法就是可以把复杂的电路化为简单电路后进行求解。

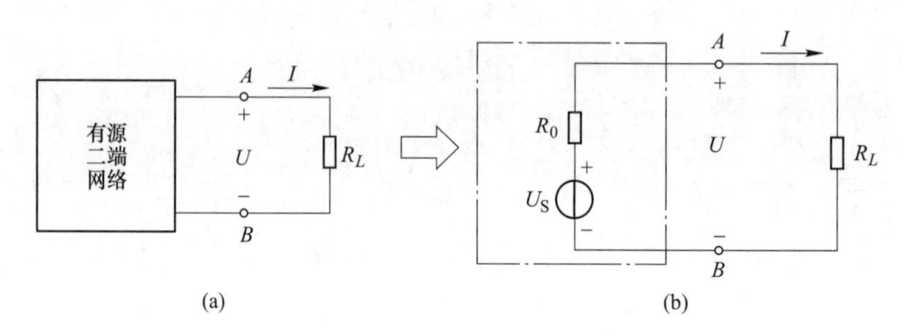

图 3-30　戴维南定理

（a）有源二端网络；（b）戴维南等效

戴维南定理是这样描述的：一个线性有源二端网络，对外电路（如负载）来说，都可以用一个等效电压源（恒压源 U_S和内阻 R_0串联支路）来代替。

该电压源的内阻 R_0 = 无源二端网络的等效电阻（即将有源二端网络中所有理想电源除去，除去理想电压源即理想电压源所在处短路，除去理想电流源即理想电流源所在处开路）。

该电压源的理想电源电压 U_S = 有源二端网络的开路电压 U_{OC}，即将负载断开后 A 、B 两端之间的电压。

解题步骤：

（1）将电路分为待求支路和有源二端网络两部分，并将有源二端网络用一个电压源模型来等效代替。

（2）求电压源模型的理想电压源电压 U_S。把待求支路断开，求出有源二端网络的开路电压。

（3）求电压源模型的内阻 R_0。即把有源二端网络中所有电源除去（理想电压源短路，理想电压源开路），求出无源二端网络的等效电阻。

（4）由戴维南等效电路求出电流 I_0。把等效电压源与待求支路联结成一个闭合回路，应用全欧姆定律求出该支路电流。

【例 3-15】　用戴维南定理求图 3-31（a）所示电路中的电流。

解：

首先将电路分成有源二端网络和待求支路两部分。在图 3-31（a）所示电路中，虚线框内为有源二端网络，3Ω 电阻为待求电流支路。

然后断开待求支路，求有源二端网络的开路电压 U_{OC}，如图 3-31（b）所示。

$$U_{OC} = 2 \times 3 + \frac{6}{6+6} \times 24 = 6 + 12 = 18\text{V}$$

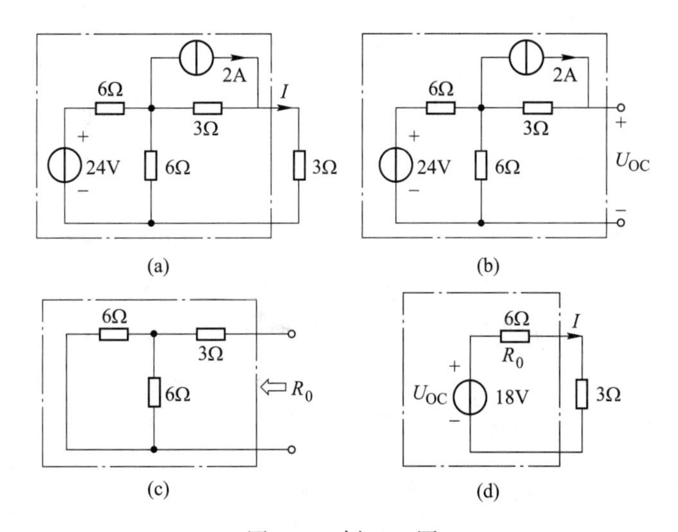

图 3-31　例 3-15 图

（a）电路；（b）求开路电压；（c）求等效电阻；（d）图（a）的等效电路

接着求有源二端网络除源后的等效电阻 R_0，如图 3-31（c）所示。

$$R_0 = 3 + \frac{6 \times 6}{6 + 6} = 3 + 3 = 6\Omega$$

3-5　戴维南定理

最后将有源二端网络用一个等效电压源代替，画出其等效电路图，接上待求支路，求出待求支路的电流（或电压或功率），如图 3-31（d）所示。

$$I = \frac{18}{6 + 3} = 2\text{A}$$

3.3.4　最大功率传输定理

一个实际电源产生的功率通常分为两部分：一部分消耗在电源及电路的内阻上，另一部分输出给负载。在电子通信技术中，总是希望负载上得到的功率越大越好，那么怎么能使负载从电源处获得最大功率呢?

由前面介绍的内容可知，对于含有负载电阻 R_L 的电路，最终都可以化简成图 3-32 所示的戴维南等效电路的形式，则负载电阻上消耗的功率为：

$$P = U_L I = I^2 R_L = \left(\frac{U_{OC}}{R_0 + R_L}\right)^2 R_L$$

图 3-32　有源二端网络接负载

从上式可以看出，当负载太大或太小时，显然都不能使负载上获得最大功率。当负载 R_L 很大时，电路将接近开路状态；当负载 R_L 很小时，电路将接近短路状态。经过数学推导，从图 3-33 可得，负载获得最大功率的条件是负载电阻 R_L 等于电源的内电阻 R_0。

这时负载获得的最大功率为：

$$P_{max} = \left(\frac{U_{OC}}{R_0 + R_0}\right)^2 R_0 = \frac{U_{OC}^2}{4R_0}$$

此时电源发出的功率为：

$$P_S = U_{OC}I = U_{OC}\frac{U_{OC}}{2R_0} = \frac{U_{OC}^2}{2R_0}$$

此时电源传输功率的效率为：

$$\eta = \frac{P_{max}}{P_S} = \frac{1}{2} = 50\%$$

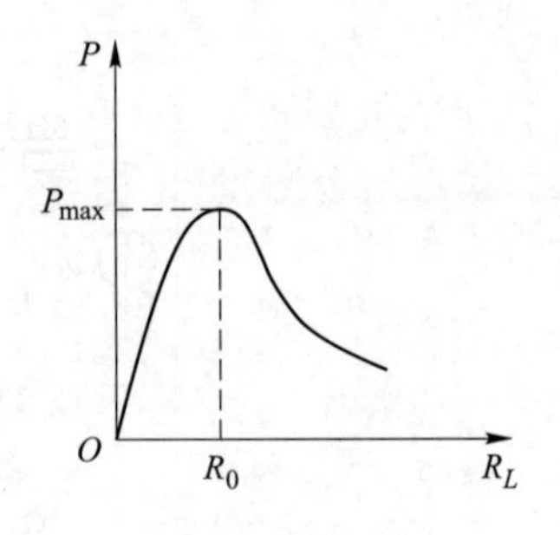

图 3-33 负载 R_L 与功率 P 的关系

由此可见，负载获得最大功率时，传输效率很低，负载获得的功率仅为电源发出功率的一半，另一半的功率在电源内部消耗了，这种情况在电力系统中是不允许的，电力系统要求高效率的传输功率，以便能充分地利用能源，因此应使 R_L 远远大于 R_0。

在工程上，电路满足最大功率传输条件时也称为阻抗匹配，在电子线路中应用很多，例如晶体管收音机里的输入、输出变压器就是为了达到阻抗匹配条件接入的。

3-6 最大功率传输定理

思考与练习

一、填空题

1. 两个电阻 R_1 和 R_2，已知 $R_1:R_2=1:2$。若它们在电路中串联，则两电阻上的电压比 $U_1:U_2=$________；两电阻上的电流比 $I_1:I_2=$________；它们消耗的功率比 $P_1:P_2=$________。

2. 电阻串联可获得阻值________电阻，可限制电路中的________，还可扩大________表测量的量程。

3. 在 220V 电源上并联接入两只白炽灯，它们的功率分别为 100W 和 40W，这两只灯从电源取用的总电流是________。

4. 若二端网络内部含有电源，则称其为________二端网络。

5. 基尔霍夫定律包括________和________两大定律。

6. 电路中的每一条分支称为________，3 条或 3 条以上支路所汇成的交点称为________。

7. 基尔霍夫定律包有________和________两大定律。

8. 基尔霍夫电压定律的英文简称为________，它说明在任何时刻，沿任一回路绕行一周，各元件的________代数和等于零。基尔霍夫电流定律的英文简称为________，它说明在任何时刻，流经任一________的电流代数和为零。

9. 支路电流法是以________为求解量，利用________和________列方程组分析电路的方法。

10. 一个含有 3 个结点、5 条支路的电路，利用支路电流法求解电路时，可列出________个独立的 KCL 方程，可列出________个独立的 KVL 方程，后者数目恰等于平面电路的________数目。

11. 应用叠加定理时，如果某个独立源单独作用，则其他不作用的电压源应做

________处理，不作用的电流源应做________处理。

12. 戴维南定理指出，任何线性有源二端网络都可以等效成一个电阻和一个电压源的串联组合，其中电阻等于原有源二端网络________后的________电阻，电压源等于原有源二端网络的________电压。

13. 某一线性有源二端网络，测得其开路电压等于6V，短路电流为3A，则该有源二端网络的等效电压源 U_S 为________，内阻 R_0 为________。

14. 若某电源的电压为 U_S，内阻为 r，则负载 R_L 从电源获得最大功率的条件是________，此时负载获得的最大功率等于________。

二、判断题

1. 应用叠加定理时，需要把不作用的电源置零，不作用的电压源用导线代替。（　　）

2. n 个结点的电路，其KCL独立方程数为 n。（　　）

3. 叠加定理仅适用于线性电路，对非线性电路则不适用。（　　）

4. 叠加定理不仅能叠加线性电路中的电压和电流，也能对功率进行叠加。（　　）

5. 任何一个含源二端网络，都可以用一个电压源模型来等效替代。（　　）

6. 用戴维南定理对线性二端网络进行等效替代时，对外电路是等效的。（　　）

三、单选题

1. 灯A的额定功电压为220V，功率为200W，灯B的额定电压为220V，功率是100W，若把它们串联接到220V电源上，则（　　）。

A. A灯较亮　　B. B灯较亮　　C. 两灯一样亮　　D. 无法计算

2. 给内阻为9kΩ、量程为1V的电压表串联电阻后，量程扩大为10V，则串联电阻为（　　）kΩ。

A. 1　　B. 90　　C. 81　　D. 99

3. 已知 $R_1>R_2>R_3$，若将此3只电阻并联接在电压为 U 的电源上，获得最大功率的电阻将是（　　）。

A. R_1　　B. R_2　　C. R_3　　D. 一样

4. 额定值为“100Ω　16W”和“100Ω　25W”的两个电阻，并联时两端允许加的最大电压是（　　）。

A. 40　　B. 50　　C. 90　　D. 10

5. 两完全相同的电阻，它们串联时总电阻是并联时总电阻的（　　）。

A. 1/2　　B. 2倍　　C. 1/4　　D. 4倍

6. 一个晶体管有三个电极，各极的电流方向如图3-34所示，各极的电流关系为（　　）。

A. $I_B = I_C + I_E$　　B. $I_E = I_C + I_B$　　C. $I_C = I_E + I_B$　　D. 不能确定

7. 如图3-35所示，$I=$（　　）A。

A. 3　　B. 7　　C. 5　　D. 6

8. 如图3-36所示，其结点数、支路数及网孔数分别为（　　）。

A. 4、6、3　　B. 2、6、6　　C. 4、7、6　　D. 2、7、3

9. 如图3-36所示，I_1 与 I_2 的关系是（　　）。

A. $I_1 > I_2$　　B. $I_1 < I_2$　　C. $I_1 = I_2$　　D. 不确定

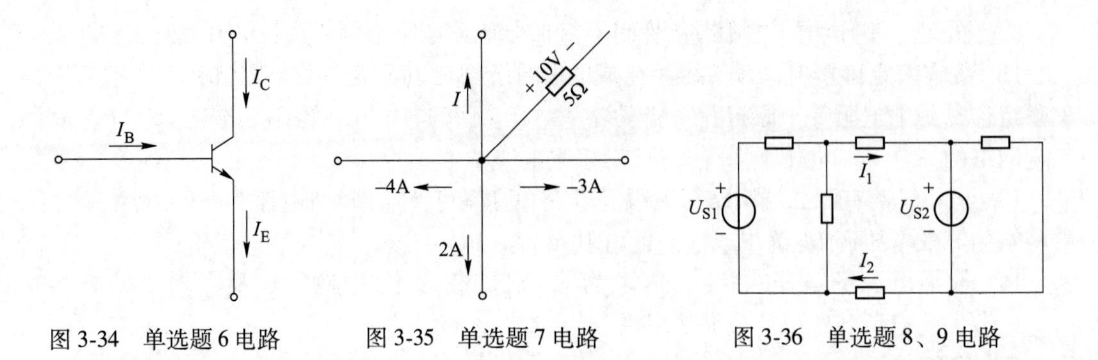

图 3-34　单选题 6 电路　　　图 3-35　单选题 7 电路　　　图 3-36　单选题 8、9 电路

四、计算题

1. 设计一个分流电路，要求把 5mA 的电流表量程扩大 5 倍，已知电流表内阻为 1kΩ，求分流电阻阻值。

2. 求图 3-37 所示各电路的等效电阻 R_{ab}。

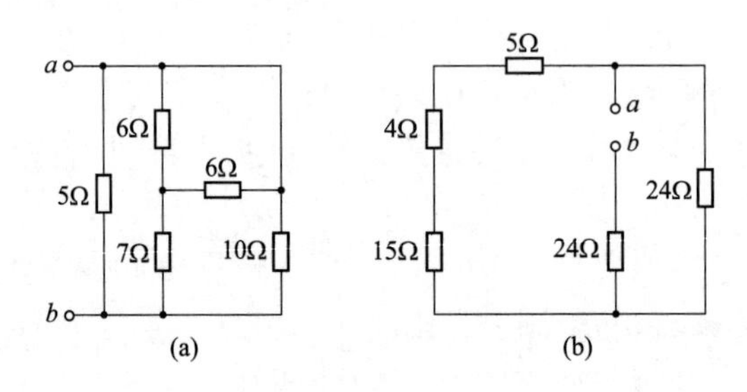

图 3-37　计算题 2 电路

3. 在图 3-38 所示电路中，已知电灯 EL 的额定值都是 6V、50mA，哪个电灯能正常发光？

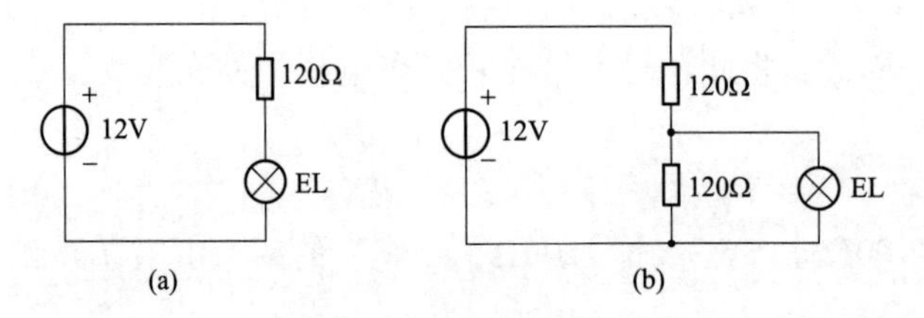

图 3-38　计算题 3 电路

4. 计算图 3-39 所示电路中的 R_{ab}、R_{cd}。

5. 求图 3-40 所示电路中的 I_1、I_2及 U。

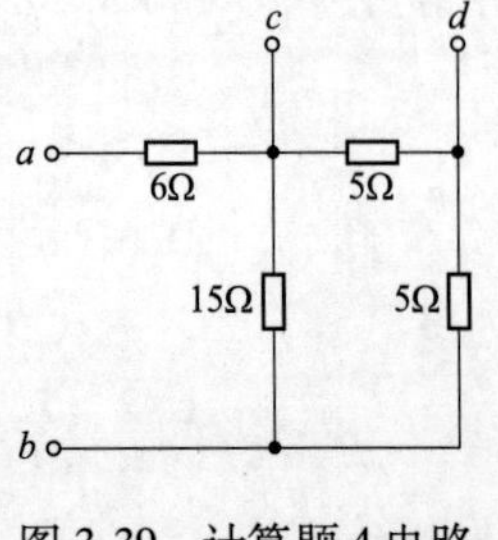

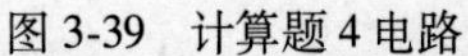

图 3-39　计算题 4 电路

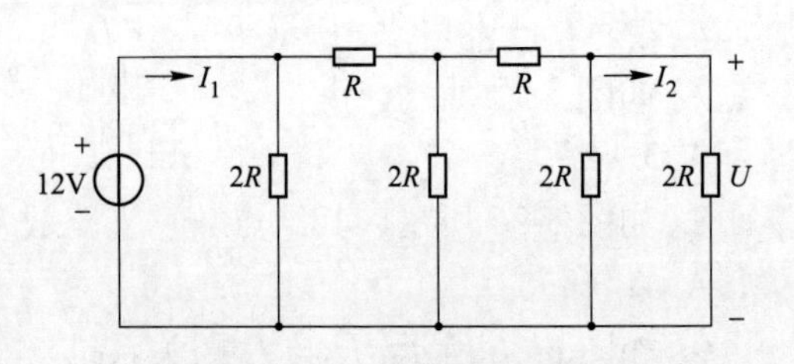

图 3-40　计算题 5 电路

6. 进行电工实验时，常用滑动变阻器接成分压器电路来调节负载电阻上电压的高低。图 3-41 中 R_1和 R_2是滑动变阻器分成的两部分电阻，R_L是负载电阻。已知滑动变阻器的额定值是 100Ω、3A，端钮 a、b 上的输入电压 $U=220V$，$R_L=50Ω$。试问：

（1）当 $R_2=50Ω$ 时，输出电压 U_2是多少？

（2）当 $R_2=75Ω$ 时，输出电压 U_2是多少？滑动变阻器能否安全工作？

7. 在图 3-42 所示电路中，已知电压 $U_1=10V$，$U_2=5V$，$U_3=-4V$，求 U_4和 U_{BD}。

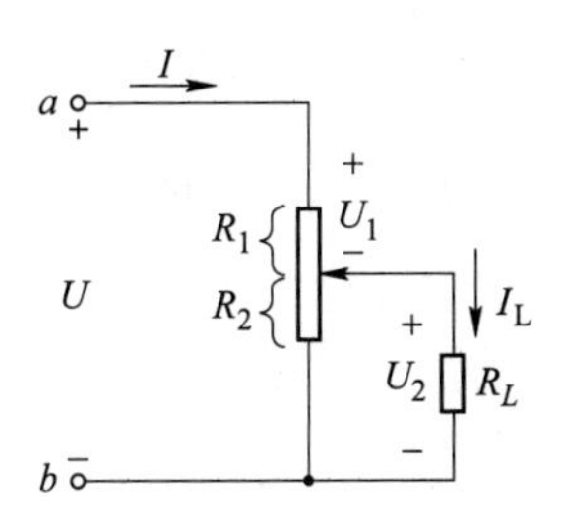

图 3-41 计算题 6 电路

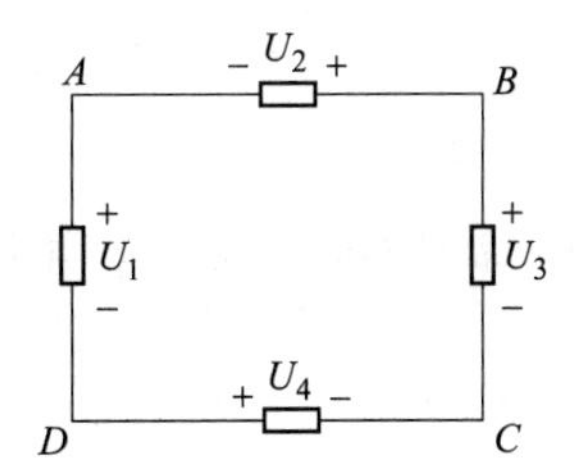

图 3-42 计算题 7 电路

8. 求出图 3-43 所示电路中的 U 或 I。

9. 求出图 3-44 所示电路中的 I 及 U_S。

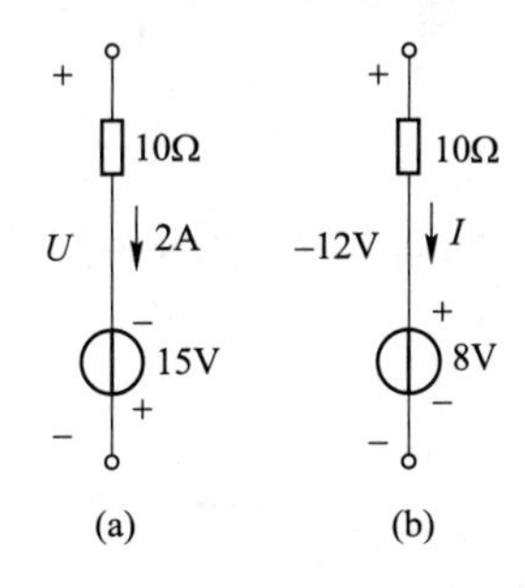

图 3-43 计算题 8 电路

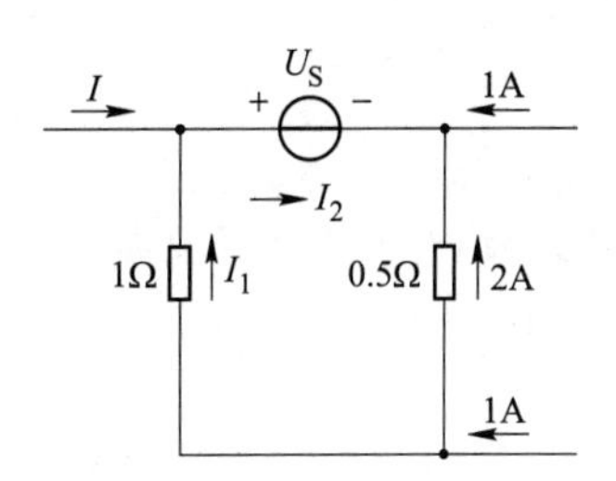

图 3-44 计算题 9 电路

10. 试求图 3-45 所示电路中未知电流 I_x的大小。

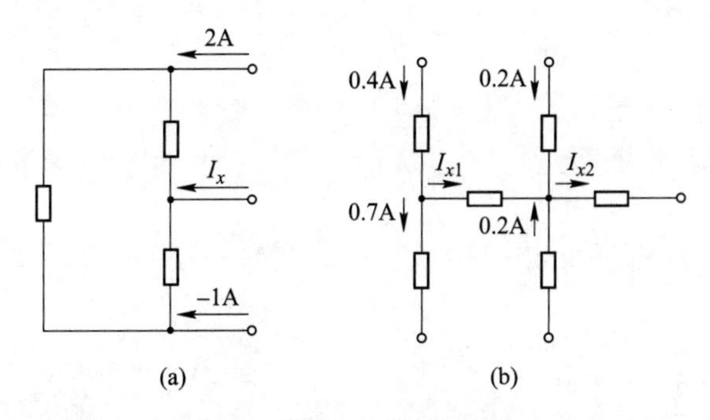

图 3-45 计算题 10 电路

11. 电路如图 3-46 所示，已知 $U_1=5V$，$I=3A$，$U_2=-6V$，$U_3=3V$，求 U_4及各元件的功率，并判断元件在电路中的作用。

12. 如图 3-47 所示，求 I_2、U_{ab}、U_{ac}、U_{bc}。

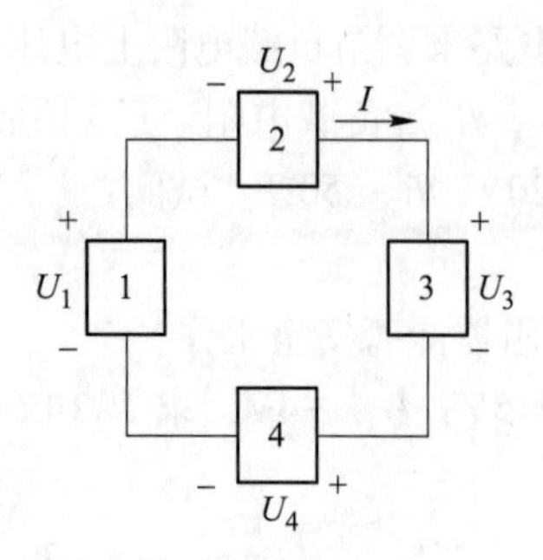

图 3-46　计算题 11 电路

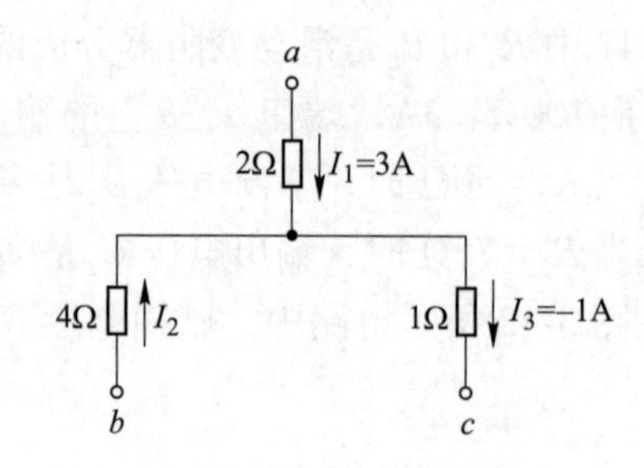

图 3-47　计算题 12 电路

13. 计算图 3-48 所示电路中的 U。

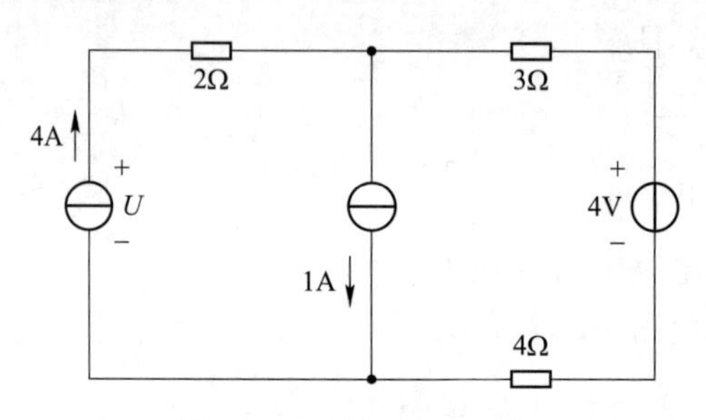

图 3-48　计算题 13 电路

14. 在图 3-49 所示电路中，已知 $U_{S1}=40V$，$U_{S2}=5V$，$U_{S3}=25V$，$R_1=5\Omega$，$R_2=R_3=10\Omega$，试用支路电流法求各支路的电流。

15. 试用支路电流法计算图 3-50 所示电路中的 I 和 U。

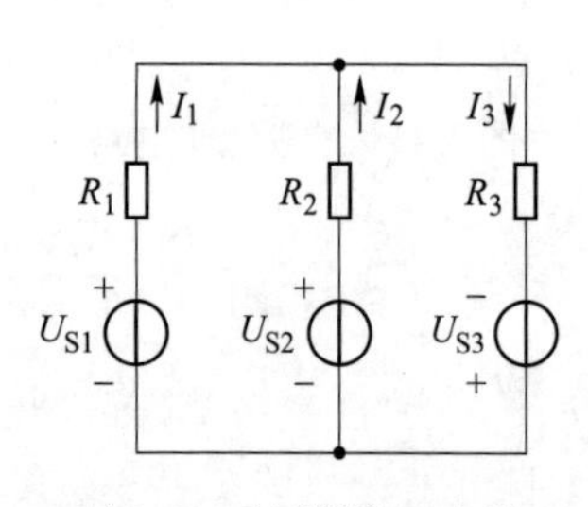

图 3-49　计算题 14 电路

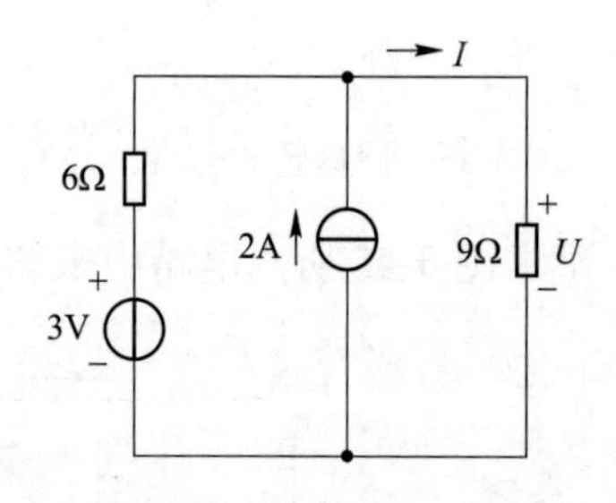

图 3-50　计算题 15 电路

16. 将图 3-51 所示电路等效化简为一个电压源或电流源。

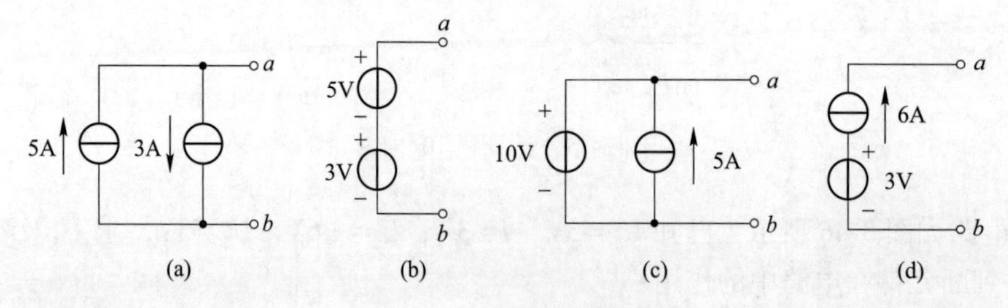

图 3-51　计算题 16 电路

17. 将图 3-52 所示电路等效化简为一个电压源或电流源。

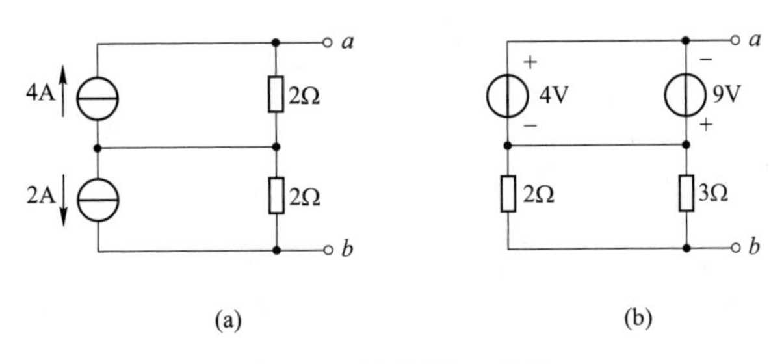

图 3-52　计算题 17 电路

18. 在图 3-53（a）电路中，$U_{S1}=24V$，$U_{S2}=6V$，$R_1=12\Omega$，$R_2=6\Omega$，$R_3=2\Omega$，图 3-53（b）是图 3-53（a）经电源等效变换后的电路图。

（1）求出图 3-53（b）中的 I_S 和 R 。

（2）根据图 3-53（b）求出电流 I_3 和 R_3 消耗的功率。

（3）分别求出图 3-53（a）和（b）中 R_1 、R_2 及 R 消耗的功率。

（4）试分析：U_{S1} 和 U_{S2} 发出的功率是否等于 I_S 发出的功率？R_1 和 R_2 消耗的功率是否等于 R 消耗的功率？为什么？

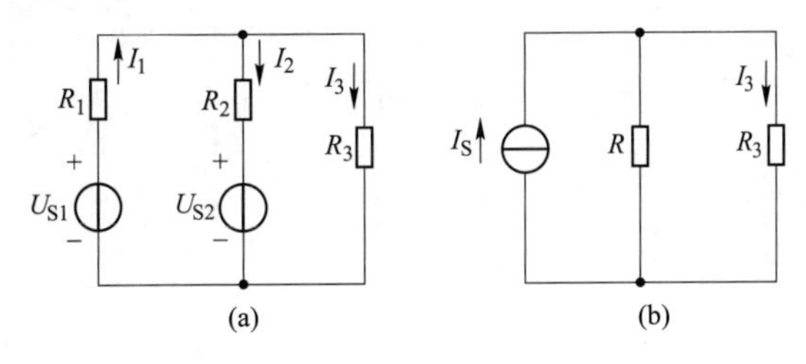

图 3-53　计算题 18 电路

19. 利用电源等效变换的方法计算图 3-54 所示电路中的 U 或 I。

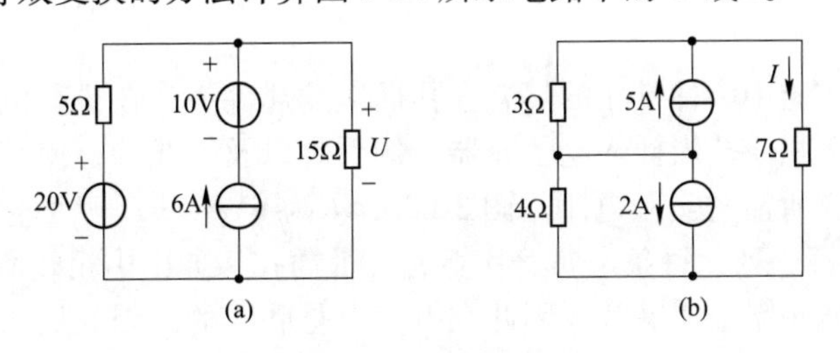

图 3-54　计算题 19 电路

20. 电路如图 3-55 所示，试用叠加定理计算 U。

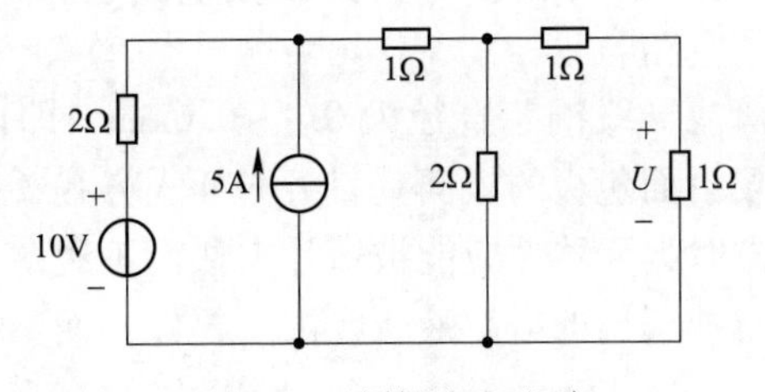

图 3-55　计算题 20 电路

21. 试用叠加定理计算图 3-56 电路中 R_4 上的电压 U。

22. 求图 3-57 电路的戴维南等效网络。

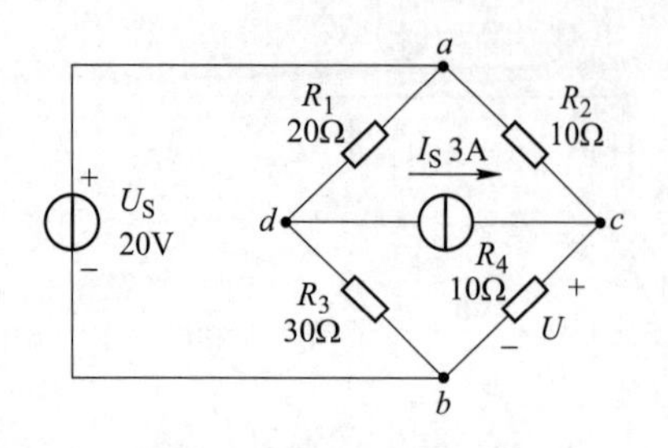

图 3-56　计算题 21 电路

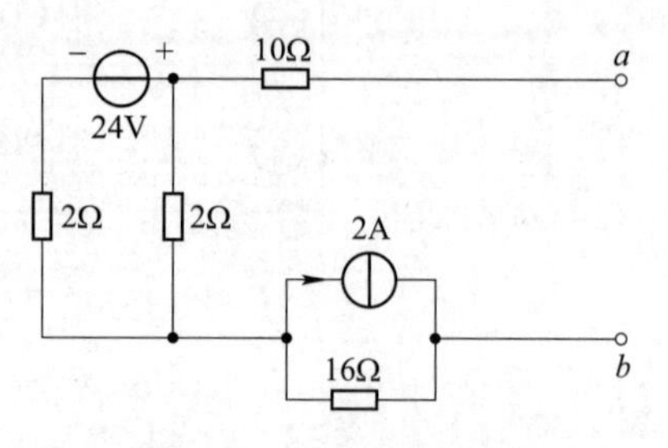

图 3-57　计算题 22 电路

23. 用戴维南定理计算图 3-58 所示电路中 R_5 所在支路的电流 I_5。已知 $R_1=R_3=R_4=R_5=5\Omega$，$R_2=10\Omega$，$U_S=6.5V$。

24. 计算图 3-59 所示电路中可变电阻 R_L 获得最大功率时的电阻值和最大功率。

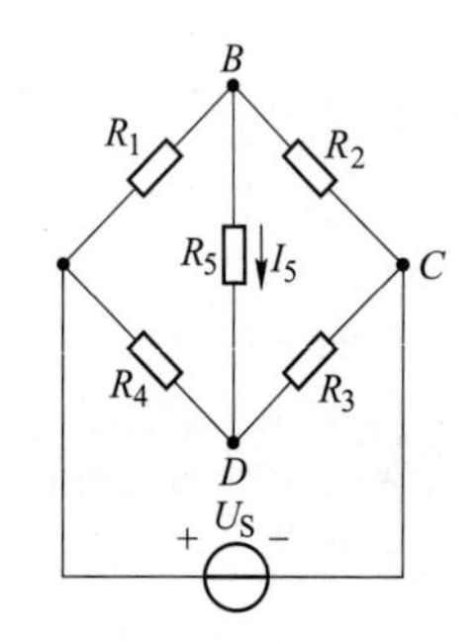

图 3-58　计算题 23 电路

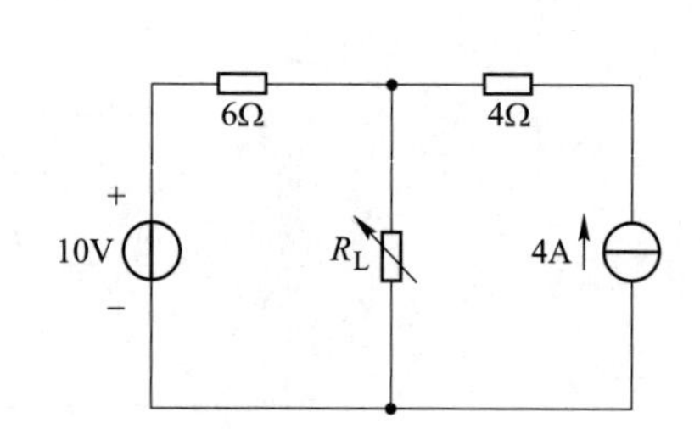

图 3-59　计算题 24 电路

知识拓展　面包板搭建电路基础

面包板是电路实验中一种常用的具有多孔插座的插件板，在进行电路实验时，可以根据电路联结要求，在相应孔内插入电子元器件的引脚以及导线等，使其与孔内弹性接触簧片接触，由此联结成所需的实验电路。图 3-60 所示为 SYB-118T 型面包板示意图，为 4 行 59 列。对于纵向的每一列，每条金属簧片上有 5 个插孔，如图中粗线所示，一根完整粗线上的排孔是对应于同一条金属簧片，因此在电气上是联通的，因此插入 5 个孔内的导线就被金属簧片联结在一起，簧片之间在电气上彼此绝缘；对于面包板的“X”行和“Y”行，它们分别由两条较长的金属簧片构成，即孔 0~30 以及孔 31~60 分别是连通的。面包板的插孔件及簧片间的距离均与双列直插式（DIP）集成电路引脚的标准间距 2.54mm 相同，因而适于插入各种简易电子电路。

插入面包板上孔内引脚或导线铜芯直径为 0.4~0.6mm，即比大头针的直径略微细一点。元器件引脚或导线头要沿面包板的板面垂直方向插入方孔，应能感觉到有轻微、均匀的摩擦阻力，在面包板倒置时，元器件应能被簧片夹住而不脱落。面包板应该在通风、干燥处存放，特别要避免被电池漏出的电解液所腐蚀。要保持面包板清洁，焊接过的元器件不要插在面包板上。

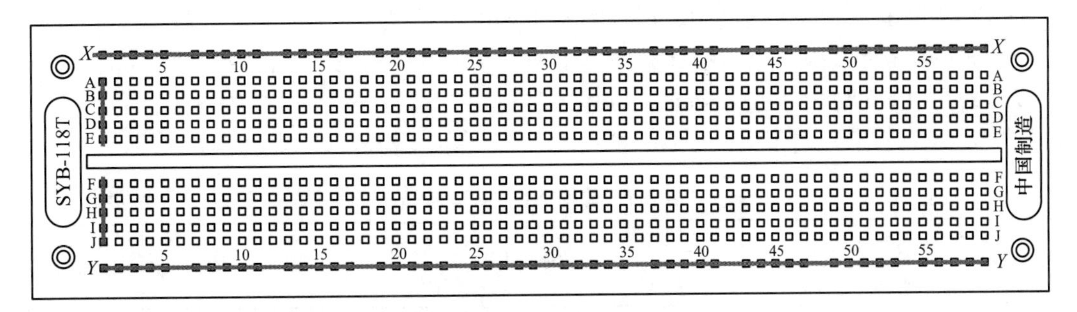

图 3-60　SYB-118T 型面包板示意图

实 践 提 高

实操一　基尔霍夫定律的验证和电位的测定

1. 实训目的

（1）验证基尔霍夫电流定律（KCL）和电压定律（KVL）；

（2）通过电路中各点电位的测量加深对电位、电压及它们之间关系的理解；

（3）通过实验加强对参考方向的掌握和运用的能力。

2. 实训器材

名称	数量
三相空气开关	1 块
双路可调直流电源	1 块
直流电压电流表	1 块
电阻	4 只（100Ω×1、150Ω×1、220Ω×1、510Ω×1）
测电流插孔	3 只
电流插孔导线	3 条
短接桥和联结导线	若干
实验用 9 孔插件方板	1 块（300mm×298mm）

3. 实训内容

（1）图 3-61 为验证基尔霍夫定律（KCL 和 KVL）的实验线路。

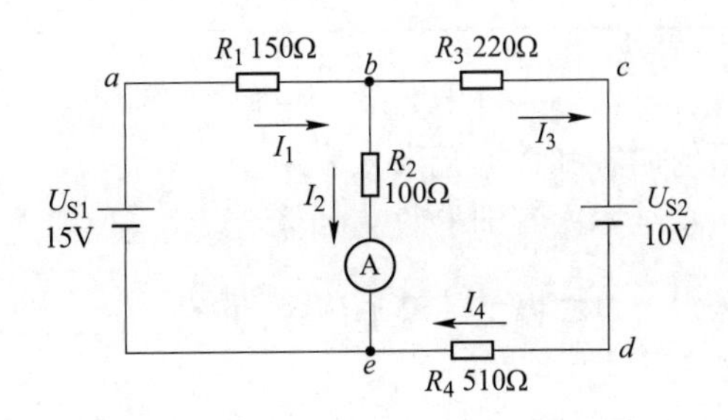

图 3-61　验证基尔霍夫定律实验线路

（2）基尔霍夫电流定律（KCL）的验证。

按图 3-61 接线，U_{S1}、U_{S2}用直流稳压电源提供。用万用表（电流挡）依次测出电流 I_1、I_2、I_3，（以节点 b 为例），数据记入表 3-1 内。

根据 KCL 定律公式计算，将结果填入表 3-1，验证 KCL。

表 3-1 验证 KCL 实验数据

I_1/mA	I_2/mA	I_3/mA	$\sum I$

（3）基尔霍夫电压定律（KVL）的验证。

按图 3-61 接线，U_{S1}、U_{S2}用直流稳压电源提供。用万用表的电压挡，依次测出回路 1（绕行方向：$beab$）和回路 2（绕行方向：$bcdeb$）中各支路电压值，数据记入表 3-2 内。

根据 KVL 定律公式计算，将结果填入表 3-2，验证 KVL。

表 3-2 验证 KVL 实验数据

回路 1（$beab$）	U_{be}/V	U_{ea}/V	U_{ab}/V		$\sum U$
回路 2（$bcdeb$）	U_{bc}/V	U_{cd}/V	U_{de}/V	U_{eb}/V	$\sum U$

（4）电位的测定。

按图 3-61 接线，U_{S1}、U_{S2}用直流稳压电源提供。分别以 c、e 两点作为参考节点（即 $V_c=0$、$V_e=0$），测量图 3-61 中各节点电位，将测量结果记入表 3-3 和表 3-4 中。通过计算验证：电路中任意两点间的电压与参考点的选择无关。

表 3-3 测试值

测试值/V	V_a	V_b	V_c	V_d	V_e
c 节点					
e 节点					

表 3-4 计算值

计算值/V	U_{ab}	U_{bc}	U_{cd}	U_{de}	U_{eb}	U_{ea}
c 节点						
e 节点						

4. 实训报告

（1）将上述要求测量的内容和数据记录入表中。

（2）简述实训过程，总结本次实训的收获和体会。

实操二 叠加原理的验证

1. 实训目的

（1）验证叠加定理，加深对该定理的理解；

(2) 掌握叠加原理的测定方法；

(3) 加深对电流和电压参考方向的理解。

2. 实训器材

名称	数量
三相空气开关	1 块
双路可调直流电源	1 块
直流电压电流表	1 块
电阻	3 只（51Ω×1、100Ω×1、330Ω×1）
测电流插孔	3 只
电流插孔导线	3 条
短接桥和联结导线	若干
实验用 9 孔插件方板	1 块（300mm×298mm）

3. 实训内容

(1) 按图 3-62 接线，取直流稳压电源 $U_{S1}=10V$，$U_{S2}=15V$，电阻 $R_1=330\Omega$，$R_2=100\Omega$，$R_3=51\Omega$。

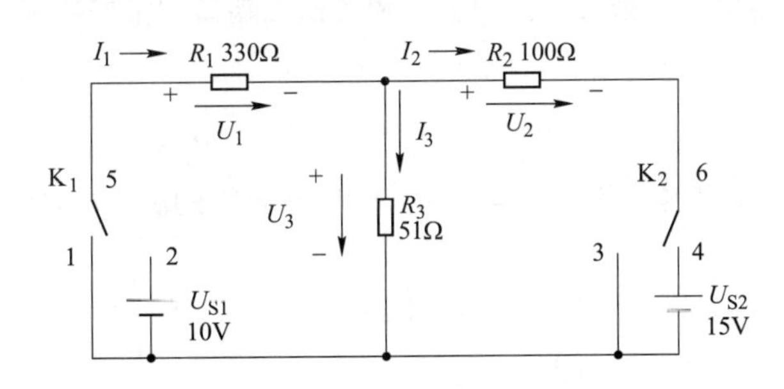

图 3-62　验证叠加原理的实验线路

(2) 当 U_{S1}、U_{S2}两电源共同作用时，测量各支路电流和电压值。

选择合适的电流表和电压表量程，及接入电路的极性。用短接桥（或导线）将“5”和“2”联结起来。接通电源 U_{S1}；用短接桥（或导线）将“6”和“4”联结起来，接通电源 U_{S2}，分别测量电流 I_1、I_2、I_3和电压 U_1、U_2、U_3。根据图 3-62 电路中各电流和电压的参考方向，确定被测电流和电压的正负号后，将数据记入表 3-5 中。

(3) 当电源 U_{S1}单独作用时，测量各电流和电压的值。

选择合适的电流表和电压表量程，确定接入电路的极性。用短接桥（或导线）将“5”和“2”联结起来，接通电源 U_{S1}；将“6”和“3”联结起来，使电源 U_{S2}不作用。分别测量电流 I'_1、I'_2、I'_3 和电压 U'_1、U'_2、U'_3。根据图 3-62 中各电流和电压的参考方向，确定被测电流和电压的正负号后，将数据记入表 3-5 中。

(4) 当电源 U_{S2}单独作用时，测量各电流和电压的值。

选择合适的电流表和电压表量程，确定接入电路的极性，用短接桥（或导线）将“5”和“1”联结起来，使电源 U_{S1}不工作；将“6”和“4”联结起来，接通电源 U_{S2}。分别测量电流 I''_1、I''_2、I''_3 和电压 U''_1、U''_2、U''_3。根据图 3-62 中各电流和电压的参考方向，确定被测电流和电压的正负号后，将数据记入表 3-5 中。

表 3-5　验证叠加原理实验数据

电源	电流/A			电压/V		
U_{S1}、U_{S2} 共同作用	I_1	I_2	I_3	U_1	U_2	U_3
U_{S1} 单独作用	I'_1	I'_2	I'_3	U'_1	U'_2	U'_3
U_{S2} 单独作用	I''_1	I''_2	I''_3	U''_1	U''_2	U''_3
验证叠加原理	$I_1 = I'_1 + I''_1$	$I_2 = I'_2 + I''_2$	$I_3 = I'_3 + I''_3$	$U_1 = U'_1 + U''_1$	$U_2 = U'_2 + U''_2$	$U_3 = U'_3 + U''_3$

4. 实训报告

（1）将上述要求测量的内容和数据记录入表中。

（2）简述实训过程，总结本次实训的收获和体会。

实操三　戴维南定理验证和有源二端口网络的研究

1. 实训目的

（1）用实验方法验证戴维南定理；

（2）掌握有源二端口网络的开路电压和入端等效电阻的测定方法，并了解各种测量方法的特点；

（3）证实有源二端口网络输出最大功率的条件。

2. 实训器材

名称	数量
三相空气开关	1 块
双路可调直流电源	1 块
直流电压电流表	1 块
电阻	10 只（10Ω×2、51Ω×1、100Ω×3、150Ω×2、20Ω×1、330Ω×1）
短接桥和联结导线	若干
实验用 9 孔插件方板	1 块（300mm×298mm）

3. 实训内容

（1）测量有源二端口网络的开路电压 U_{OC} 和入端等效电阻 R_i。

按图 3-63 的有源二端口网络接法，取 $U_S = 10V$，$R_1 = 150\Omega$，$R_2 = R_3 = 100\Omega$，戴维南定理计算开路电压 U_{OC} 和入端等效电阻 R_i，将测量结果记录下来。

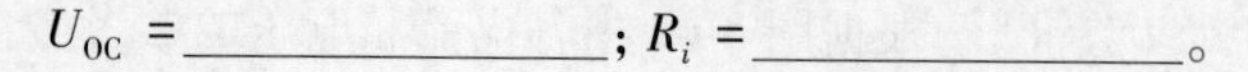
U_{OC} =________________；R_i =________________。

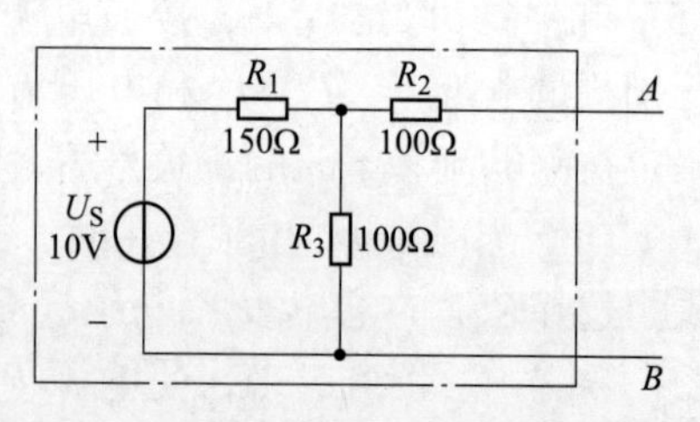

图 3-63　有源二端口网络实验线路图

（2）测定有源二端口网络的外特性。

在图 3-63 有源二端口网络的 A、B 端上，依次按表 3-6 中各 R_L 的值取电阻作为负载电阻，测量相应的端电压 U 和电流 I，记入表 3-6 中。

表 3-6　有源二端口网络及等效电路外特性实验数据

负载电阻 R_L /Ω		0	51	100	150	220	330	开路	R_i
有源二端网络	U/V								
	I/A								
	$P=I^2R_L$/W								
戴维南等效电源	U/V								
	I/A								
	$P=I^2R_L$/W								

（3）测定戴维南等效电源的外特性。

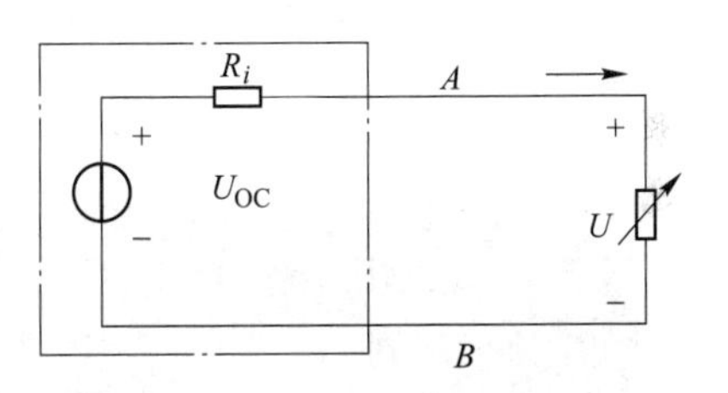

图 3-64　戴维南等效电源电路

按图 3-64 接线，图中 U_{OC} 和 R_i 为图 3-64 中有源二端口网络的开路电压和等效电阻，U_{OC} 从直流稳压电源取得，R_i 从电阻中取一个近似的。在 A、B 端接上另一电阻作为负载电阻 R_L，R_L 分别取表 3-6 中所列的各值，测量相应的端电压 U 和电流 I，记入表 3-6 中。

（4）计算表 3-6 中负载功率 P。

根据表 3-6 中的数据绘制源二端口网络的伏安特性曲线，并绘制功率 P 随电流 I 变化的曲线，如图 3-65 所示。

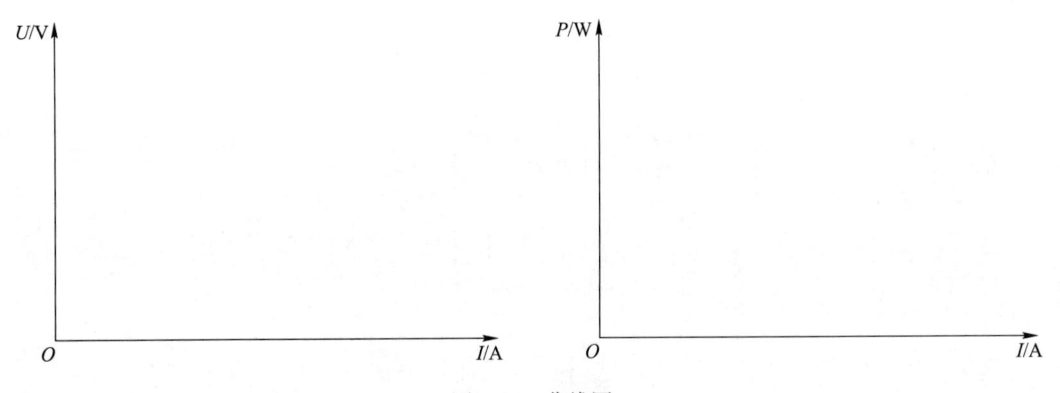

图 3-65　曲线图

4. 实训报告

（1）将上述要求测量的内容和数据记录入表中。

（2）简述实训过程，总结本次实训的收获和体会。

项目4　荧光灯电路的分析和安装

项目引入

荧光灯由灯管、辉光启动器和镇流器等组成，其实物图和原理图如图4-1所示。等接通电源时，荧光灯未起燃而不能导电，电源电压通过镇流器、灯管灯丝加在辉光启动器上的两极上，辉光启动器因为辉光放电，受热而闭合，但随即停止辉光放电，冷却而断开。由于电路中电流突然消失，镇流器产生较高的自感电动势施加在灯管两端，使灯管引燃。灯管起燃后两端电压较低，辉光启动器不再动作，荧光灯正常工作。镇流器仅仅起到限流的作用。

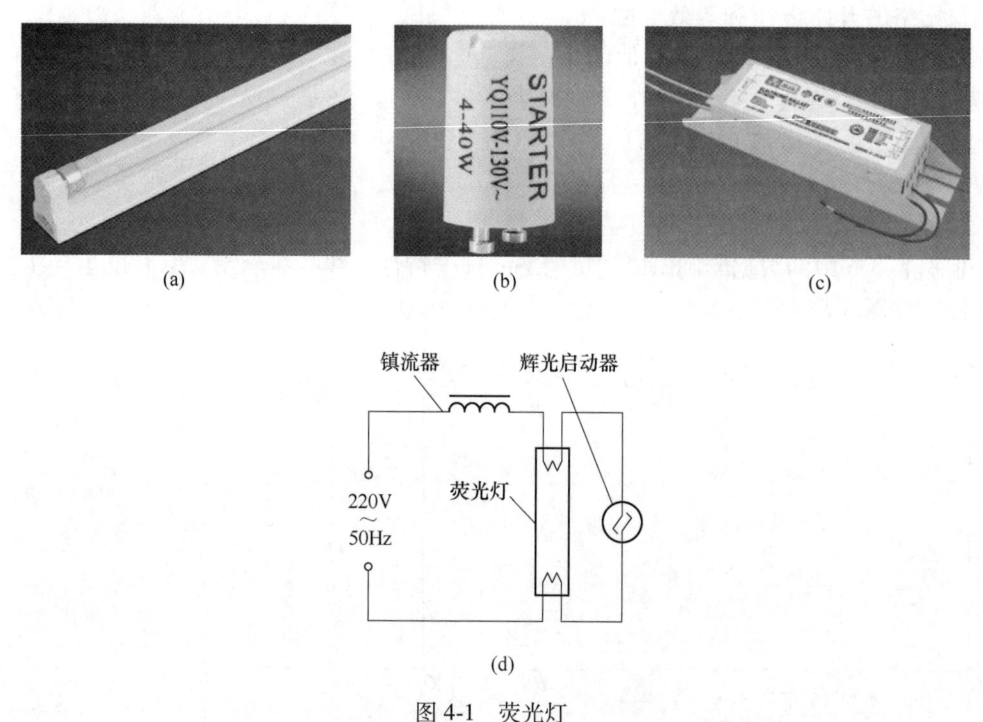

图4-1　荧光灯

（a）灯管；（b）辉光启动器；（c）镇流器；（d）荧光灯电路原理图

思政案例

“电”是生活中最重要的能源之一，和生活息息相关，几乎所有日常活动都需要“电”的参与，但是在方便生活的同时，用电不当也存在着不小的安全隐患。数据统计，每年因为触电身亡的人数就超过10000人。由此可见，科学安全用电，掌握必要的用电常识，尤为重要。

2020 年 12 月 21 日上午湖南省长沙市湖南农业大学学生宿舍 13 栋 4 楼 411 寝室突发火灾，浓烟迅速蔓延到楼层阳台，所幸学生已经陆续疏散撤离。消防员迅速将起火现场处置完毕，现场过火面积约 $2m^2$。411 宿舍学生当时并未在宿舍，未造成人员伤亡。据了解，事发前一晚（20 日）该宿舍学生使用大功率电器导致宿舍跳闸，次日学生到宿管处请求恢复用电后便离开宿舍去上课。但是，学生忘记关闭了仍放在棉被上的吹风机和电插板开关，随后宿管没有核实断电原因便为该宿舍送电，导致了这一起火灾的发生。

通过介绍大学生寝室用电安全事故案例，提高学生安全用电意识，加强诚实守信、遵纪守法核心价值观教育。

学习目标

（1）知识目标：

1）了解正弦交流电的特征；

2）掌握正弦交流电的不同表示方法；

3）掌握正弦交流电路的基本分析方法；

4）熟悉荧光灯的工作原理。

（2）技能目标：

1）能用示波器观测正弦交流电的特征；

2）能搭建荧光灯电路。

（3）素质目标：

1）团队沟通、协作能力；

2）观察、信息收集和自主学习能力；

3）钻研精神、分析总结能力；

4）良好的职业素养和工匠精神。

4-0　项目引入

任务 4.1　认识正弦交流电

大小和方向均随时间作周期性变化的电压、电流或电动势，统称为交流电。大小和方向随时间按正弦规律变化的电压、电流或电动势统称为正弦交流电，如图 4-2 所示。

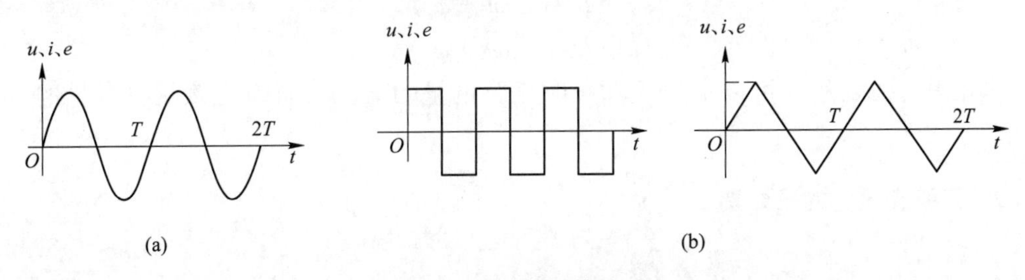

图 4-2　交流电的波形图

（a）正弦交流电；（b）非正弦交流电

由于正弦交流电易产生、易转换、易传输等特点，被广泛应用于生产和生活中。

（1）正弦交流电易于产生、转换和传输。

1）交流电机结构简单，工作可靠，经济性好，可由火力发电机、风力发电机、水轮发电机、原子能发电机等方便地获得电能。

2）可方便地通过变压器改变交流电的大小，为用户提供各种不同等级的电压。

3）便于实现远距离输电（高压输电）。

4）能保证安全用电（降低交流电压）。

（2）利用电子设备（整流器）可方便地将交流电转换成直流电。

正弦交流电的各物理量称为正弦量，在正弦交流电的作用下，达到稳定工作状态的线性电路称为正弦交流电路（简称交流电路）。本书中叙述的交流电和交流电路均指正弦交流电和正弦交流电路。

4.1.1　正弦交流电的瞬时值表示法

正弦交流电在每一瞬时的数值称为瞬时值，用小写字母表示。图 4-3（a）中正弦电流 i 对应的波形图如图 4-3（b）所示。波形的正半周 i 为正值，表明电流的实际方向和图示参考方向一致；波形的负半周 i 为负值，表明电流的实际方向和图示参考方向相反。与该波形图相对应的正弦电流 i 的瞬时值表达式（三角函数式）为：

$$i = I_{\mathrm{m}}\sin(\omega t + \varphi_i)$$

式中，幅值 I_{m}、角频率 ω、初相位 φ_i 称为正弦交流电的三要素。

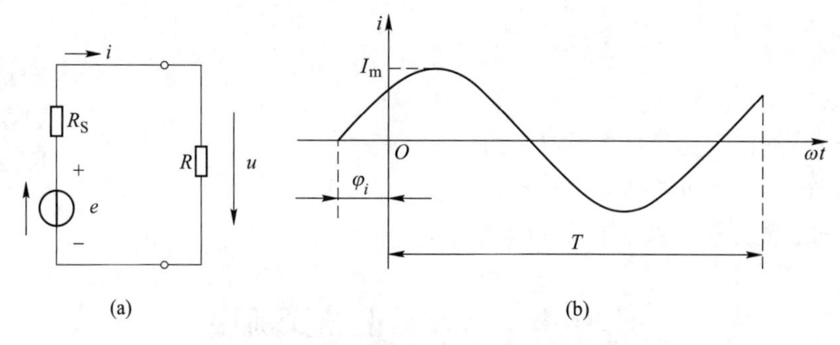

图 4-3　正弦交流电路和正弦电流的波形图

正弦交流电动势、正弦交流电压的瞬时值表达式分别表示为：

$$e = E_{\mathrm{m}}\sin(\omega t + \varphi_e)$$

$$u = U_{\mathrm{m}}\sin(\omega t + \varphi_u)$$

利用瞬时值表达式可以求出任意瞬时正弦电量的值，从而确定该瞬时电量的真实方向。

4.1.2　正弦交流电的三要素

4.1.2.1　幅值（最大值）

正弦量在任一时刻的数值称为瞬时值，用小写字母表示，u、i、e 分别表示正弦电压、电流和电动势的瞬时值。

正弦交流电瞬时值中的最大值称为幅值，用带下标 m 的大写字母来表示，正弦电流、电动势、电压的幅值分别用 I_m、E_m、U_m 表示。

正弦量的瞬时值是随时间而变的，因此不便用它来表示正弦量的大小，常用有效值来计量正弦量大小的值。有效值常用大写字母表示，如 U、I 和 E 分别表示正弦电压、电流、电动势的有效值。

正弦量的有效值是根据电流的热效应来定义的，如图 4-4 所示，指正弦交流电流 i 和直流电流 I 分别通过两个阻值相等的电阻 R，如果在相同的时间 T 内产生的热量相等，则该交流电流的有效值在数值上等于这个直流电流 I。

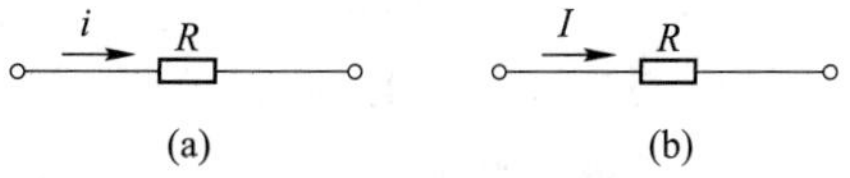

图 4-4　正弦交流电有效值

有效值和幅值的关系如下：

$$I_m = \sqrt{2}I$$

$$U_m = \sqrt{2}U$$

$$E_m = \sqrt{2}E$$

在日常应用中，如果没有特殊说明，交流电的大小一般是指有效值，电工仪器上交流电的读数、各类交流电气设备所标注的电量也为有效值。

4.1.2.2　角频率

周期、频率、角频率都可以表征正弦电量随时间变化的快慢。

周期 T：正弦量变化一次所需的时间，其单位为秒（s）。

频率 f：正弦量每秒变化的次数称为频率，其单位为赫兹（Hz）。

周期和频率的关系为：

$$f = \frac{1}{T}$$

正弦量每变化一个完整的波形，即用时间为 1 个周期 T，其电角度变化个 2π 弧度，即一个周期 T 与 2π 弧度相对应。交流电横坐标轴可用角度 ωt 表示，也可以用时间 t 表示，如图 4-5 所示。

角频率 ω：正弦量每秒变化的电角度，其单位为弧度/秒（rad/s）。由于正弦量在一个周期 T 内变化的弧度为 2π，所以：

$$\omega = \frac{2\pi}{T} = 2\pi f$$

频率、周期和角频率都是说明正弦交流电变化快慢的物理量，只要知道一个，便可求出其他两个量。

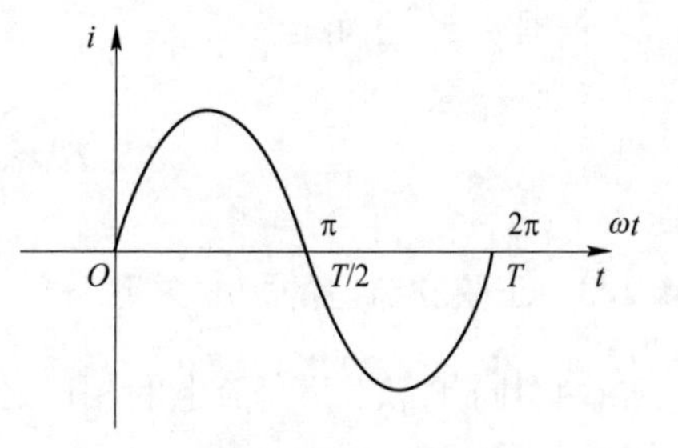

图 4-5　正弦量波形图时间轴的标注

【例 4-1】　已知工频 $f=50\text{Hz}$，求周期 T 及角频率 ω。

解：

$$T = \frac{1}{f} = \frac{1}{50} = 0.02\text{s}$$

$$\omega = 2\pi f = 2 \times 3.14 \times 50 = 314\text{rad/s}$$

4.1.2.3　初相位

交流电是随时间变化的，如正弦电流 i 的瞬时值表达式 $i=I_m\sin(\omega t+\varphi_i)$ 中，当在不同的时刻 t 时，正弦电流都具有不同的电角度（$\omega t+\varphi_i$），对应不同的瞬时值。（$\omega t+\varphi_i$）称为交流电的相位角，简称相位，它反映了交流电随时间变化的进程。

当 $t=0$ 时，$\omega t=0$，此时的相位角 φ_i 称为初相位，简称初相，它反映了计时开始时正弦交流电所处的状态。初相位的单位是弧度（rad），也可以用度（°）来表示，它的大小和正负与计时起点（$t=0$）的选择有关，初相位绝对值都小于等于 π，即 $|\varphi_i|\leqslant\pi$。正弦交流电流的初相位和计时起点的关系如图 4-6 所示。

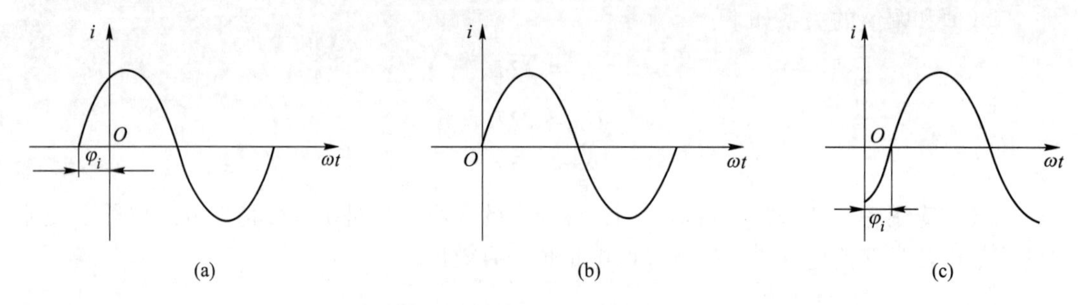

图 4-6　初相位与计时起点的关系

(a) $\varphi_i>0$；(b) $\varphi_i=0$；(c) $\varphi_i<0$

【例 4-2】 已知某正弦交流电动势为 $e=311\sin314t$V，试求该电动势的最大值、角频率和周期各是多少？

解： 根据公式 $e=E_m\sin(\omega t+\varphi_e)$ 可得，电动势 e 的最大值：

$$E_m=311\text{V}$$

角频率：

$$\omega=314\text{rad/s}$$

根据 $\omega=\dfrac{2\pi}{T}$ 可得：

$$T=\frac{2\pi}{\omega}=\frac{2\times3.14}{314}=0.02\text{s}$$

4.1.3　正弦交流电的相位关系

两个同频率正弦交流电的相位之差称为相位差，用字母 $\Delta\varphi$ 表示。如正弦交流电 u、i 的表达式如下：

$$u=U_m\sin(\omega t+\varphi_u)$$
$$i=I_m\sin(\omega t+\varphi_i)$$

u、i 的相位差为：

$$\Delta\varphi=(\omega t+\varphi_u)-(\omega t+\varphi_i)=\varphi_u-\varphi_i$$

可见，两个同频率正弦量的相位差 $\Delta\varphi$ 等于它们的初相之差，$|\Delta\varphi|\leqslant\pi$。

下面介绍两个同频率正弦电量相位关系的几种情况，如图 4-7 所示。

（1）若 $\Delta\varphi=\varphi_u-\varphi_i=0$ 时，u 和 i 同相，如图 4-7（a）所示。

（2）若 $\Delta\varphi=\varphi_u-\varphi_i>0$ 时，u 超前 i 一个 $\Delta\varphi$ 角，如图 4-7（b）所示。

（3）若 $\Delta\varphi=\varphi_u-\varphi_i=\pm\pi$ 时，u 与 i 反相，如图 4-7（c）所示。

（4）若 $\Delta\varphi=\varphi_u-\varphi_i=\pm\dfrac{\pi}{2}$ 时，u 与 i 反相，如图 4-7（d）所示。

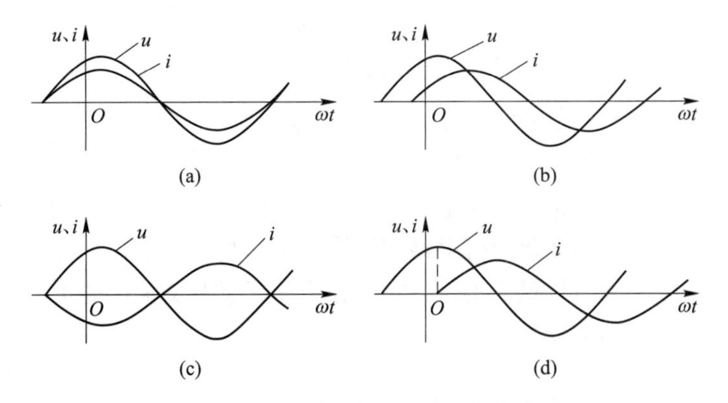

图 4-7　两个同频率正弦电量相位关系

（a）u 与 i 同相；（b）u 超前 i；（c）u 与 i 反相；（d）u 与 i 正交

【例 4-3】　求下面两个正弦量的相位差：

$$i_1=10\sqrt{2}\sin(314t-60^\circ)$$

$$i_1=22\sqrt{2}\sin(314t+210^\circ)$$

解：

根据相位差的定义。

$$\Delta\varphi=-60^\circ-210^\circ=-270^\circ$$

由于：

$$|\Delta\varphi|\leqslant\pi$$

所以：

$$\Delta\varphi=-270^\circ+360^\circ=90^\circ$$

【例 4-4】　已知某元件的电流及其两端的电压是同频率的正弦量，角频率 $\omega=314\text{rad/s}$，电压的最大值 $U_\text{m}=100\text{V}$，电流的最大值 $I_\text{m}=10\text{A}$，电压比电流超前 60°。试写出该正弦电压、电流的瞬时值表达式，并画出电压、电流的波形图。

解：设电流正弦量的初相位 $\varphi_i=0^\circ$

由已知条件知：

$$\Delta\varphi=\varphi_u-\varphi_i=60^\circ$$

所以：

$$\varphi_u=\Delta\varphi+\varphi_i=60^\circ+0^\circ=60^\circ$$

电压、电流的瞬时值表达式如下：

$$u=U_\text{m}\sin(\omega t+\varphi_u)=100\sin(314t+60^\circ)$$

$$i=I_\text{m}\sin(\omega t+\varphi_i)=10\sin314t$$

电压、电流的波形图如图 4-8 所示。

4.1.4　正弦交流电的表示法

前面学习了正弦交流电的瞬时值表示法（三角函数式）及波形图表示法。这两种表示

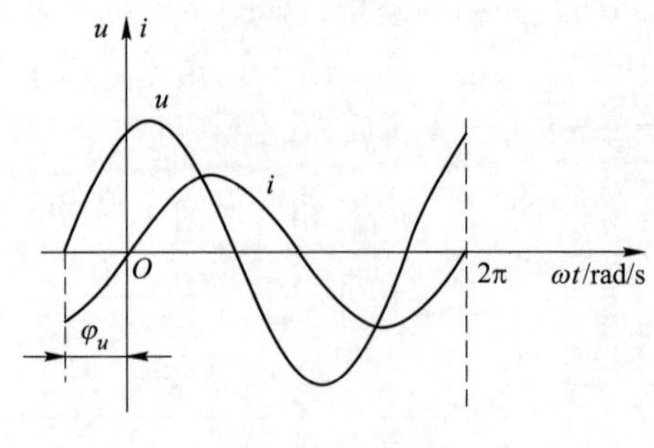

图 4-8 例 4-4 图

法直观、形象，均能表示出正弦交流电的三要素及正弦量随时间变化的规律，但不便于计算。为了简化交流电路的计算，常用相量表示法，用复数表示正弦量的方法称为相量表示法，它是分析计算正弦交流电路的重要数学工具，它的基础是复数。

4-1 正弦交流电的三要素

4.1.4.1 复数的表示形式

以实轴和虚轴构成的复平面上任何一个点对应一个复数，实轴单位为“1”，虚轴单位为“j”，如图 4-9 所示，复数 A 可以用复平面上的有向线段 OA 来表示。$|A|$ 为复数 A 的长度，称为复数 A 的模；φ 为有复数 A 与实轴的夹角，称为复数 A 的幅角；a 和 b 分别是复数 A 在实轴和虚轴上的投影，称为复数 A 的实部和虚部。各量之间的关系如下所示。

复数的模：$|A| = \sqrt{a^2 + b^2}$

复数的幅角：$\varphi = \arctan \dfrac{b}{a}$

复数的实部和虚部：$a = |A|\cos\varphi \qquad b = |A|\sin\varphi$

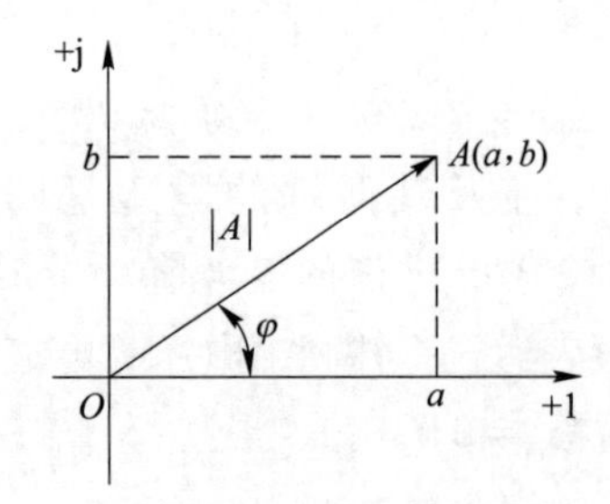

图 4-9 复平面的复数 A

根据各量之间的关系，可将复数 A 表示为代数式、三角函数式、指数式和极坐标式四种形式。

（1）代数式。

$$A = a + \mathrm{j}b$$

（2）三角函数式。

$$A = |A|\cos\varphi + \mathrm{j}|A|\sin\varphi$$

（3）指数式。

根据欧拉公式：　$e^{j\varphi} = \cos\varphi + j\sin\varphi$

则复数的指数形式为：　$A = re^{j\varphi}$

（4）极坐标式。

$$A = r\angle\varphi$$

在实际应用中，代数式和极坐标式应用最广泛，经常需要相互转换。

4.1.4.2　复数的表示形式

设有两个复数：

$$A_1 = a_1 + jb_1 = |A_1|\angle\varphi_1$$

$$A_2 = a_2 + jb_2 = |A_2|\angle\varphi_2$$

（1）复数的加减。

复数的加、减必须用代数形式，运算规则是实部与虚部分别相加或相减。即：

$$A_1 \pm A_2 = (a_1 \pm a_2) + j(b_1 \pm b_2)$$

复数的加、减也可以利用平行四边形法则在复平面上作矢量图来实现，如图 4-10 所示。

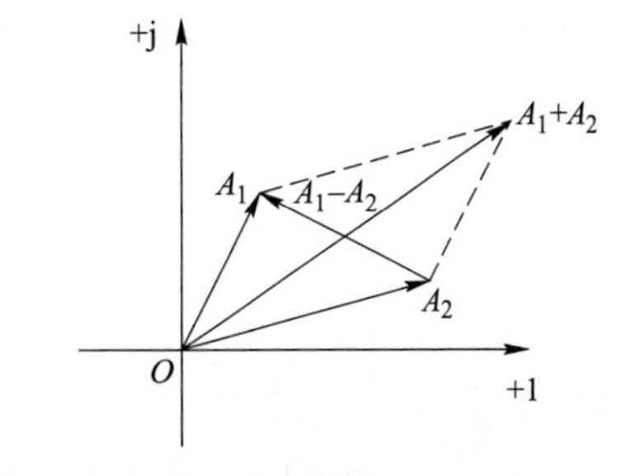

图 4-10　利用矢量图完成复数加、减法

（2）复数的乘除。

复数的乘、除采用极坐标形式较方便。运算规则是模相乘、除，辐角相加、减。

复数的乘法运算为：　$A_1 \cdot A_2 = |A_1||A_2|\angle(\varphi_1 + \varphi_2)$

复数的除法运算为：　$\dfrac{A_1}{A_2} = \left|\dfrac{A_1}{A_2}\right|\angle(\varphi_1 + \varphi_2)$

【例 4-5】　已知某两个复数的代数式分别为 $A_1 = 6 + j8$，$A_2 = 4 + j3$，试求它们的和、差、积、商。

解：

根据复数的加、减法运算规则为复数的实部和虚部分别相加或相减，可得：

$$A_1 + A_2 = (6 + 4) + j(8 + 3) = 10 + j11$$

$$A_1 - A_2 = (6 - 4) + j(8 - 3) = 2 + j5$$

由于复数的乘除法需要使用极坐标形式较为方便，则：

$$A_1 = 10\angle 53^\circ$$

$$A_2 = 5\angle 37^\circ$$

$$A_1 \cdot A_2 = 10 \cdot 5\angle(53^\circ + 37^\circ) = 50\angle 90^\circ$$

$$\frac{A_1}{A_2} = \frac{10}{5}\angle(53^\circ - 37^\circ) = 2\angle 16^\circ$$

4.1.4.3　正弦交流电的相量表示法

假设一正弦交流电压 $u = U_m\sin(\omega t + \varphi_u)$，图 4-11（a）中 OA 是一旋转有向线段，在直角坐标系中有向线段的长度代表正弦量的幅值 U_m，它的初始位置（$t=0$ 时的位置）与横轴正方向之间的夹角等于正弦量的初相位 φ_u，并以正弦量的角频率 ω 做逆时针方向旋转。可见，这一旋转有向线段具有正弦量的三个特征，故可用来表示正弦量。正弦量在某时刻的瞬时值就可以用这个旋转有向线段于该时刻在纵轴上的投影表示出来，由此可以描绘出对应的正弦交流电压波形图曲线，如图 4-11（b）所示。例如，在 $t=0$ 时，$u_0 = U_m \sin\varphi_u$；在 $t=t_1$时，$u_1 = U_m \sin(\omega t_1 + \varphi_u)$。

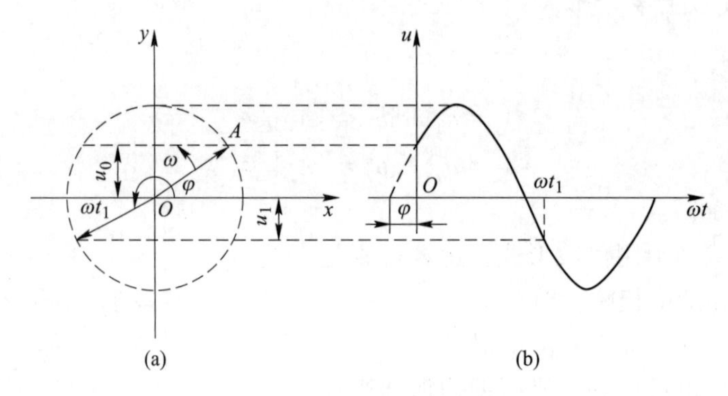

图 4-11　正弦量用旋转相量表示

正弦量可用旋转有向线段表示，而有向线段可用复数表示，所以正弦量也可用于复数来表示，这种方法即为相量表示法。复数的模即为正弦量的幅值或有效值，复数的幅角即为正弦量的初相位。

为了与复数相区分，把表示正弦量的复数称为相量，并在大写字母上打“·”，例如表示正弦电压 $u = U_m \sin(\omega t + \varphi_u)$ 的相量如下。

幅值相量为：　　　　$\dot{U}_m = U_m \underline{/\varphi_u}$

有效值相量为：　　　　$\dot{U} = U \underline{/\varphi_u}$

在复平面上，相量用有向线段表示画出的图形称为相量图。在画相量图时，可将若干个同频率的相量画在一个复平面上，如：

$$i_1 = I_{m1} \sin(\omega t + \varphi_1)$$

$$i_2 = I_{m2} \sin(\omega t + \varphi_2)$$

画出的有效值相量图如图 4-12 所示，在相量图上能形象地看出各个正弦量的大小和相互间的相位关系，i_1 超前 i_2 的角度为 $\Delta\varphi = \varphi_1 - \varphi_2$。

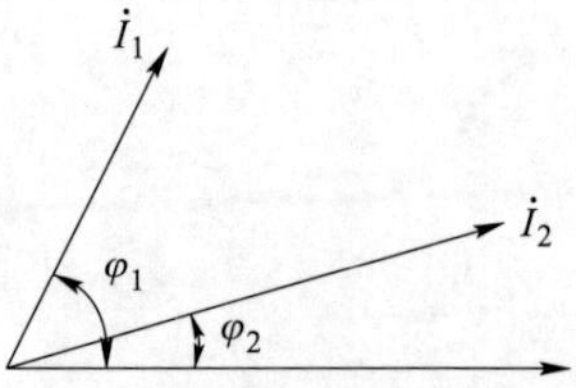

图 4-12　相量图

【例 4-6】　已知电压 $u = 220\sqrt{2}\sin(\omega t + 60°)$ V，$i = 110\sqrt{2}\sin(\omega t - 30°)$ A，写出电压及电流的相量，并绘出相量图。

解：

电压及电流的有效值相量分别为：

$$\dot{U} = 220\underline{/60°}\text{V}, \dot{I} = 110\underline{/30°}\text{A}$$

相量图如图 4-13 所示，由相量图也可以看出 $\dot{U}$ 超前 $\dot{I}$ 90°。

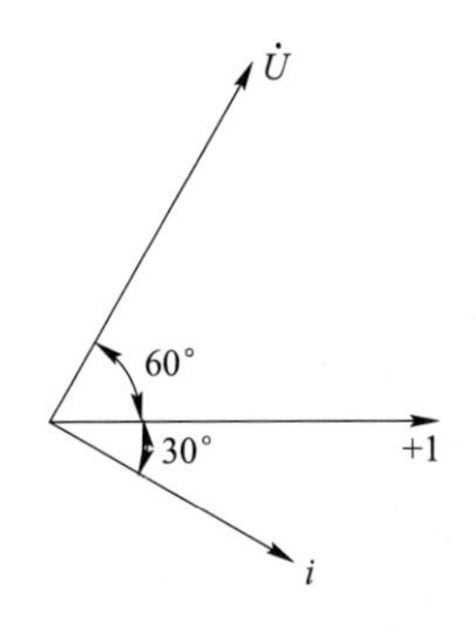

图 4-13　例 4-6 相量图

4-2　正弦交流电的相量表示法

任务 4.2　单一参数的交流电路

单一参数的交流电路是指电路元件仅由 R、L、C 三个参数中的一个来表征其特性的电路。

4.2.1　电阻元件的交流电路

电阻元件的交流电路是指只有电阻元件的交流电路，如图 4-14 所示。

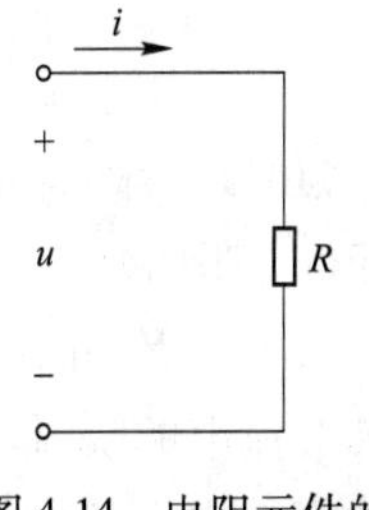

图 4-14　电阻元件的交流电路

4.2.1.1　电压和电流的关系

在图 4-14 所示的电阻元件交流通路中，假设通过电阻元件的电流为：

$$i = I_m \sin(\omega t + \varphi_i)$$

对于纯电阻元件而言，在任一时刻，加在电阻元件两端的电压和流过它的电流满足欧姆定律，则有：

$$u = iR = RI_m \sin(\omega t + \varphi_i) = U_m \sin(\omega t + \varphi_u)$$

上式表明，电阻元件的电流与其两端电压都是同频率的正弦量，它们的数量关系和相位关系如下。

（1）数量关系。

1）最大值之间符合欧姆定律 $U_m = I_m R$。

2）有效值之间符合欧姆定律 $U = IR$。

3）瞬时值之间符合欧姆定律 $u = iR$。

（2）相位关系。

电流 i 和电压 u 同相，即 $\varphi_i = \varphi_u$。如图 4-15（a）所示，电压、电流波形变化的步调一致，即同时达到最大值，同时达到零值。

（3）相量关系。

将电压、电流用相量表示，$\dot{I} = I \angle \varphi_i$，$\dot{U} = U \angle \varphi_u$，则：

$$\dot{U} = U \angle \varphi_u = IR \angle \varphi_u = RI \angle \varphi_i = R\dot{I}$$

根据电压和电流的相量关系画出相量图，如图 4-15（b）所示。

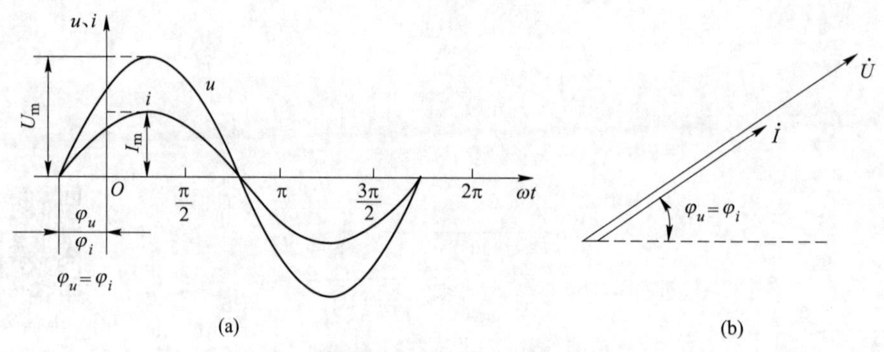

图 4-15　电阻元件的电压、电流的相位关系

（a）波形图；（b）相量图

4.2.1.2　功率

（1）瞬时功率。

因为交流电路中的电压、电流都是交变的，电阻吸收的功率也必定随时间变化。电阻在每一瞬时吸收的功率称为瞬时功率，用 p 表示。

假定电阻元件两端电压及流过它的电流的初相位为零，则：

$$u = U_m\sin\omega t,\ i = I_m\sin\omega t$$

$$p = ui = U_m\sin\omega t \cdot I_m\sin\omega t = \sqrt{2}U\sqrt{2}I\sin^2\omega t = UI(1-\cos^2\omega t)$$

瞬时功率随时间的变化波形如图 4-16 所示，可见 p 随时间变化，且 $p \geqslant 0$，电阻 R 为耗能元件。瞬时功率是一个不断变化的值，测量和计算较为困难，在实际中的应用意义很小。

（2）平均功率（有功功率）。

交流电的瞬时功率在一个周期内的平均值称为平均功率，用 P 表示。日常生活中，通常电气设备上所标注的功率都是指平均功率。由于平均功率是电路实际消耗的功率，因此又称为有功功率，其表达式为：

$$P = \frac{1}{T}\int_0^T p\mathrm{d}t = \int_0^T UI(1-\cos^2\omega t)\mathrm{d}t = UI = I^2R = \frac{U^2}{R}$$

平均功率的计算公式和直流电路中功率的计算公式相同，但含义不同，其中电压、电流均为交流电压、交流电流的有效值。

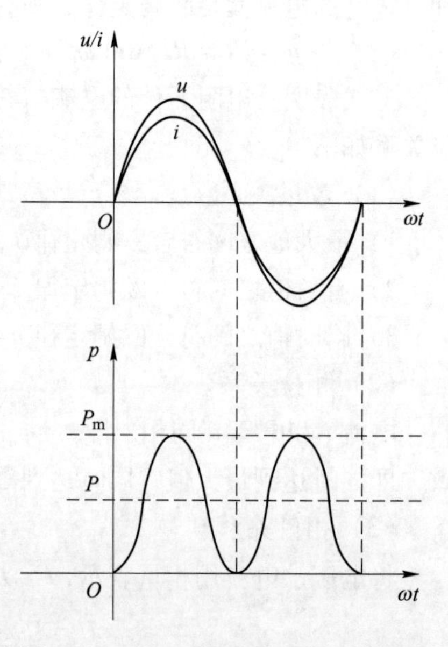

图 4-16　电阻元件瞬时功率的波形图

【例 4-7】　已知一只“220V　40W”的白炽灯，加在其两端的电压为 $u=311\sin(314t+30°)$ V。试求通过白炽灯的电流 i。

解：

白炽灯属于电阻性负载，$R = \frac{U^2}{P} = \frac{220^2}{40} = 1210\Omega$

电阻元件电压、电流最大值之间符合欧姆定律 $U_m = I_mR$，则有：

$$I_m = \frac{U_m}{R} = \frac{311}{1210} \approx 0.26\text{A}$$

电阻元件电流 i 和电压 u 同频率、同相，则有：

$$i = I_m\sin(\omega t + \varphi_i) = 0.26\sin(314t + 30°)\text{A}$$

【例 4-8】 某电阻元件的参数为 8Ω，接在 $u = 220\sqrt{2}\sin(314t + 60°)\text{V}$ 的交流电源上。试求：(1) 通过电阻元件上的电流相量及电流 i。(2) 如果用电流表测量该电路中的电流，其读数为多少？电路消耗的功率是多少瓦？若电源的频率增大 1 倍，电压有效值及电路中消耗的功率又如何？(3) 画出电压和电流的相量图。

解：

(1) $\dot{I} = \frac{\dot{U}}{R} = \frac{220\angle 60°}{8} = 27.5\angle 60°\text{A}$ ，$i = 27.5\sqrt{2}\sin(314t + 60°)\text{A}$ ；

(2) 电流表测量的是交流电流的有效值，故 $I = 27.5\text{A}$ ，$P = UI = 220 \times 27.5 = 6050\text{W}$ ，当频率增大 1 倍时，电压有效值不变，电路中消耗的功率也不变；

(3) 相量图如图 4-17 所示。

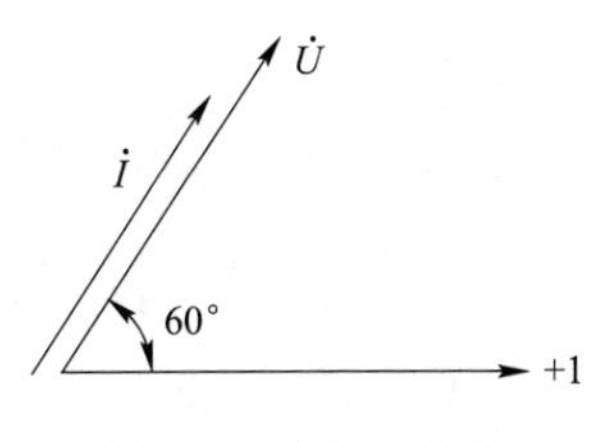

图 4-17　例 4-8 的图

4-3　电阻元件的交流电路

4.2.2　电感元件的交流电路

电感元件的交流电路是指只有电感元件的交流电路，如图 4-18 所示。

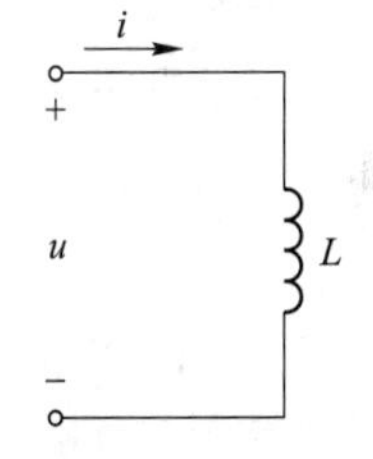

图 4-18　电感元件的交流电路

4.2.2.1　电压和电流的关系

在图 4-18 所示的电感元件交流通路中，根据电磁感应原理，若 u、i 参考方向一致，电感元件的电压、电流关系为：

$$u = L\frac{\mathrm{d}i}{\mathrm{d}t}$$

假设通过电感元件的电流为：

$$i = I_m\sin\omega t$$

则 $u = L\frac{\mathrm{d}i}{\mathrm{d}t} = L\frac{\mathrm{d}(I_m\sin\omega t)}{\mathrm{d}t} = I_m\omega L\cos\omega t = I_m\omega L\sin(\omega t + 90°) = U_m\sin(\omega t + 90°)$

上式表明，电感元件的电流与其两端电压都是同频率的正弦量，它们的数量关系和相位关系如下。

(1) 数量关系。

1）电压、电流最大值之间的关系：$U_m = I_m\omega L$，$U_m = I_m X_L$。

2）电压、电流有效值之间的关系：$U = I\omega L$，$U = IX_L$。

上式中 $X_L = \omega L = 2\pi fL$，是电压与电流最大值（或有效值）的比值，称为电感元件的感抗，单位也是欧姆。感抗反映了电感元件对交流电流的阻碍作用，只有在一定频率下，电感元件的感抗才是常数。X_L 与频率 f 成正比，与电感系数 L 成正比。因此 f 越高，电路中的感抗 X_L 越大。高频电路中的电感元件相当于开路；在直流电路中，其频率 $f = 0$，则感抗 $X_L = 0$，此时电感相当于短路。

3）瞬时值不符合欧姆定律：$u \neq iX_L$。

（2）相位关系。

由上面公式可推出，电感电压超前电流 90°，即 $\varphi_u - \varphi_i = 90°$，相位关系为正交关系，如图 4-19（a）所示。

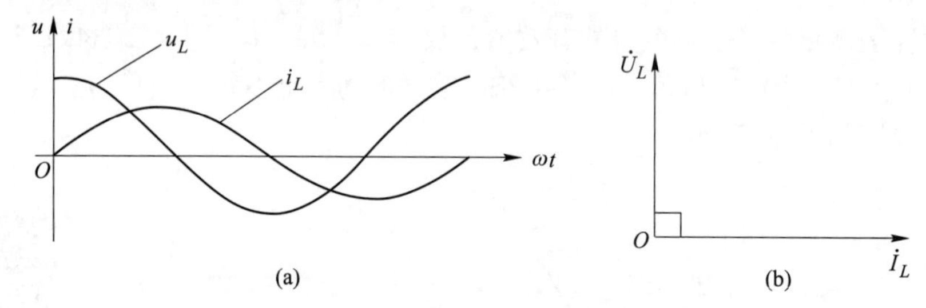

图 4-19　电感元件的电压、电流的相位关系

（a）波形图；（b）相量图

（3）相量关系。

将电压、电流用相量表示，$\dot{I} = I\angle\varphi_i$，$\dot{U} = \dot{U}\angle\varphi_u$，则：

$$\dot{U} = U\angle\varphi_u = I X_L\angle(\varphi_i + 90°) = \angle 90°\cdot X_L I\angle\varphi_i = \mathrm{j}\, X_L I\angle\varphi_i = \mathrm{j}X_L\dot{I}$$

即电压、电流相量之间的关系为：

$$\dot{U} = \mathrm{j}X_L\dot{I} \quad 或 \quad \dot{I} = -\mathrm{j}\frac{\dot{U}}{X_L}$$

根据电压和电流的相量关系画出相量图，如图 4-19（b）所示。

4.2.2.2　功率

（1）瞬时功率。

$$p = ui = U_m\sin(\omega t + 90°)\, I_m\sin\omega t = U_m I_m\sin\omega t\cos\omega t = \frac{U_m I_m}{2}\sin 2\omega t = UI\sin 2\omega t$$

瞬时功率 p 是一个幅值为 UI、以 2ω 的角频率随时间变化的正弦量，其变化波形如图 4-20所示。在第一个、第三个 $\frac{T}{4}$ 周期内（u、i 同相），p 为正，电感元件从电源取用能量储存在线圈中建立磁场；在第二个、第四个 $\frac{T}{4}$ 周期内（u，i 反相），p 为负，电感元件把磁场储存的能量释放给电源。可见电感和电源之间存在能量交换。

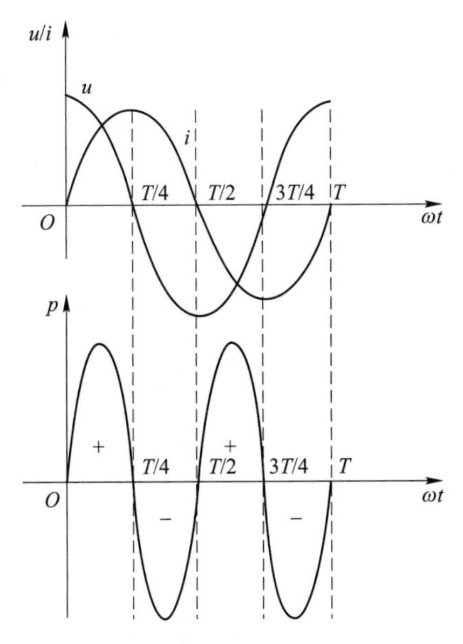

图 4-20　电感元件瞬时功率的波形图

（2）平均功率（有功功率）。

$$P = \int_0^t p\mathrm{d}t = \int_0^T UI\sin 2\omega t\mathrm{d}t = 0$$

即平均功率为零，这说明电感元件是储能元件，不消耗能量，只是与电源之间进行了能量交换。

（3）无功功率。

为了衡量电感元件与电源之间的能量交换的最大速率，引入了无功功率。定义电感元件瞬时功率的最大值为无功功率，用 Q_L表示，单位为 var（乏）或 kvar（千乏）。

$$Q_L = UI = I^2 X_L = \frac{U^2}{X_L}$$

无功功率在电力系统中是一个重要的物理量，凡是电路中有电感元件的设备（如变压器、电动机等），都是依靠其磁场来转移能量的，电源必须对它们提供一定的无功功率，否则不能建立磁场，设备无法工作，所以“无功”两字不能误解为“无用”。

【例 4-9】 某线圈的电感系数 L 为 0.1H，电阻可忽略不计，接在 $u = 220\sqrt{2}\sin(314t + 30°)$V 的交流电源上。相量图如图 4-21 所示。试求：（1）电路中电流的有效值及无功功率；（2）电流相量并写出其瞬时值表达式，画出电流、电压的相量图；（3）电压有效值不变，电路中的电流的有效值及无功功率又如何？

解：

(1) $X_L = \omega L = 314 \times 0.1 = 31.4\Omega$

$$I = \frac{U}{X_L} = \frac{220}{31.4} \approx 7\text{A}$$

$$Q_L = UI = 220 \times 7 = 1540\text{var}$$

(2) $\varphi_u - \varphi_i = 90°$, $\varphi_i = 30° - 90° = -60°$

$$\dot{I} = I\angle\varphi_i = 7\angle -60°\text{A}$$

$$i = 7\sqrt{2}\sin(314t - 60°)\text{A}$$

(3) 当电源频率变为原来的两倍，电路感抗 X_L 也变为原来的两倍。

$$X'_L = 2\omega L = 2 \times 314 \times 0.1 = 62.8\Omega$$

$$I' = \frac{U}{X'_L} = \frac{220}{62.8} \approx 3.5\text{A}$$

$$Q'_L = UI' = 220 \times 3.5 = 770\text{var}$$

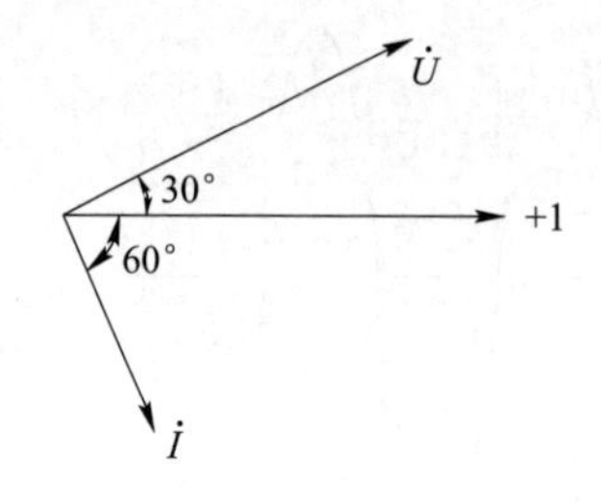

图 4-21　例 4-9 相量图

4-4　电感元件的交流电路

4.2.3　电容元件的交流电路

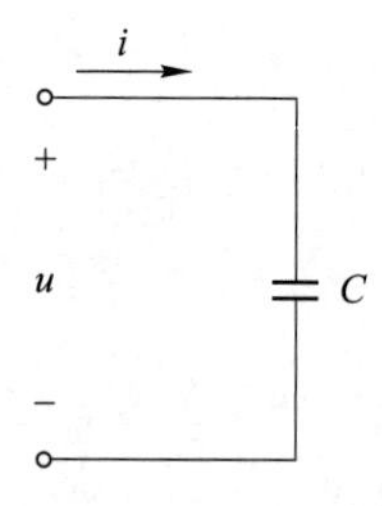

图 4-22　电容元件的交流电路

电容元件的交流电路是指只有电容元件的交流电路，如图 4-22 所示。

4.2.3.1　电压和电流的关系

在图 4-22 所示的电容元件交流通路中，电容元件的伏安关系为：

$$i = C\frac{\mathrm{d}u}{\mathrm{d}t}$$

假设加在电容两端的电压为 $u = U_\mathrm{m}\sin\omega t$ ，则流过电容的电流 i 为：

$$i = C\frac{\mathrm{d}(U_\mathrm{m}\sin\omega t)}{\mathrm{d}t} = U_\mathrm{m}\omega C\cos\omega t = U_\mathrm{m}\omega C\sin(\omega t + 90°) = I_\mathrm{m}\sin(\omega t + 90°)$$

上式表明，电容元件的电流与其两端电压都是同频率的正弦量，它们的数量关系和相位关系如下。

(1) 数量关系。

1) 电压、电流最大值之间的关系：$I_\mathrm{m} = U_\mathrm{m}\omega C$ ，$U_\mathrm{m} = I_\mathrm{m}\dfrac{1}{\omega C} = I_\mathrm{m}X_C$ 。

2) 电压、电流有效值之间的关系：$U = IX_C$ 。

上式中 $X_C = \dfrac{1}{\omega C} = \dfrac{1}{2\pi fC}$ ，是电压与电流最大值（或有效值）的比值，称为电容元件的容抗，单位也是欧姆。容抗反映了电容元件对交流电流的阻碍作用，只有在一定频率下，电容元件的容抗才是常数。X_C 与频率 f 成反比，与电容量 C 成反比。在直流电路中，其频率 $f = 0$，则感抗 $X_C \to \infty$，此时电容相当于开路，故称电容器有隔直作用。

3）瞬时值不符合欧姆定律：$u \neq iX_C$。

（2）相位关系。

由上面式子可推出，电容电流超前电压 90°，即 $\varphi_i - \varphi_u = 90°$，相位关系为正交关系，如图 4-23（a）所示。

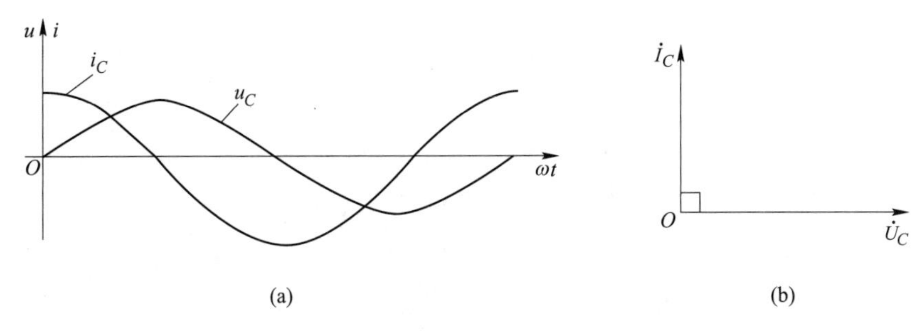

图 4-23　电容元件的电压、电流的相位关系

（a）波形图；（b）相量图

（3）相量关系。

将电压、电流用相量表示，$\dot{I} = I\underline{/\varphi_i}$，$\dot{U} = U\underline{/\varphi_u}$，则：

$$\dot{I} = I\underline{/\varphi_i} = \frac{U}{X_C}\underline{/\varphi_i} = \frac{U}{X_C}\underline{/(\varphi_u + 90°)} = \frac{U}{X_C}\underline{/\varphi_u} \cdot \underline{/90°} = \mathrm{j}\frac{\dot{U}}{X_C} = \frac{\dot{U}}{-\mathrm{j}X_C}$$

即电压、电流相量之间的关系为：

$$\dot{I} = \mathrm{j}\frac{\dot{U}}{X_C} = \frac{\dot{U}}{-\mathrm{j}X_C} \quad 或 \quad \dot{U} = -\mathrm{j}X_C\dot{I}$$

根据电压和电流的相量关系画出相量图，如图 4-23（b）所示。

4.2.3.2　功率

（1）瞬时功率。

$$p = ui = U_\mathrm{m}\sin\omega t \cdot I_\mathrm{m}\sin(\omega t + 90°) = U_\mathrm{m}I_\mathrm{m}\sin\omega t \cdot \cos\omega t = \frac{U_\mathrm{m}I_\mathrm{m}}{2}\sin2\omega t = UI\sin2\omega t$$

电容电路的瞬时功率 p 也是一个以 UI 为幅值、以 2ω 为角频率的随时间变化的正弦量，其波形如图 4-24 所示。第一个、第三个 $\frac{T}{4}$ 周期内（u、i 同相），电压值增高，电容器充电，电容器从吸收能量转化为电场能，p 为正值。在第二个、第四个 $\frac{T}{4}$ 周期内（u、i 反相），电压值减小，电容器放电，电容器释放能量返还电源，p 为负值。

（2）平均功率（有功功率）。

$$P = \int_0^t p\mathrm{d}t = \int_0^T UI\sin2\omega t\mathrm{d}t = 0$$

即平均功率为零，这说明电容元件是储能元件，不消耗能量，只是与电源之间进行了能量交换。

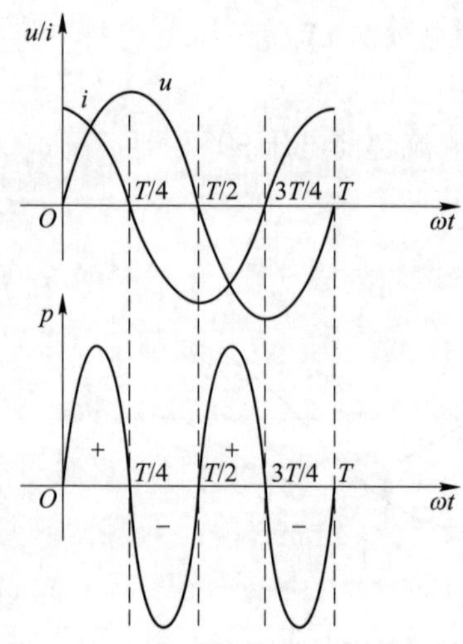

图 4-24　电容元件瞬时功率的波形图

（3）无功功率。

与电感元件相同，定义电容元件瞬时功率的最大值为无功功率，用 Q_C 表示，单位为 var（乏）或 kvar（千乏）。

$$Q_C = UI = I^2 X_C = \frac{U^2}{X_C}$$

【例 4-10】　把一个 电容量 $C = 80\mu F$ 的电容器接在 $u = 220\sqrt{2}\sin(314t + 30°)V$ 的电源上。试求：(1) 电流相量，并写出其瞬时值表达式；(2) 无功功率；(3) 画出电压和电流的相量图。

解：

$$X_L = \frac{1}{\omega C} = \frac{1}{314 \times 80 \times 10^{-6}} \approx 40\Omega$$

（1）电流相量为：

$$\dot{I} = \frac{\dot{U}}{-jX_C} = \frac{220\angle 30°}{40\angle(-90°)} = 5.5\angle 120° A$$

$$i = 5.5\sqrt{2}\sin(314t + 120°)A$$

(2) $Q_C = UI = 220 \times 5.5 = 1210var = 1.21kvar$

（3）相量图如图 4-25 所示。

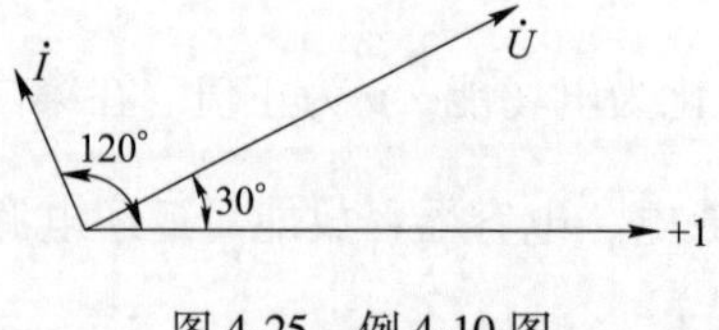

图 4-25　例 4-10 图

4-5　电容元件的交流电路

任务 4.3　*RLC* 串联电路

实际电路中，单一参数的纯电路是不存在的，实际中的交流电路要复杂得多，例如实际中的一个线圈，既有电阻又有电感，长距离输电线路中除了导线自身的电阻外，还有对地、线间的电容，虽然很小，但随着线路距离的改变，它们对线路的影响不得不加以考虑。对于实际的混合元件交流电路可以将其等效为理想的电阻、电感及电容元件的组合。本节讨论由电阻、电感和电容元件串联组成的交流电路。

4.3.1　*RLC* 串联电路中电压与电流的关系

电阻元件 R、电感元件 L 和电容元件 C 串联的正弦交流电路简称 *RLC* 串联电路。如图 4-26（a）所示，图中标出了电流及各电压的参考方向，因为是串联电路，各元件通过同一电流，为了方便选 $i=I_{\mathrm{m}}\sin\omega t$ 为参考。电阻元件两端的电压与电流同相，电感元件两端的电压超前于电流 90°，电容元件两端的电压滞后于电流 90°，它们可分别表示为：

$$u_R = RI_{\mathrm{m}}\sin\omega t$$

$$u_L = X_L I_{\mathrm{m}}\sin(\omega t + 90°)$$

$$u_C = X_C I_{\mathrm{m}}\sin(\omega t - 90°)$$

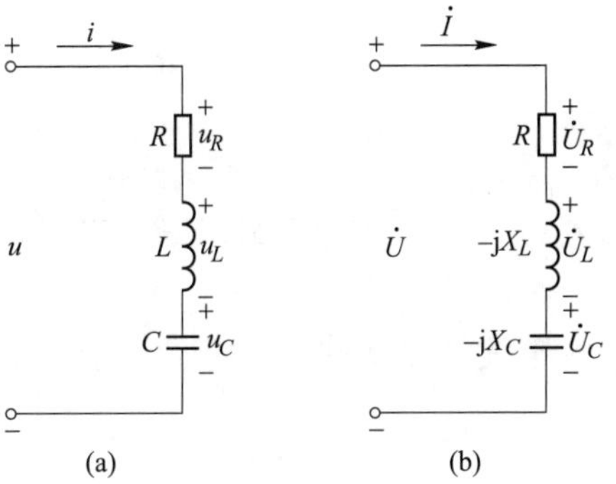

图 4-26　*RLC* 串联电路

（a）串联电路；（b）相量之和

根据基尔霍夫电压定律，在任一瞬间，电路两端的总电压应等于各元件上的电压之和；同频率正弦量相加，其结果仍为同频率正弦量。即：

$$\begin{aligned} u &= u_R + u_L + u_C = R I_{\mathrm{m}}\sin\omega t + X_L I_{\mathrm{m}}\sin(\omega t + 90°) + X_C I_{\mathrm{m}}\sin(\omega t - 90°) \\ &= U_{\mathrm{m}}\sin(\omega t + \varphi) \end{aligned}$$

式中，U_{m} 为外加电压的最大值；φ 为外加电压与电流之间的相位差。

4.3.1.1　电压与电流的相量关系

根据基尔霍夫定律，在 *RLC* 串联电路中，总电压的相量等于电路中各段电压的相量之和，如图 4-26（b）所示，有：

$$\dot{U} = \dot{U}_R + \dot{U}_L + \dot{U}_C$$

以电流 $\dot{I}$ 为参考相量，即 $\dot{I} = I\angle 0°$，可得：

$$\dot{U}_R = R\dot{I} \qquad \dot{U}_L = \mathrm{j}X_L\dot{I} \qquad \dot{U}_C = -\mathrm{j}X_C\dot{I}$$

则：

$$\dot{U} = \dot{U}_R + \dot{U}_L + \dot{U}_C = R\dot{I} + jX_L\dot{I} - jX_C\dot{I} = \dot{I}[R + j(X_L - X_C)] = \dot{I}(R + jX) = \dot{I}Z$$

上式中令 $Z=R+j(X_L-X_C)=R+jX$，Z 称为电路的复阻抗，简称阻抗，其单位是欧姆。实部 R 称为电阻，虚部系数 $X=X_L-X_C$ 称为电抗 X，电抗 X 是感抗 X_L 与容抗 X_C 之差，单位是欧姆。

引入复阻抗 Z 的概念之后，电压相量与电流相量之间也符合欧姆定律。

总电压相量 $\dot{U}$ 和电流相量 $\dot{I}$ 的相量关系式为：

$$\dot{U} = Z\dot{I} \quad 或 \quad \dot{I} = \frac{\dot{U}}{Z}$$

4.3.1.2　复阻抗

复阻抗 Z 反映了 RLC 串联电路对电流的阻碍作用。

(1) RLC 串联电路中复阻抗 Z 的两种表示形式。

复阻抗 Z 的代数形式为：

$$Z = R + j(X_L - X_C) = R + jX$$

复阻抗 Z 的极坐标形式为：

$$Z = \frac{\dot{U}}{\dot{I}} = \frac{U\angle\varphi_u}{I\angle\varphi_i} = \frac{U}{I}\angle(\varphi_u - \varphi_i) = |Z|\angle\varphi$$

由上面复阻抗 Z 的极坐标形式可知复阻抗 Z 的模 $|Z|=\frac{U}{I}$，表示了总电压与电流的数量关系（有效值关系），它指电路的阻抗。复阻抗的辐角 $\varphi=\varphi_u-\varphi_i$，表示了总电压与电流的相位差（电压超前电流的角度）。

复阻抗 Z 不是用来表示正弦量的复数，它只是在计算过程中产生的一个复数计算量，所以它不是相量。复阻抗用大写字母 Z 来表示，上面不带点。

(2) 阻抗三角形。

由上面的公式可知 RLC 串联电路中复阻抗 Z 为：

$$Z = R + j(X_L - X_C) = R + jX = |Z|\angle\varphi$$

上式中 R、X、$|Z|$、φ 这四个量之间的关系可以用一个直角三角形表示，即为阻抗三角形，如图 4-27 所示。

由阻抗三角形可以得出：

$$|Z| = \sqrt{R^2 + X^2}$$

$$\varphi = \arctan\frac{X}{R} = \arctan\frac{X_L - X_C}{R}$$

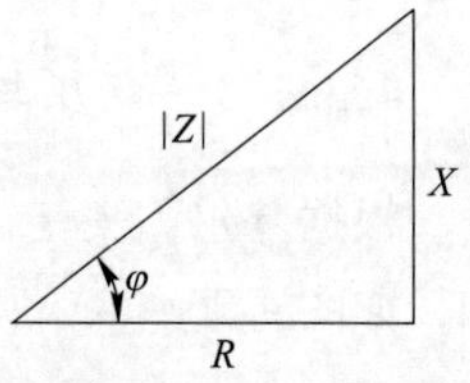

图 4-27　阻抗三角形

4.3.1.3　*RLC* 串联电路的相量图

RLC 串联电路总电压的相量与各分电压相量之间以及它们与电流相量之间的关系还可以用相量图来描述。

如图 4-28 所示，以电流 $\dot{I}$ 为参考相量（$\dot{I} = I\underline{/0°}$），图（a）为 $U_L > U_C$，即 $X > 0$ 的相量图；图（b）为 $U_L < U_C$，即 $X < 0$ 的相量图；图（c）为 $U_L = U_C$，即 $X = 0$ 的相量图。

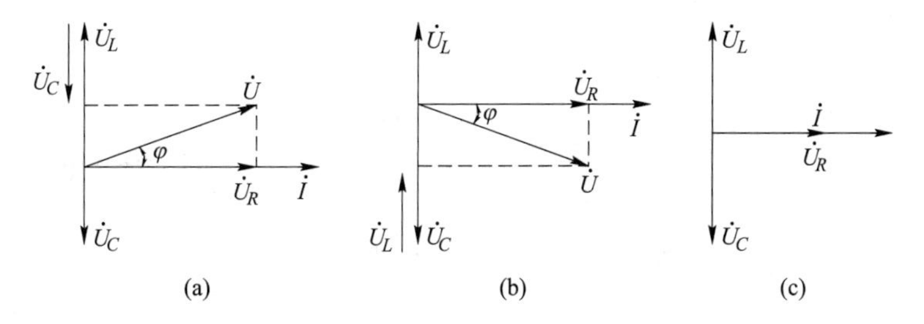

图 4-28　*RLC* 串联电路的相量图

（a）$X>0$；（b）$X<0$；（c）$X=0$

由上面的相量图，可得：

$$U = \sqrt{U_R^2 + (U_L - U_C)^2} \qquad U \neq U_R + U_L + U_C$$

4.3.1.4　电路的性质

RLC 串联电路中，复阻抗 $Z = R + \mathrm{j}(X_L - X_C) = R + \mathrm{j}X$，其中电抗 $X = X_L - X_C$，它是电感和电容共同作用的结果，总电压与总电流之间的相位差 φ 决定了电路的性质，因为 $\varphi = \arctan\dfrac{X}{R} = \arctan\dfrac{X_L - X_C}{R}$，所以它由电抗 X 的大小和正负来决定。

（1）当 $X_L>X_C$ 时，$X>0$，$\varphi>0$，电压超前电流，电路呈电感性，称为感性电路。

（2）当 $X_L<X_C$ 时，$X<0$，$\varphi<0$，电压滞后电流，电路呈电容性，称为容性电路。

（3）当 $X_L=X_C$ 时，$X=0$，$\varphi=0$，电压与电流同相，电路呈电阻性，电路发生了谐振现象。

4.3.2　*RLC* 串联电路的功率

对单一参数的交流电路分析的过程中知道：电阻是耗能元件；电感和电容是储能元件，能量在各元件和电源之间进行交换。接下来，具体分析 *RLC* 串联电路中的功率问题。

设以 *RLC* 串联电路中的电流 i 为参考正弦量，电压、电流关联参考方向，则电流和电压分别为：

$$i = \sqrt{2}I\sin\omega t$$

$$u = \sqrt{2}U\sin(\omega t + \varphi)$$

式中，φ 为电压超前电流的角度，也是阻抗角，即 $\varphi = \varphi_u - \varphi_i$。

4.3.2.1　瞬时功率

$$p = ui = \sqrt{2}U\sin(\omega t + \varphi) \times \sqrt{2}I\sin\omega t = UI[\cos\varphi - \cos(2\omega t + \varphi)]$$

4.3.2.2　平均功率（有功功率）

$$P = \frac{1}{T}\int_0^T p\mathrm{d}t = \frac{1}{T}\int_0^T UI[\cos\varphi - \cos(2\omega t + \varphi)]\mathrm{d}t = UI\cos\varphi$$

如图 4-28 所示，根据电压三角形可知：

$$U_R = U\cos\varphi$$

根据上式得：

$$P = UI\cos\varphi = U_R I = I^2 R = \frac{U_R^2}{R}$$

可见，*RLC* 串联电路的有功功率就等于电阻元件的有功功率，这是由于电感元件和电容元件的有功功率为零的缘故。

4.3.2.3　无功功率

电感元件、电容元件实际上不消耗功率，只是和电源之间存在着能量互换，把这种能量交换规模的大小定义为无功功率。

因为电压 u_L 和 u_c 反相，因此电感元件和电容元件的工作状态相反，如电感元件在释放能量的时候，电容元件在吸收能量。所以 *RLC* 串联电路的无功功率为：

$$Q = Q_L - Q_C = I(U_L - U_C)$$

4.3.2.4　视在功率

视在功率表示用电设备的总容量，在交流电路中，将电压和电流有效值的乘积 *UI* 称为视在功率，用 *S* 表示，单位为 V · A（伏安），工程上也常用 kVA（千伏安）。

$$S = UI$$

4.3.2.5　功率三角形

由于 $P = UI\cos\varphi$，$P = UI\sin\varphi$，$S = UI$，可以看出 $S^2 = P^2 + Q^2$，所以视在功率 *S*、有功功率 *P* 和无功功率 *Q* 也可以用一个三角形来表示，称为功率三角形，如图 4-29（c）所示。

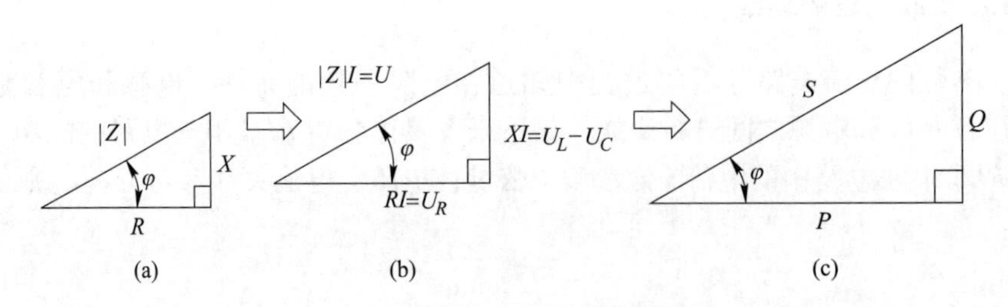

图 4-29　电压三角形、阻抗三角形和功率三角形

（a）阻抗三角形；（b）电压三角形；（c）功率三角形

有功功率　　$P = UI\cos\varphi = S\cos\varphi$

无功功率　　$Q = UI\sin\varphi = S\sin\varphi$

视在功率　　$S = UI = \sqrt{P^2 + Q^2}$

通过以上分析可以看出，若以 *I* 乘以阻抗三角形的每一边，就得到电压三角形，如图 4-29（b）所示。再将电压三角形各边同时乘以电流可得到功率三角形，如图 4-29（c）所示。所以阻抗三角形、电压三角形和功率三角形是相似三角形。

【例 4-11】　如图 4-30 所示，已知 *RLC* 串联电路中，电源电压 $u = 220\sqrt{2}\sin(314t + 30°)$ V，$R = 30\Omega$，若由电路参数 L 和 C 求出 $X_L = 70\Omega$，$X_C = 30\Omega$。求：（1）电路中复阻抗 Z 的模及幅角；（2）电流的有效值 I 及其瞬时值表达式；（3）求电路中的功率 P、Q、S，画出电流及各电压的相量图。

解：

（1）复阻抗：$Z = R + j(X_L - X_C) = R + jX = 30 + j(70 - 30) = 50\angle 53°\Omega$

（2）由已知条件可知 $U = 220$V：

$$I = \frac{U}{|Z|} = \frac{220}{50} = 4.4\text{A}$$

总电压与电流的相位差等于复阻抗的幅角：

$$\varphi_u - \varphi_i = \varphi = 53°$$

$$\varphi_i = \varphi_u - \varphi = 30° - 53° = -23°$$

$$i = 4.4\sqrt{2}\sin(314t - 23°)\text{A}$$

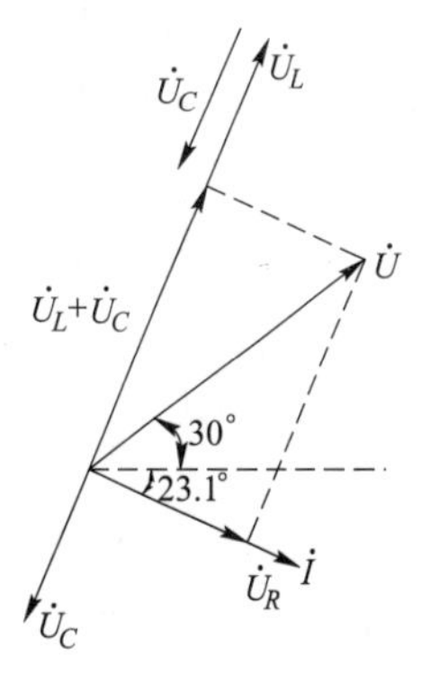

图 4-30　例 4-11 的图

（3）由阻抗三角形得出：

$$\cos\varphi = \frac{30}{50} \qquad \sin\varphi = \frac{40}{50}$$

$$P = UI\cos\varphi = 220 \times 4.4 \times \frac{30}{50} = 580.8\text{W}$$

$$Q = UI\sin\varphi = 220 \times 4.4 \times \frac{40}{50} = 774.4\text{var}$$

$$S = UI = 220 \times 4.4 = 968\text{V} \cdot \text{A}$$

$$U_R = IR = 4.4 \times 30 = 132\text{V}$$

$$U_L = IX_L = 4.4 \times 70 = 308\text{V}$$

$$U_C = IX_C = 4.4 \times 30 = 132\text{V}$$

4-6　*RLC* 串联电路

4.3.3　功率因数的提高

在交流电路中，电源设备（如发电机、变压器等）的额定容量为 $S = UI$。当电源处于额定工作状态时，其输出功率为 $P = S\cos\varphi$，其中 $\cos\varphi$ 是电路的功率因数，由负载所决定。对于不同的负载，电源输出的有功功率是不同的。当电路的功率因数 $\cos\varphi \neq 1$ 时，电路中有无功功率 Q 用于能量交换，还存在能量损失。

4.3.3.1　提高功率因数的意义

（1）提高供电设备的能量利用率。

在电力系统中，每个供电设备都有额定容量，即视在功率 S。在电路正常工作时是不允许超过额定值的，否则会损坏供电设备。对于非电阻性负载电路，供电设备输出的总功率 S 中，一部分为有功功率 $P = S\cos\varphi$，另一部分为无功功率 $Q = S\sin\varphi$。如果功率因数 $\cos\varphi$ 越小，电路的有功功率就越小，而无功功率就越大，电路中能量互换的规模也越大。为了减小电路中能量互换规模，提高供电设备所提供的能量利用率，就必须提高功率因数。

（2）减小输电线路上的能量损失。

功率因数低，还会增加发电机绕组、变压器和线路的功率损失。当负载电压和有功功率一定时，电路中的电流与功率因数成反比，即：

$$I=\frac{P}{U\cos\varphi}$$

功率因数越低，电路中的电流越大，线路上的压降就越大，电路的功率损失也就越大。这样不仅使电能白白地消耗在线路上，而且使得负载两端的电压降低，影响负载的正常工作。

综上所述，提高功率因数能增加电源设备输出的有功功率，以供给更多的负载使用；减少线路能量损耗，使电源设备的容量在额定范围内得到充分利用。

4.3.3.2 提高功率因数的方法

电力系统中多数为感性负载，感性负载在运行时需要一定的无功功率，因此它们功率因数都不高。常见电路的功率因数见表 4-1。为了改善供电质量，提高电能的利用率，必须提高功率因数。

表 4-1 常见电路的功率因数

电路		功率因数
纯电阻电路		$\cos\varphi=1$ （$\varphi=0°$）
纯电感电路及纯电容电路		$\cos\varphi=0$ （$\varphi=\pm 90°$）
RLC 串联电路		$0<\cos\varphi<1$ $-90°<\varphi<+90°$
电动机	空载	$\cos\varphi=0.2\sim0.3$
	满载	$\cos\varphi=0.7\sim0.9$
荧光灯电路（*RL* 串联电路）		$\cos\varphi=0.45\sim0.6$

因为 $\cos\varphi=\frac{P}{S}=\frac{P}{\sqrt{P^2+Q^2}}$，其中 $Q=Q_L-Q_C$，若利用 Q_L 与 Q_C 相互补偿的作用，让电容的无功功率 Q_C 来补偿电感的无功功率 Q_L，使电源提供的无功功率 Q 接近或等于零，这样可使功率因数接近 1。

提高功率因数 $\cos\varphi$ 最简便的方法是：在感性负载（或设备）两端并联适当大小的电容器，如图 4-31 所示。

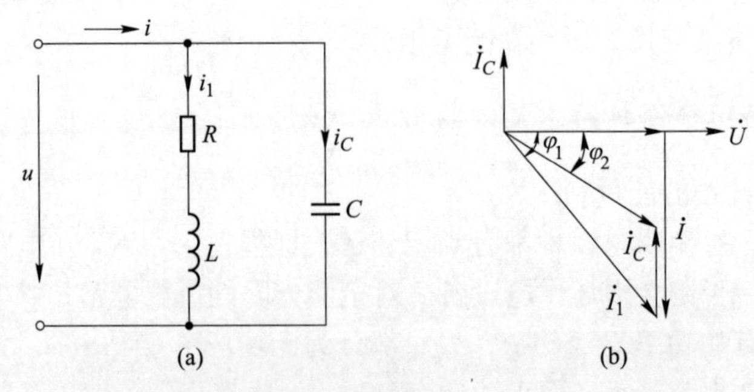

图 4-31 感性负载功率因数补偿电路及其相量图

（a）感性负载功率因数补偿电路模型；（b）相量图

由图 4-31（a）可知。

并联电容前：$P = UI_1\cos\varphi_1$

并联电容后：$P = UI\cos\varphi_2$

由图 4-31（b）可知。

$$I_C = I_1\sin\varphi_1 - I\sin\varphi_2$$

$$I_1 = \frac{P}{U\cos\varphi_1},\quad I_2 = \frac{P}{U\cos\varphi_2}$$

$$I_C = \frac{P}{U}\left(\frac{\sin\varphi_1}{\cos\varphi_1} - \frac{\sin\varphi_2}{\cos\varphi_2}\right) = \frac{P}{U}(\tan\varphi_1 - \tan\varphi_2)$$

由于 $I_C = \omega CU$，所以，功率因数从 $\cos\varphi_1$ 提高到 $\cos\varphi_2$ 时需并入的电容器 C 的电容值为：

$$C = \frac{P}{\omega U^2}(\tan\varphi_1 - \tan\varphi_2)$$

【例 4-12】 有一盏 220V、40W 的荧光灯接入 220V 电源上，镇流器上的功耗约为 8W，$\cos\varphi_1 = 0.5$，试求把功率因数从 0.5 提高到 0.9 时所需并联补偿的电容值及并联电容前、后电路中的电流值。

解：

（1）当 $\cos\varphi_1 = 0.5$ 时，$\tan\varphi_1 = 1.732$；当 $\cos\varphi_2 = 0.9$ 时，$\tan\varphi_2 = 0.484$

可得：

$$C = \frac{P}{\omega U^2}(\tan\varphi_1 - \tan\varphi_2) = \frac{40 + 8}{2\pi \times 50 \times 220^2} \times (1.732 - 0.484) = 3.9\mu\text{F}$$

（2）并联电容 C 前、后电路中的电流为：

$$I_1 = \frac{P}{U\cos\varphi_1} = \frac{48}{220 \times 0.5} = 0.44\text{A}$$

$$I_2 = \frac{P}{U\cos\varphi_2} = \frac{48}{220 \times 0.9} = 0.24\text{A}$$

4-7　功率因数的提高

由计算结果可知，感性负载并联适当电容 C 后，使线路电流明显减小了，线路上的损耗也减小了。

任务 4.4　电路中的谐振

谐振现象是正弦交流电路的一种特定的工作状态，在具有电感和电容的电路中，电路的端电压与流过电路电流的相位一般是不同的。若调整电路中电感 L、电容 C 的大小或改变电源的频率，使电路端电压与流过电路电流同相位，电路呈电阻性，这种状态称为谐振。谐振在无线电工程、电子测量技术等许多电路中广泛应用，但它有时会破坏系统的正常工作，应引起充分重视。

发生在串联电路中的谐振称为串联谐振；发生在并联电路中的谐振称为并联谐振。

4.4.1　串联谐振

图 4-32（a）所示的 RLC 串联电路中，复阻抗为：

$$Z = R + \mathrm{j}(X_L - X_C) = R + \mathrm{j}\left(\omega L - \frac{1}{\omega C}\right)$$

当 $U_L = U_C$，即 $X_L = X_C$ 时，$\varphi = 0$，电路中电压与电流同相，电路呈电阻性，此时 $Z = R + \mathrm{j}(X_L - X_C) = R$，电路的这种工作状态称为串联谐振，相量图如图 4-32（b）所示。

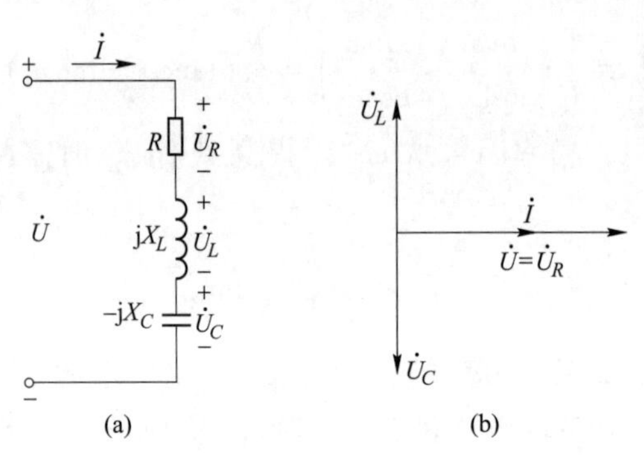

图 4-32　串联谐振电路
（a）电路图；（b）相量图

4.4.1.1　串联谐振的条件

因为：
$$X_L = X_C$$

即：
$$\omega L = \frac{1}{\omega C}$$

得：
$$\omega = \omega_0 = \frac{1}{\sqrt{LC}}$$

式中，ω_0 称为串联谐振的角频率，又因为 $\omega = 2\pi f_0$，所以：

$$f_0 = \frac{1}{2\pi\sqrt{LC}}$$

式中，f_0 称为串联谐振的频率。可以看出改变电源频率或电路的 L、C 两个参数，均可以满足串联谐振的条件，使电路发生谐振。如果 L、C 给定，那么调节电源频率使 $f = f_0$，电路产生谐振；如果电源频率给定，L、C 可调，那么调节 L、C 两个参数也可以产生谐振。

4.4.1.2　串联谐振的特征

（1）阻抗最小，电流最大。

电路发生谐振时 $Z_0 = R$，$|Z_0| = \sqrt{R^2 + (X_L - X_C)^2} = R$，故电流 $I_0 = \dfrac{U}{R}$。

（2）电压谐振。

因 $X_L = X_C$，所以 $U_L = U_C$，电压相位相反，互相抵消，对整个电路不起作用，电阻上的电压等于电源电压 $U = U_R = I_0 R$，但是 U_L 和 U_C 的单独作用不能忽略。当 $X_L = X_C \gg R$

时，$U_L = U_C \gg U_R$，又因谐振时 $U = U_R$，所以 $U_L = U_C \gg U$。可见，当电路发生谐振时，会出现电感和电容上的电压 U_L、U_C 超过电源电压 U 许多倍的现象，因此串联谐振又称电压谐振。

（3）无功功率为零。

谐振时，电路中电压与电流同相，$\varphi=0$，电路呈电阻性，电源供给电路的能量全部被电阻消耗，电源与电路之间不发生能量的交换，电感、电容之间的无功功率完全相互补偿，所以电路总无功功率为零。

（4）品质因数 Q。

串联谐振电路中电感和电容上的电压 U_L、U_C 高出电源电压 U 的倍数，用品质因数 Q 表示，即：

$$Q = \frac{U_L}{U} = \frac{U_C}{U} = \frac{X_L}{R} = \frac{X_C}{R} = \frac{\omega_0 L}{R} = \frac{1}{\omega_0 CR}$$

由上面式子可知，当 $X_L = X_C \gg R$ 时，品质因数 Q 很高，电感电压或电容电压将大大超过外加电源电压，即 $U_L = U_C \gg U$。这种高电压有可能击穿电感线圈或电容器的绝缘而损坏设备。因此电力工程中一般避免电压谐振或接近谐振情况的发生。但在通信工程中，恰恰相反，由于工作信号比较微弱，往往利用电压谐振获得对应于某一频率信号的高电压，从而达到选频的目的。例如收音机接收回路就是通过调谐电路，使电路发生谐振，才能从众多不同频率段的电台信号中选择出要收听的电台广播。

【例 4-13】 收音机的输入回路，可用 RLC 串联电路为其模型，其电感为 0.233mH，可调电容的变化范围为 42.5~360pF。试求该电路谐振频率的范围。

解：

C=42.5pF 时的谐振频率为：

$$f_{01} = \frac{1}{2\pi\sqrt{LC}} = \frac{1}{2\pi\sqrt{0.233 \times 10^{-3} \times 42.5 \times 10^{-12}}} \approx 1600\text{kHz}$$

C=360pF 时的谐振频率为：

$$f_{02} = \frac{1}{2\pi\sqrt{LC}} = \frac{1}{2\pi\sqrt{0.233 \times 10^{-3} \times 360 \times 10^{-12}}} \approx 550\text{kHz}$$

所以该电路谐振频率的范围为 550 ~ 1600kHz。

4.4.2　并联谐振

如图 4-33（a）所示，电感线圈和电容器并联电路中电容器的电阻损耗忽略不计，看成纯电容，电感线圈的损耗不可忽略，可以看成 R 和 L 串联电路。例如收音机中的中频变压器，用以产生正弦波的 LC 振荡器等，都是以电感线圈和电容器并联电路作为核心电路。

图 4-33（a）中，R 为线圈电阻，数值很小，当电路发生谐振时，一般 $\omega L \gg R$，电路中总电压和总电流同相，电路呈电阻性，即电路发生并联谐振。

4.4.2.1　并联谐振的条件

因为：

$$X_L = X_C$$

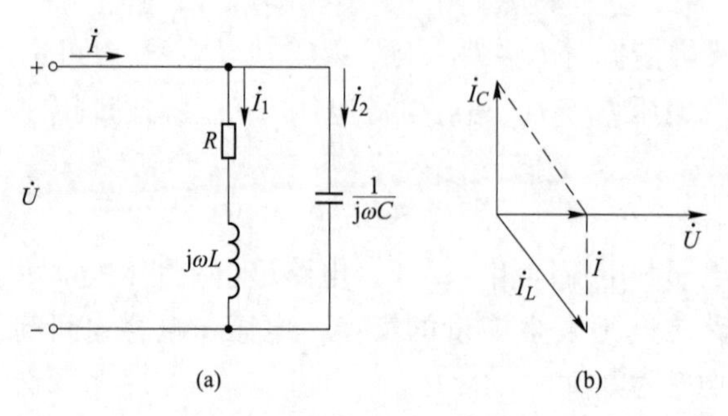

图 4-33　电感线圈和电容器的并联谐振电路及其相量图

（a）电路图；（b）相量图

即：

$$\omega L = \frac{1}{\omega C}$$

得：

$$\omega = \omega_0 = \frac{1}{\sqrt{LC}}$$

式中，ω_0 称为并联谐振的角频率，又因为 $\omega = 2\pi f_0$，所以：

$$f_0 = \frac{1}{2\pi\sqrt{LC}}$$

式中，f_0 称为串联谐振的频率。

4.4.2.2　并联谐振的特征

（1）电路两端电压和电流同相位，电路呈电阻性。

（2）阻抗最大，电流最小。这时的 $Z_0 = \frac{L}{RC}$，$|Z_0| = \frac{L}{RC}$，故电流 $I_0 = \frac{U}{|Z_0|}$。

（3）并联谐振时，通过线圈和电容的电流远远大于电路的总电流，如图 4-33（b）所示，I_L 和 I_C 大小相等，相位相反，可能出现过电流，故并联谐振也称电流谐振。

（4）品质因数 Q

并联谐振电路中，电感和电容支路的电流 I_L、I_C 与总电流 I 之比称为并联谐振的品质因数。

4-8　电路中的谐振

$$Q = \frac{I_L}{I} = \frac{I_C}{I} = \frac{X_L}{R} = \frac{X_C}{R} = \frac{\omega_0 L}{R} = \frac{1}{\omega_0 CR}$$

在 $\omega L \gg R$ 的情况下，并联谐振电路与串联谐振电路的谐振频率相同。

任务 4.5　荧光灯电路

荧光灯的照明线路与白炽灯照明线路同样具有结构简单、使用方便等特点，而且荧光灯还有发光效率高的优点，因此荧光灯也是应用普遍的一种照明灯具。

4.5.1　荧光灯电路的组成

荧光灯照明线路主要由灯管、辉光启动器、辉光启动器座、镇流器、灯座、灯架等组成，如图 4-34 所示。

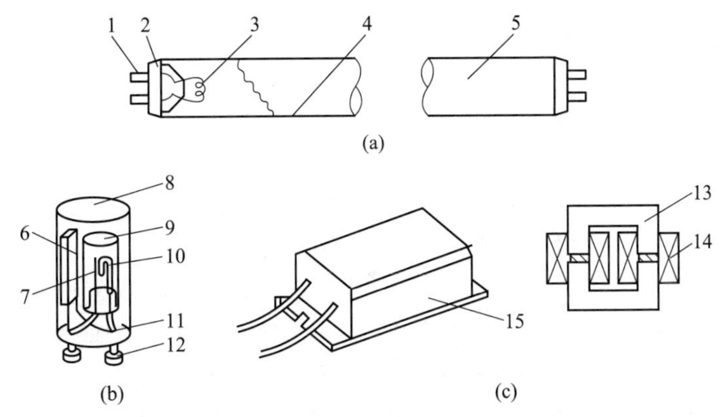

图 4-34　荧光灯照明装置的主要部件内部结构

（a）灯管；（b）辉光启动器；（c）镇流器

1—灯脚；2—灯头；3—灯丝；4—荧光粉；5—玻璃管；6—电容器；7—静触片；8—外壳；9—氖泡；10—动触片；11—绝缘底座；12—出线脚；13—铁芯；14—线圈；15—金属外壳

4.5.1.1　灯管

灯管由玻璃管、灯丝、灯头、灯脚等组成，其外形结构如图 4-34（a）所示，内部结构如图 4-34（a）所示。玻璃管内抽成真空后充入微量稀薄的汞蒸气和氩等惰性气体，灯管内壁上涂有荧光粉，在灯丝上涂有电子粉。灯管常用规格有 6W、8W、12W、15W、20W、30W 及 40W 等。灯管外形除直线形外，也有制成环形或 U 形等。

4.5.1.2　辉光启动器

辉光启动器由氖泡、纸介质电容器、出线脚、外壳等组成，氖泡内有 U 形动触片和静触片，其外形结构和内部结构如图 4-34（b）所示。常用规格有 4～8W、15～20W、30～40W，还有通用型 4～40W 等。

4.5.1.3　辉光启动器座

辉光启动器座常用塑料或胶木制成，用于放置辉光启动器。

4.5.1.4　镇流器

镇流器主要由铁芯和线圈等组成，其外形结构和内部结构如图 4-34（c）所示。它必须与灯管的功率及辉光启动器的规格相符。

4.5.1.5　灯座

灯座分为开启式和弹簧式两种。灯座规格有大型的，适用于 15W 及以上的灯管；有小型的，适用于 6～12 的灯管。

4.5.1.6　灯架

灯架有木制和铁制两种，规格应与灯管相配合。

4.5.2　荧光灯的工作原理

荧光灯的工作原理如图 4-35 所示，荧光灯刚接通电源时，电源电压经镇流器、灯管两端的灯丝加在辉光启动器的 U 形动触片和静触片之间，引辉光启动器放电。放电时产生的热量使 U 形动触片受热伸展与静触片接触，此时灯管内的灯丝、辉光启动器电极和镇流器形成一个回路，灯丝因通过电流而发热，从而使氧化物发射电子。辉光启动器的动、静触片接触后电压降为零，停止辉光放电，温度下降，动触片冷却复原与静触片分离。在动、静触片突然分离的瞬间，使镇流器产生一个比电源电压高得多的感应电动势，这个感应电动势和电源电压串联后加在灯管的两端，使灯管内惰性气体电离而产生弧光放电，管内温度逐渐升高，汞蒸气游离，引起汞蒸气弧光放电而发出肉眼看不见的紫外线，而紫外线激发管壁上的荧光粉后，使它发出柔和的近似日光的白色可见光，即日光。

荧光灯一旦被点亮后，灯管两端电压在正常工作时通常只需要 120V 左右，这个较低的电压不足以使辉光启动器辉光放电。因此辉光启动器只在荧光灯点亮的时起作用，荧光灯一旦被点亮，辉光启动器就会处于断开状态。荧光灯正常工作的时，镇流器和灯管构成电流的通路，由于镇流器和灯管串联，并且镇流器的感抗很大，所以电源电压大部分加到了镇流器上，镇流器可以起到限制和稳定电路的工作电流的作用。荧光灯一旦工作后，电源、镇流器和荧光灯管组成串联电路。此时启动器已经不起作用了，而镇流器便起到限流作用。

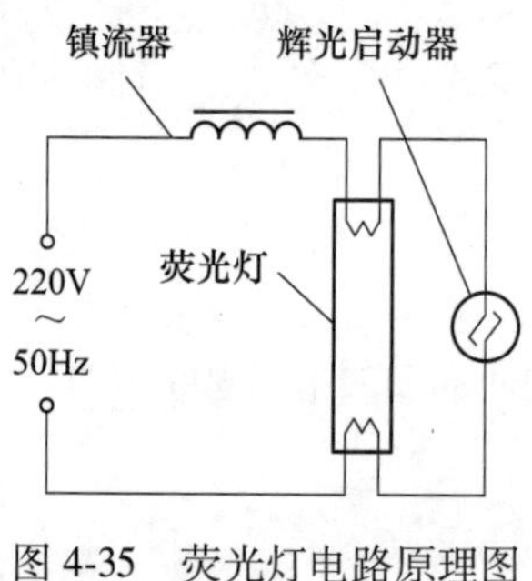

图 4-35　荧光灯电路原理图

4-9　荧光灯电路

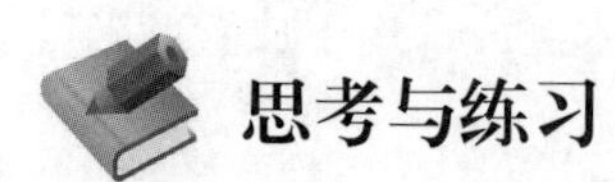

一、填空题

1. 在交流电中，电流、电压随时间按__________变化的，称为正弦交流电。正弦交流电的三要素是指__________、__________、__________。

2. 设 $u=311\sin 314t$V，则此电压的最大值为______，有效值为__________，频率为________，初相位为________。

3. 有两个正弦交流电流 $i_1 = 100\sqrt{2}\sin(314t - 30°)$A，$i_2 = 60\sqrt{2}\sin(314t + 60°)$A。则两电流的有效相量为 $\dot{I}_1$ = __________ A，$\dot{I}_2$ = __________ A（极坐标形式）。

它们的相位关系是 i_1 __________ i_2（超前或滞后）。

4. 工频电流的频率为________ Hz，周期为________ s，角频率为________ rad/s。

5. 已知正弦交流电压有效值为100V，周期为0.02s，初相位是-30°，则其瞬时值表达式为________________。

6. 如果用交流电压表测量某交流电压，其读数为380V，此交流电压的最大值为________V。

7. 把复数 $100\angle 60°$ 转化为代数形式________________。

8. 把复数 5+j5 转化为极坐标形式________________。

9. 正弦交流电压的最大值 U_m 与其有效值之比为________。

10. 两个同频正弦量的相位差为________，相位关系称为反相关系。

11. 在纯电感电路中，已知 $u = 10\sin(100t + 30°)$ V，$L=0.2$H，则该电感元件的感抗 $X_L=$______Ω，流经电感元件的电流 $I=$______A，电感的有功功率 $P=$______W。

12. 在纯电容电路中，已知 $u = 10\sin(100t + 30°)$ V，$C=20\mu$F，则该电容元件的容抗 $X_C=$______Ω，流经电容元件的电流 $I=$______A，电容的有功功率 $P=$______W。

13. 某元件两端电压和通过的电流分别为：$u = 5\sin(200t + 90°)$ V；$i = 2\sin(200t + 90°)$ A。则该元件代表的是______元件。

14. 电阻元件是______能元件，电容和电感元件是______能元件。

15. 在纯电阻电路中，已知 $u = 311\sin(314t - 60°)$ V，电阻 $R = 10\Omega$，则电流 I______A，电压与电流的相位差 $\Delta\varphi =$______，电阻所消耗的功率 $P=$______W。

16. 电感元件是一种______能元件，可将输入的电能转化为______能量储存起来。

17. 在正弦交流电路中，电源的频率越高，电感元件的感抗越______。

18. 电容元件的正弦交流电路中，电压有效值不变，频率增加时，电路中的电流将______。

19. 在纯电阻元件的交流电路中，电阻元件通过的电流与它两端的电压相位______。

20. 在纯电感元件的交流电路中，电感元件两端的电压相位______电流______度。

21. 在纯电容元件的交流电路中，电容元件两端的电压相位______电流______度。

22. 已知负载的电压与电流相量分别为 $\dot{U} = 200\angle 60°$ V，$\dot{I} = 20\angle 60°$ A。则负载的复阻抗应等于______Ω，它是______性的负载。

23. 已知负载的电压与电流相量为 $\dot{U} = 200\angle 120°$ V，$\dot{I} = 20\angle 30°$ A。则负载的复阻抗应等于______Ω，它是______性的负载。

24. 已知负载的电压与电流相量为 $\dot{U} = 200\angle 30°$ V，$\dot{I} = 20\angle 120°$ A。则负载的复阻抗应等于______Ω，它是______性的负载。

25. 在 RLC 串联电路中，已知电流为5A，电阻为30Ω，感抗为40Ω，容抗为80Ω，该电路的阻抗为______，该电路为______性电路。电路中的有功功率为______，无功功率为________。

26. 当 RLC 电路发生谐振时，所需的条件是______。

27. 在 RLC 串联的正弦交流电路中，已知 $X_L = X_C = 20\Omega$，总电压有效值为220V，电阻上的电压为______V。

28. 在某一正弦交流电路中，已知功率因数 $\cos\varphi = 0.6$，视在功率 $S=5$kVA，则有功功率 $P=$__________kW。

29. 当 *RLC* 串联电路呈电容性时，总电压与电流间的相位差______零。

30. 电感性负载并联了一个合适的电容后，电路的功率因数______。

31. 能量转换过程中不可逆的功率（电路消耗的功率）常称为______功率，能量转换过程可逆的功率（电路占用的功率）叫作______功率，电源提供的总功率称为______功率。

32. *RLC* 串联电路发生谐振时，若电容两端电压为100V，电阻两端电压为10V，则电感两端电压为____，品质因数为____。

33. *RLC* 串联电路发生谐振时，电路中的复阻抗 Z_0 = ____。

34. 在 *RLC* 串联电路中，当电源频率为 f 时发生谐振，当电源频率变为 $2f$ 时，电路为______负载。

35. 电路发生谐振的条件是______。

36. 谐振电路分为______和______。

二、判断题

1. 最大值就是正弦交流电的最大瞬时值。（　　）
2. 相量法反映了正弦交流电的三要素。（　　）
3. 交流电压表测量交流电压时，应与被测电路并联。（　　）
4. 正弦量的三要素是指其最大值、角频率和相位。（　　）
5. 正弦量可以用相量表示，因此可以说，相量等于正弦量。（　　）
6. 频率为50Hz的正弦交流电，其周期是0.02s。（　　）
7. 在纯电阻电路中，电压与电流的相位差为90°。（　　）
8. 在纯电阻电路中，电流与电压的瞬时值、有效值均符合欧姆定律。（　　）
9. 电感对电流的阻碍作用称为感抗。（　　）
10. 电感线圈的感抗与频率成反比，频率越大，感抗越小。（　　）
11. 电感元件的正弦交流电路中，交流电路的平均功率为零。（　　）
12. 在交流电路中，关联方向下电阻元件通过的电流与其两端电压是同相位的。（　　）
13. 电流的频率越高，则电感元件的感抗值越小，而电容元件的容抗值越大。（　　）
14. 在交流电路中，电阻是耗能元件，而纯电感或纯电容元件只有能量的往复交换，没有能量的消耗。（　　）
15. 在正弦交流电路中，无功功率表示电感或电容与电源之间进行的能量交换。（　　）
16. 复阻抗的幅角就是指交流电路中总电压与总电流之间的相位差。（　　）
17. 由于正弦电压和电流均可用相量表示，所以复阻抗也可用相量表示。（　　）
18. 在 *RLC* 串联电路中，当 $L>C$ 时电路呈感性，即电流滞后于电压。（　　）
19. 正弦交流电的视在功率等于有功功率和无功功率之和。（　　）
20. 在功率三角形中，功率因数所对应的直角边是 P 而不是 Q。（　　）
21. 在功率三角形中，如果 S 为5kVA，P 为4kW，则 Q 应为3kvar。（　　）
22. 无功功率简称“无功”，即可从字面上理解为“无用”之功。（　　）
23. 电压三角形、阻抗三角形和功率三角形都是相量图。（　　）

24. 电抗和电阻由于概念相同，所以它们的单位也相同。 ( )
25. 在谐振电路中，电路两端电压与电流同相。 ( )
26. 谐振电路呈电感性。 ( )
27. 串联谐振电路的阻抗最小，电流最大。 ( )
28. 并联谐振电路的阻抗最大，电流最小。 ( )
29. 在串联谐振电路中，电源与电路之间发生能量的交换。 ( )
30. 在串联谐振电路中，电感、电容之间相互补偿，所以电路总无功功率为零。 ( )
31. 电力工程中一般避免电压谐振或接近谐振情况的发生。 ( )
32. 在 $\omega L \gg R$ 的情况下，并联谐振电路与串联谐振电路的谐振频率相同。 ( )

三、单选题

1. $u(t)=5\sin(6\pi t+10°)$ V 与 $i(t)=3\cos(6\pi t-15°)$ V 的相位差是（ ）。

A. 25° B. 5° C. −65° D. −25°

2. 正弦电压 $u_1=10\sin(314t+10°)$ V，$i_1=60\sin(628t)$ A 的相位差是（ ）。

A. 30° B. −30° C. 0° D. 不确定

3. 某正弦电压最大值为 380V，频率为 50Hz，初相角为 90°，其瞬时值表达式为（ ）。

A. $u=573\sin314t$ B. $u=537\sin(314t+45°)$

C. $u=380\sin(314t+90°)$ D. $u=380\sin(314t-90°)$

4. 我国生活用电电压是 220V，这个数值是交流电的（ ）。

A. 最大值 B. 有效值 C. 瞬时值 D. 平均值

5. 某一正弦交流电的频率是 200Hz，则其周期是（ ）s。

A. 0.005 B. 0.05 C. 0.5 D. 5

6. 在交流电的相量式中，不能称为相量的参数是（ ）。

A. $\dot{U}$ B. $\dot{I}$ C. $\dot{E}$ D. Z

7. 我国电力系统常采用（ ），称为工频。

A. 314Hz B. 628Hz C. 50Hz D. 100Hz

8. 某灯泡上标有“220V 100W”字样，则 220V 是（ ）。

A. 最大值 B. 瞬时值 C. 有效值 D. 平均值

9. 通常用交流仪表测量的是交流电压的（ ）。

A. 幅值 B. 平均值 C. 瞬时值 D. 有效值

10. 频率是反映交流电变化的（ ）。

A. 位置 B. 快慢 C. 大小 D. 方向

11. 在纯电阻电路中，电流与电压的大小是（ ）。

A. $I=U/R$ B. $I\neq U/R$ C. $I=U/X$ D. $I=U/L$

12. 在纯电阻电路中，关联参考方向下，电流与电压的相位关系是（ ）。

A. 超前 B. 滞后 C. 同相 D. 反相

13. 在纯电感电路中，关联参考方向下，电流与电压的相位关系是（ ）。

A. 超前 B. 滞后 C. 同相 D. 反相

14. 通过电感 L 的电流为 $i_L = 6\sqrt{2}\sin(200t + 30°)$A，此时电感的端电压 $U_L = 2.4$V，则电感 L 为（　　）。

A. $\sqrt{2}$ mH　　B. 2mH　　C. 8mH　　D. 400mH

15. 只有电容元件的正弦交流电路中，电压有效值不变，频率增大时，电路中的电流将（　　）。

A. 增大　　B. 减小　　C. 不变　　D. 无法确定

16. 在测量电压时，电压表应（　　）在负载两端。

A. 串联　　B. 并联　　C. 任意接　　D. 串并联皆可

17. 电感元件在正弦交流电路中的平均功率为（　　）。

A. $P = 0$　　B. $P = UI$　　C. $P = ui$　　D. $P = uI$

18. 当流过电感线圈的电流瞬时值为最大值时，线圈两端电压的瞬时值为（　　）。

A. 零　　B. 最大值　　C. 有效值　　D. 无法确定

19. RLC 三个理想元件串联，若 $X_L>X_C$，则电路中的电压、电流关系是（　　）。

A. u 超前 i　　B. i 超前 u　　C. 同相　　D. 反相

20. 电路如图 4-36 所示，已知 RLC 三个元件端电压的有效值均为 30V，则，电源电压 U 的有效值为（　　）。

A. 90V　　B. 60V　　C. 30V　　D. 0V

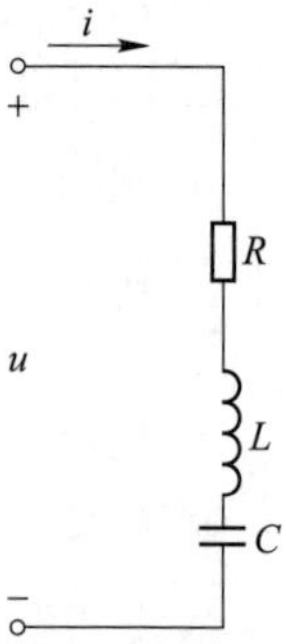

21. 某感性负载的功率因数为 0.5，接在 220V 的正弦交流电源上，电流为 10A，则该负载消耗的功率为（　　）。

A. 2.2kW　　B. 1.1kW　　C. 4.4kW　　D. 0.55kW

22. 已知单相交流电路中某负载无功功率为 3kvar，有功功率为 4kW，则其视在功率为（　　）。

A. 1kVA　　B. 7kVA　　C. 5kVA　　D. 0kVA

23. 电路中实际消耗的功率称之为（　　）。

A. 视在功率　　B. 有功功率　　C. 无功功率　　D. 潜在功率

图 4-36　单选题 20 电路

24. 功率因数（　　）。

A. 小于 1　　B. 越小越好

C. 感性电路可以并联电感提高　　D. 乘以视在功率等于有功功率

25. 实验室中的功率表是用来测量电路中的（　　）。

A. 视在功率　　B. 有功功率　　C. 无功功率　　D. 潜在功率功率因数

26. 若提高供电电路的功率因数，下列说法正确的是（　　）。

A. 减少了用电设备中无用的无功功率

B. 减少了用电设备的有功功率，提高了电源容量

C. 可以节省电能

D. 可以提高电源设备的利用率并减少输电线路中的损耗

27. 串联正弦交流电路的视在功率表征了该电路的（　　）。

A. 总电压有效值与电流有效值的乘积

B. 平均功率

C. 瞬时功率最大值

D. 有效利用功率

四、简答题

1. 什么叫频率，什么叫周期，两者有什么关系?

2. 正弦交流电的三要素是什么?

3. 如何依据波形图确定正弦交流电的初相?

4. 什么是正弦量的有效值，它和最大值有什么关系?

5. 有“110V 100W”和“110V 40W”两盏白炽灯，能否将它们串联后接在220V的工频交流电源上使用? 为什么?

6. 什么是感抗和容抗，它们由哪些因素决定?

7. 单一参数的正弦交流电路，若电源电压大小不变，当频率变化时，通过电感元件的电流大小发生变化吗?

8. 当电路的电容两端有电压时，电容中一定有电流吗? 若电容中的电流为零，储能是否一定为零?

9. 试述提高功率因数的意义和方法。

10. 什么是电抗，电抗与电路性质有什么关系?

11. 说明 *RLC* 串联电路中电压与电流之间的有效值关系、相量关系。

12. 简述荧光灯的工作原理。

13. 说明荧光灯电路中镇流器的作用。

五、计算题

1. 某正弦电压的最大值 $U_m = 311V$，初相位 $\varphi_u = 30°$；某正弦交流电流的最大值 $I_m = 14.1A$，初相位 $\varphi_i = -60°$。它们的频率均为50Hz。试分别写出电压和电流的瞬时值表达式及正弦电压 u 和电流 i 的有效值。

2. 已知 $\dot{I}_1 = 10\underline{/30°}A$；$\dot{I}_2 = 15\underline{/45°}A$；$\dot{U}_1 = 200\underline{/(-120)°}V$；$\dot{U}_2 = 300\underline{/60°}V$。试画出它们的相量图并写出 i_1、i_2、u_1、u_2 的解析式（设频率为 $f = 50Hz$）。

3. 已知正弦电流 $i_1 = 80\sqrt{2}\sin(314t - 30°)$，$i_2 = 60\sqrt{2}\sin(314t + 60°)$，计算 $i = i_1 + i_2$，并画出相量图。

4. 已知一白炽灯工作时的电阻为484Ω，其两端的电压为 $u = 311\sin(314t - 60°)V$，试求（1）白炽灯电流的有效值及瞬时值表达式；（2）白炽灯工作时消耗的功率。

5. 将 $L = 0.318H$ 的电感接到 $u = 220\sqrt{2}\sin(314t + 60°)V$ 的电源上，求（1）电感电流 i；（2）无功功率；（3）画出电压、电流的相量图。

6. 将一个127μF的电容接在 $u = 220\sqrt{2}\sin(314t + 30°)V$ 的电源上，求（1）电容电流 i；（2）无功功率；（3）画出电压、电流的相量图。

7. 在 *RLC* 串联交流电路中，已知 $R = 30Ω$，$L = 127mH$，$C = 40μF$，电路两端电压 $u = 220\sqrt{2}\sin 314t V$。求（1）电路阻抗；（2）电流有效值；（3）各元件两端电压有效值；（4）电路的有功功率、无功功率和视在功率；（5）判断电路的性质。

8. 在 *RLC* 串联交流电路中，已知 $R = 30Ω$，$L = 127mH$，$C = 40μF$，电路两端电压 $u = 220\sqrt{2}\sin(314t + 45°)V$。求（1）电路复阻抗；（2）计算电流 i 和电压 u_R、u_L 和

u_C；(3) 画相量图。

9. 在 RLC 串联交流电路中，已知 $R = 100\Omega$，$L = 300\text{mH}$，$C = 100\mu\text{F}$，接于 100V、50Hz 的交流电源上。试求 (1) 电流 I；(2) 以电源电压为参考相量写出电源电压和电流的瞬时值表达式。

10. 在 RLC 串联谐振电路中，电阻 $R = 50\Omega$，电感 $L = 5\text{mH}$，电容 $C = 50\text{pF}$，外加电压有效值 $U = 10\text{mV}$。求 (1) 电路的谐振频率；(2) 谐振时的电流；(3) 电路的品质因数；(4) 电容器两端电压。

知识拓展 认识 PCB

(1) PCB 的定义。PCB 是英文 Printed Circuit Board 首字母缩写，中文名称为印制电路板。它是在覆铜板上，根据元器件之间的关系，完成印制电路工艺加工的成品板。它主要有以下几个作用。

1) 为电路提供机械支撑的作用。

2) 保证电路元器件之间的电气连接作用。

3) PCB 上白色的字符和数字可帮助维修人员识别元器件。

(2) PCB 的分类。

依照 PCB 的布线层数，可分为单面板、双面板和多层板。单面板就是在 PCB 的一面集中布线，另外一面安装元器件。双面板是 PCB 的两面均有布线。多层板则是将单、双面板结合在一起使用，可增加更多的布线面积，一般适用于复杂电路。

依照 PCB 的软硬度，可分为刚性电路板、挠性电路板、软硬结合板。其中，挠性电路板的出现是由于机构空间有限，需要使用可弯折的 PCB 才能达到空间的要求。

电子产品中主要有绿色、蓝色、红色和黄色的 PCB，PCB 的颜色是由阻焊涂料的颜色来决定的。

(3) PCB 中的常用术语。一块合格的 PCB 由焊盘、过孔、丝印层、印制线、元件面、阻焊层和焊接面等组成。

1) 焊盘。用于放置焊锡，连接导线和元器件引脚。有的 PCB 上的焊盘就是铜箔本身再喷涂一层助焊剂而形成；有的 PCB 上的焊盘则采用了浸银、浸锡或浸镀铅锡合金等措施。焊盘的大小和形状直接影响焊点的质量和 PCB 的美观。

2) 过孔。过孔也称为金属化孔，在双面板和多层板中，为连通各层之间的印制导线，在各层需要连通的导线的交汇处钻上一个公共孔，有的过孔可作焊盘使用，有的仅起连接作用。过孔可分为三类：从顶层到底层的通孔，从顶层到内层或从内层到底层的盲孔，内层间的埋孔。

3) 丝印层。在 PCB 的阻焊层上印出文字与符号（大多是白色）的层面，由于采用的是丝印的方法，故称丝印层。它用来标示各元器件在电路板上的位置。

4) 印制线。将覆铜板上的铜箔按要求经过蚀刻处理而留下来的网状细小的线路就是印制线，它是用来提供 PCB 上元器件的电路连接的。成品 PCB 上的印制线已经涂有一层绿色或棕色的阻焊剂，以防止氧化和锈蚀。

5) 元器件面。在 PCB 上用来安装元器件的一面称为元器件面，单面 PCB 上无印制线的一面就是元器件面。双面 PCB 上的元器件面一般印有元器件图形、字符等标记。

6）阻焊层。PCB 上的绿色或是棕色层面，它是绝缘的防护层。可以保护铜线不致氧化，也可以防止元器件被焊到不正确的位置。

7）焊接面。在 PCB 上用来焊接元器件引脚的一面称为焊接面，该面一般不作任何标记。

实践提高 荧光灯 cosφ 的提高

1. 实训目的

（1）进一步理解交流电路中电压、电流的相量关系。

（2）学习感性负载电路提高功率因数的方法。

（3）进一步熟悉荧光灯的工作原理。

2. 实训器材

名称	数量
三相空气开关	1 块
三相熔断器	1 块
单相调压器	1 块
荧光灯开关板	1 块
荧光灯镇流器板带电容	1 块
单相电量仪	1 块
安全导线与短接桥	若干

3. 实训内容

（1）按图 4-37 接好线路，接通电源，观察荧光灯的启动过程。

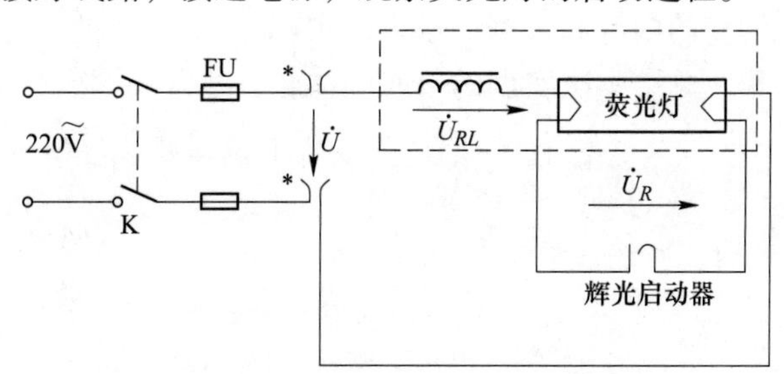

图 4-37 荧光灯电路原理图

（2）测荧光灯电路的端电压 U，灯管两端电压 U_R、镇流器两端电压 U_{RL}、电路电流 I 以及总功率 P、灯管功率 P_R、镇流器功率 P_{RL}。数据记录于表 4-2。

表 4-2 数据记录表

U	U_R	U_{RL}	I	P	P_R	P_{RL}	$\cos\varphi$

（3）荧光灯电路两端并联电容，接线如图 4-38 所示。逐渐加大电容量，每改变一次电容量，都要测量端电压 U，总电流 I，荧光灯电流 I_{RL}，电容电流 I_C 以及总功率 P 之值，记录于表 4-3。

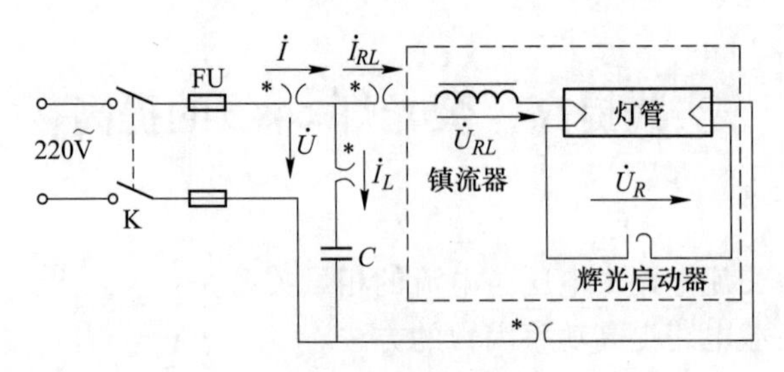

图 4-38　接线图

表 4-3　数据记录表

电容/μF	测量数据					计算
	U/V	I/A	I_{RL}/A	I_C/A	P/W	$\cos\varphi$
1						
2						
3						
3.7						
4.7						
5.7						
6.7						

（4）在加大电容容量过程中，注意观察并联谐振现象，并找到谐振点。

4. 实训报告

（1）将上述要求测量的内容和数据记录入表中。

（2）简述实训过程，总结本次实训的收获和体会。

项目 5　暂态电路

项目引入

在自动控制和调节系统中，有很多电路始终是处于暂态过程中工作的；在电子技术中，也常利用电路中的暂态过程现象来改善波形以及产生特定的波形。值得注意的是，在这一短暂的过程中，可能会产生比稳态过程大得多的过电流和过电压，导致电路元件和设备遭到损坏。因此，必须认识和掌握暂态过程这一物理现象的规律，以便在实际工程中既能充分地利用它，又能设法阻止它的危害。

思政案例

导致暂态的一些常见原因包括闪电、负载切换、电容器切换以及接线松动。其中闪电是导致供电线路扰动和中断的主要原因。如果供电系统的防雷设备存在问题，雷电会造成关键设备损坏和停机，以及数以百万计的经济损失。为了避免产生损失，大国工匠们为此付出了巨大的努力。以他们为代表的技术工人国网天津滨海供电公司配电抢修班班长张黎明、山东电力检修公司输电检修中心输电带电作业班副班长王进等大国工匠们，扎根电力抢修一线，完成了上万次的故障抢修和故障排查，并在各自的岗位上践行“工匠精神”，发明了数项国产自主、领先国际的发明和创新，产生了巨大的经济效益，得到了社会的广泛认可。

学习目标

（1）知识目标：

1）理解电路的暂态过程；

2）理解和掌握换路定律的定义和应用，会根据换路定律确定电路初始值；

3）理解和掌握一阶电路暂态过程的分析方法；

4）理解和掌握一阶电路全响应的三要素法。

（2）技能目标：

1）掌握示波器分析电容充放电波形的方法；

2）掌握设计并制作简单的 *RC* 延时电路；

3）掌握测量 *RC* 电路时间常数的方法。

（3）素质目标：

1）自我学习能力和分析能力；

2）动手能力和规范操作水平；

3）精益求精的精神；

4）良好的职业素养。

5-0　项目引入

任务 5.1　电路的暂态过程及换路定律

5.1.1　电路的暂态过程

5.1.1.1　基本概念

A　稳态

在自然界中，各种事物的运动过程通常都存在稳定状态和过渡过程。直流电路由直流电源激励，电路中的所有电流和电压都是直流量，直流电流和直流电压的数值不随时间变化，它们是稳定的，所以，直流电路的分析称为稳态分析。稳态是稳定状态的简称。

所谓稳态就是当电路中的激励为恒定值或按某种规律周期变化时，电路的响应也是恒定值或按同一种规律周期变化，若电路处于这样一种状态，则称电路处于稳定状态。

B　换路

实际电路中可能经常发生开关的通断、元器件参数的变化、连接方式的改变等情况，也就是电路的工作条件发生变化，将这些情况称为换路。

C　暂态

电路发生换路时，通常会引起稳定状态的改变，使电路从一种稳态进入另一种稳态。电路从一种稳定状态变到另一种稳定状态不能瞬间完成（仅由电阻构成的电路除外），其间要经历一个过渡过程。电路中的过渡过程往往时间短暂，所以电路的过渡过程中的工作状态称为暂态，因而过渡过程又称为暂态过程。

D　激励

激励即电路中的输入，通常是指电源。激励按类型不同可以分为直流激励、阶跃信号激励、冲击信号激励以及正弦激励等。

E　响应

电路在内部储能或者外部激励的作用下，产生的电压和电流统称为响应。按照产生响应原因的不同，响应又可以分为以下几种。

（1）零输入响应：零输入响应就是电路无外部激励时，只是由内部储能元件中初始储能而引起的响应。

（2）零状态响应：零状态响应就是电路换路时储能元件在初始储能为零的情况下，由外部激励所引起的响应。

（3）全响应：电路换路时，既有外部激励，内部储能元件中也有初始储能。

全响应=零输入响应+零状态响应

5.1.1.2　暂态过程

在一定条件下，自然界的任何事物都会处于一种稳定状态，但当条件发生变化后，其状态也会相应发生改变，这个状态的变化会经过一定的时间，并最终过渡到一种新的稳定状态。

暂态过程是指动态电路以从一个稳态到另一个稳态的中间过程。常见的暂态过程有电容的充放电过程以及电感的充放磁过程。

电路中为什么会产生暂态过程，观察图 5-1 所示的演示实验。

将 R、L、C 分别串联一个同样规格的灯泡后联结在一个直流电压源上，合上开关，观察灯泡的发光情况：电阻支路的灯泡在开关合上的瞬间立即变亮，而且亮度稳定不变，说明这一支路没有经历暂态过程；电感支路的灯泡在开关合上后由暗逐渐变亮，最后亮度达到稳定，说明电感支路经历了暂态过程；电容支路的灯泡在开关合上的瞬间突然变至最亮，然后逐渐变暗直至熄灭，说明电容支路也经历了暂态过程。比较以上三种情况可以看出，引起暂态过程的原因有两个，即外因和内因：

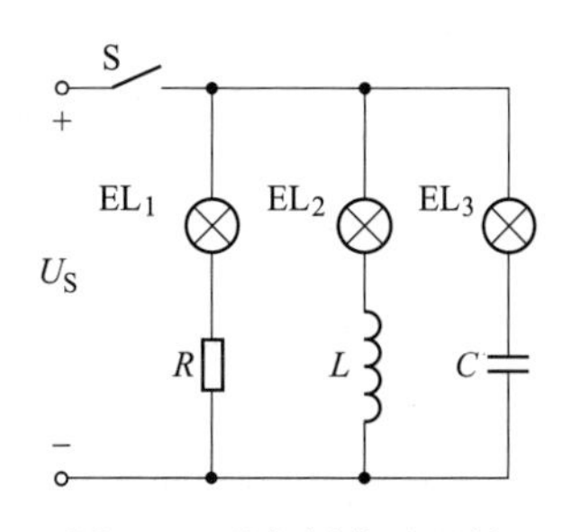

图 5-1　观察暂态过程的演示实验

（1）换路是电路产生暂态过程的外部原因；

（2）电路中含有储能元件（动态元件）是产生暂态过程的内部原因。

为什么含有储能元件的电路在换路时可能产生暂态过程呢？在上述实验里，电路在换路前的稳定状态中，电感元件和电容元件中没有能量。由于换路（开关闭合），电感从电源吸取能量储存在它的磁场里，而电容从电源吸取能量储存在它的电场里。储能元件从电源吸取能量是需要一定时间的，也就是说，换路时储能元件的能量转化是不能跃变的，而必须经过一定时间。否则，即当 $\mathrm{d}t=0$ 时，$\mathrm{d}W\neq 0$，于是就有 $p=\dfrac{\mathrm{d}W}{\mathrm{d}t}\to\infty$ ，这就是说，在电路接通的瞬间，需要电源产生无限大的功率，显然这在通常情况下与客观实际不符。因此，凡是含有储能元件的电路在涉及与磁场能量和电场能量有关的电量发生变化时都只能是逐渐改变而不能突变，这就是电路产生过渡过程的根本原因。

5.1.2　换路定律

换路定律是电路暂态分析中的主要定律，它是求解电容的电压和电感的电流初始值的主要依据。电路与电源的接通、切断，电路连接方式的突然改变等，都是电路的换路。换路是电路引起暂态过程的外因，而要引起暂态过程，必须有储能元件——电感或者电容。

换路时，将使电路中的能量发生变化，但这种变化是需要时间的，即不能跃变。在电感元件中，储有磁场能量 $\dfrac{1}{2}Li_L^2$ ，当换路时，磁能能量不能跃变，这反映在电路中的电流 i_L 不能跃变。在电容元件中，储有电场能量 $\dfrac{1}{2}Cu_C^2$ ，当换路时，电场能量不能跃变，这反映在电容两端的电压 u_C 不能跃变。

综上所述，当电路中含有电感元件或电容元件时，由于电感中的电流和电容两端的电压不能突变，故在换路的瞬间，电感元件中的电流 i_L 和电容元件中的电压 u_C 都应保持换路前原有值不变，换路后将以此为初始值连续变化直至达到新的稳态值，这个规律称为换路定律。

设 $t=0$ 为换路瞬间，如果以 $t=0_-$ 表示换路前的终了瞬间，以 $t=0_+$ 表示换路后的终了瞬间，0_- 和 0_+ 在数值上都等于 0，但前者指 t 从负值趋近于零，后者指 t 从正值趋近于零，则换路定律可用公式表示为：

$$i_L(0_+) = i_L(0_-)$$
$$u_C(0_+) = u_C(0_-)$$

换路定律仅适用于换路瞬间，在可根据它来确定 $t = 0_+$ 时电路中 i_L 和 u_C 的值。

5.1.3　根据换路定律确定电路初始值

$t = 0_+$ 时电路中各部分电压和电流之值称为暂态电路的初始值。暂态过程中的电压和电流就是从初始值开始变化的，因此，要研究暂态过程中各元件上的电压和电流的变化规律，首先必须求出初始值。

在确定各元件上电压和电流的初始值时，应遵循下列步骤：

（1）先由 $t = 0_-$ 的电路（换路前的稳态电路）求出 $i_L(0_-)$ 或 $u_C(0_-)$；

（2）再根据换路定律求初始值 $i_L(0_+)$ 或 $u_C(0_+)$；

（3）画出 $t = 0_+$ 时刻的等效电路；

（4）再由 $t = 0_+$ 的电路在求得 $i_L(0_+)$ 或 $u_C(0_+)$ 的条件下，利用欧姆定律及基尔霍夫定律求其他电流和电压的初始值。

需要注意的是，如果储能元件在换路前均未储能，则在换路后的瞬间 $i_L(0_+)$ 和 $u_C(0_+)$ 均为零，这时电感相当于开路，电容相当于短路；如果储能元件在换路前已储能，则在换路后的瞬间，$i_L(0_+)$ 和 $u_C(0_+)$ 将保持在换路前相应的数值不变，在 $t = 0_+$ 这一瞬间，电感相当于一个电流等于 $i_L(0_+)$ 的电流源，电容相当于一个端电压等于 $u_C(0_+)$ 的电压源。

【例 5-1】　电路如图 5-2（a）所示，已知 $U_S = 20V$，$R_1 = 10\Omega$，$R_2 = 5\Omega$，开关 S 闭合前电容元件无储能，$t = 0$ 时，S 闭合。求开关 S 闭合后瞬间，电容元件上电压和各支路电流的初始值。

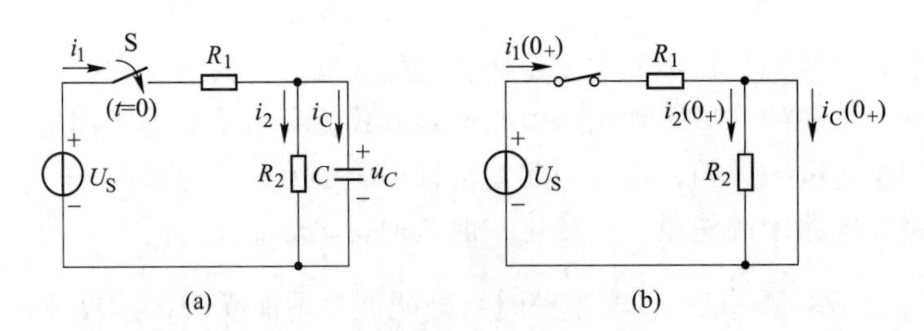

图 5-2　例 5-1 图

解：选择所求电压和电流的参考方向如图 5-2（a）所示，S 闭合前电容元件无储能，则：

$$u_C(0_-) = 0$$

由换路定律得：

$$u_C(0_+) = u_C(0_-) = 0$$

画出 $t = 0_+$ 时刻的等效电路如图 5-2（b）所示，电容元件相当于短路。

$$i_1(0_+) = i_C(0_+) = \frac{U_S}{R_1} = \frac{20}{10} = 2A$$

$$i_2(0_+) = 0$$
$$u_{R_1}(0_+) = U_S = 20V$$

【例 5-2】 电路如图 5-3 所示，已知 $i_L(0_-)=0$，$u_C(0_-)=0$，试求 S 闭合瞬间，电路中所标示的各电压、电流的初始值。

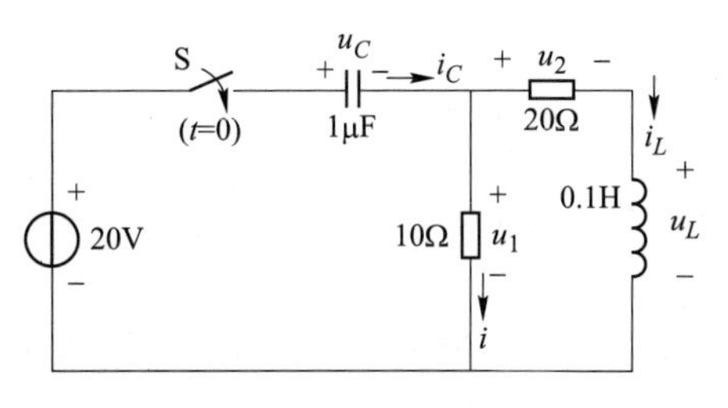

图 5-3　例 5-2 图

解： 根据换路定律可得：

$$i_L(0_+) = i_L(0_-) = 0$$
$$u_C(0_+) = u_C(0_-) = 0$$

可得 $t = 0_+$ 时等效电路如图 5-4 所示。

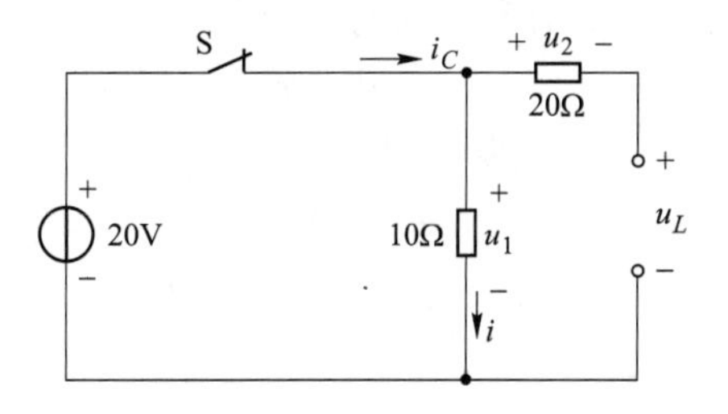

图 5-4　例 5-2 的等效电路图

$$u_L(0_+) = u_1(0_+) = 20V$$
$$u_2(0_+) = 0$$
$$i_C(0_+) = i(0_+) = \frac{20}{10} = 2A$$

5-1　电路的暂态过程及换路定律

任务 5.2　一阶电路的零状态响应

一阶电路的零状态响应分为一阶 *RC* 电路的零状态响应和一阶 *RL* 电路的零状态响应。

5.2.1　一阶 *RC* 电路的零状态响应

RC 充电电路如图 5-5 所示，开关 S 原来在“2”位置，电路处于稳定状态，$u_C(0_-)=0$。在 $t=0$ 时，将开关 S 由“2”扳到“1”位置，则 u_C 开始增加，电容器开始充电。在这个暂态过程中，电容器的初始状态为零，故称为 *RC* 电路的零状态响应。

在换路瞬间，由换路定律可得 *RC* 充电电路的初始状态为：

$$u_C(0_+) = u_C(0_-) = 0$$

$$i(0_+)=\frac{U_S-u_C(0_+)}{R}=\frac{U_S}{R}$$

$$u_R(0_+)=i(0_+)R=U_S$$

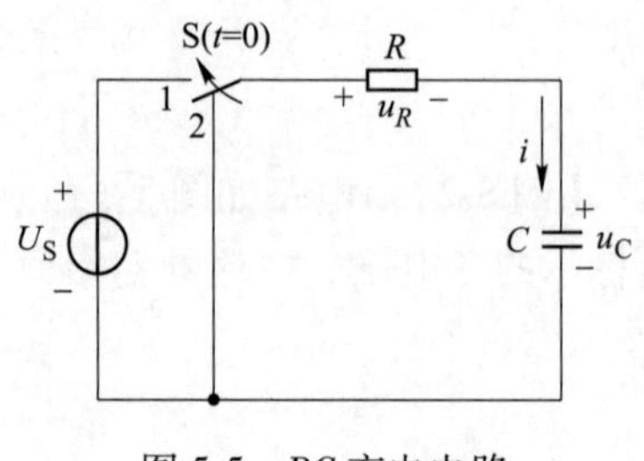

图 5-5　RC 充电电路

充电后，电路进入了一个新的稳定状态，这时：

$$u_C(\infty)=U_S$$

$$i(\infty)=0$$

$$u_R(\infty)=0$$

研究电容的充电过程，就是研究 RC 充电电路中电流和电压由初始状态过渡到稳定状态的变化规律。

设充电电路中电流和电压的参考方向如图 5-5 所示，根据 KVL 定律可得出电路换路后的回路电压方程为：

$$iR+u_C=U_S \quad (t\geqslant 0)$$

而 $i=C\frac{\mathrm{d}u}{\mathrm{d}t}$，代入上式可得：

$$RC\frac{\mathrm{d}u_C}{\mathrm{d}t}+u_C=U_S \quad (t\geqslant 0)$$

这是一个一阶线性非齐次微分方程，它的解为：

$$u_C=u'_C+u''_C$$

u'_C 为特解，又称稳态分量，是换路后的稳态值，即：

$$u'_C=u_C(\infty)=U_S$$

u''_C 为通解，又称暂态分量，是对应齐次方程 $RC\frac{\mathrm{d}u_C}{\mathrm{d}t}+u_C=0$ 的解，由数学公式推导后，得：

$$u''_C=-U_S\mathrm{e}^{-t/\tau}$$

则换路后：

$$u_C=U_S-U_S\mathrm{e}^{-t/\tau}=U_S(1-\mathrm{e}^{-t/\tau})\ (t\geqslant 0)$$

因为当 $t\to\infty$ 时，电路达到新稳态，暂态分量衰减为零，电容电压就相当于稳态分量，稳态分量也就是电容电压的稳态值，即 $u_C(\infty)=U_S$，所以电容电压的零状态响应又可以表示为：

$$u_C=u_C(\infty)(1-\mathrm{e}^{-t/\tau})$$

充电电流为：

$$i=C\frac{\mathrm{d}u_C}{\mathrm{d}t}=\frac{U_S}{R}\mathrm{e}^{-t/\tau} \quad (t\geqslant 0)$$

电阻上电压为：

$$u_R=iR=U_S\,\mathrm{e}^{-t/\tau} \quad (t\geqslant 0)$$

在 RC 电路中，$\tau=RC$，在一个确定的电路中，R 和 C 的乘积是一个常数，且具有时间的量纲（τ 的单位为欧·法=欧·库/伏=欧·安·秒/伏=秒），称为电路的时间常数。其中 C 为充电电容，R 是在换路后的电路中从 C 的连接端看进去的等效电阻。

电容充电的快慢，取决于时间常数，τ 越大，充电越慢，过渡过程越长；τ 越小，充电越快，过渡过程越短。因此时间常数 τ 是反映电路过渡过程持续时间长短的物理量。图 5-6 给出了几个不同 τ 值时，u_C 随时间变化的曲线。

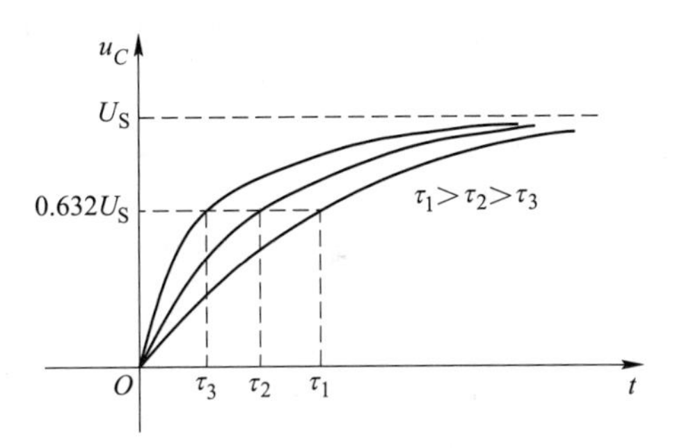

图 5-6　不同时间常数时 u_C 的 变化曲线

理论上，需经过无穷大的时间才能达到新的稳态，实际上经 $t=(3\sim5)\tau$ 的时间后，即可认为电路已达到稳态，充电结束。充电过程中电容电压随时间变化的数值见表 5-1。

表 5-1　充电过程中电容电压变化情况

t	0	τ	2τ	3τ	4τ	5τ
u_C	0	$0.632U_S$	$0.865U_S$	$0.95U_S$	$0.982U_S$	$0.993U_S$

【例 5-3】 电路如图 5-7 所示，已知 $U_S=200\text{V}$，$R=200\Omega$，$C=1\mu\text{F}$，电容未充电，在 $t=0$ 时开关 S 由"2"扳到"1"位置。试求：（1）时间常数 τ；（2）$t\geqslant0$ 时，u_C、u_R 及 i。

解：（1）时间常数为：

$$\tau=RC=200\times1\times10^{-6}=0.2\times10^{-3}\text{s}$$

（2）由电容电压的零状态响应公式得：

$$u_C=U_S(1-e^{-\frac{t}{\tau}})=200(1-e^{-5\times10^3t})\text{V}$$

$$u_R=U_Se^{-t/\tau}=200e^{-5\times10^3t}\text{V}$$

$$i=\frac{U_S}{R}e^{-t/\tau}=\frac{200}{200}e^{-5\times10^3t}=e^{-5\times10^3t}\text{A}$$

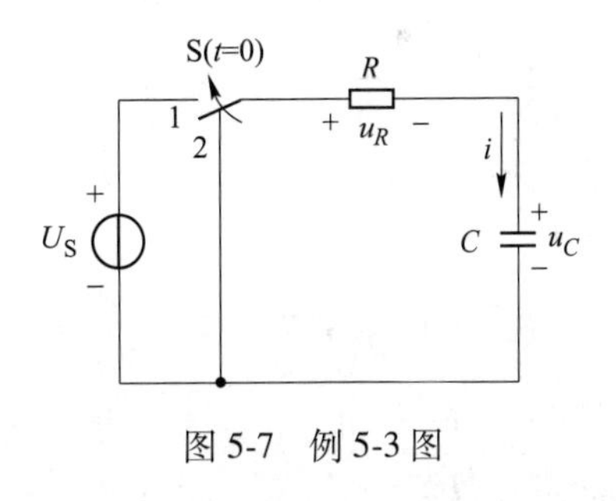

图 5-7　例 5-3 图

5.2.2　一阶 *RL* 电路的零状态响应

图 5-8 所示为一阶 *RL* 串联电路，在 $t=0$ 时将开关 S 合上，电路即与恒定电压为 U_S 的电压接通，则电路发生零状态响应。

根据换路定律，电路的初始状态为：

$$i_L(0_+)=i_L(0_-)=0$$

则：

$$u_R(0_+)=i(0_+)R=0$$

$$u_L(0_+)=U_S-u_R(0_+)=U_S$$

零状态响应结束后，电路进入新的稳定状态：

$$i_L(\infty)=\frac{U_S}{R}$$

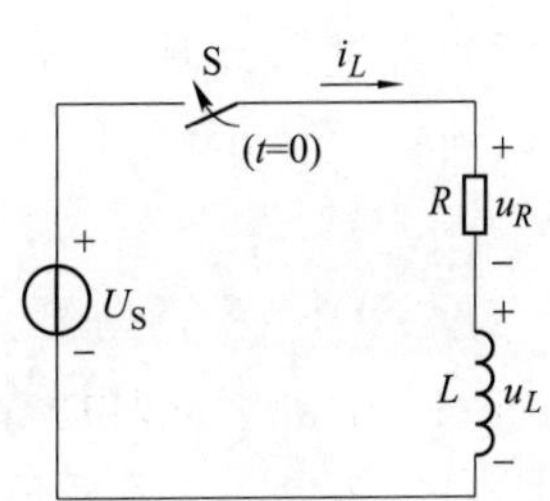

图 5-8　*RL* 电路与恒定电压接通

$$u_R(\infty) = i_L(\infty)R = U_S$$

$$u_L(\infty) = U_S - u_R(\infty) = 0$$

在开关闭合瞬间，由于电感的电流不能突变，电路中的电流为零，电阻上没有电压，电源电压全部加到电感上。换路后，随着时间的增大，电路中的电流逐渐增大，u_R 也随之增大，与此同时，u_L 则逐渐减小，直至电流稳定时，电感相当于短路，过渡过程结束。

根据 KVL 定律可得换路后的回路电压方程为：

$$u_L + u_R = U_S \quad (t \geqslant 0)$$

即：

$$u_L + i_L R = U_S \quad (t \geqslant 0)$$

将 $u_L = L\dfrac{di}{dt}$ 代入上式，得微分方程为：

$$L\frac{di}{dt} + i_L R = U_S \quad (t \geqslant 0)$$

解该微分方程，得：

$$i_L = \frac{U_S}{R}(1 - e^{-t/\tau}) \quad (t \geqslant 0)$$

则：

$$u_L = L\frac{di}{dt} = U_S e^{-t/\tau} \quad (t \geqslant 0)$$

$$u_R = i_L R = U_S(1 - e^{-t/\tau}) \quad (t \geqslant 0)$$

其中，$\tau = \dfrac{L}{R}$ 为 RL 暂态电路的时间常数。τ 越小，暂态过程进行得越快。经 $t = (3 \sim 5)\tau$ 的时间后，暂态过程结束，电路进入新的稳定状态。

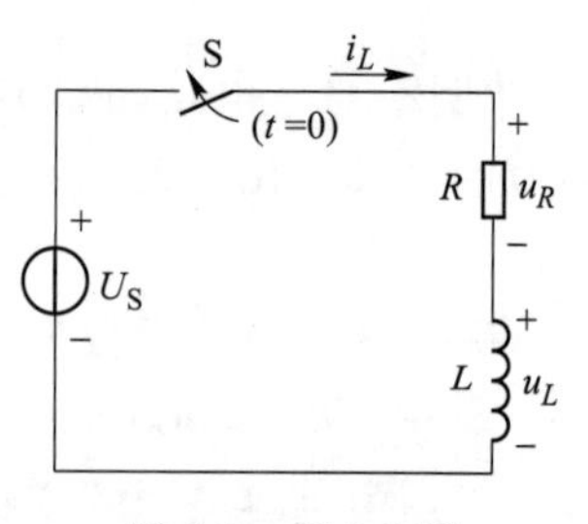

图 5-9　例 5-4 图

【例 5-4】 电路如图 5-9 所示，已知 $L = 5\text{H}$，$R = 10\Omega$，$U_S = 20\text{V}$，换路前开关 S 断开，电路处于稳态。在 $t = 0$ 时刻将开关闭合，求：(1) 时间常数 τ；(2) $t \geqslant 0$ 时，i_L、u_L 的变化规律；(3) 经过 0.5s 后的 i_L、u_L 的数值。

5-2　一阶电路的零状态响应

解：(1) $\tau = \dfrac{L}{R} = \dfrac{5}{10} = 0.5\text{s}$。

(2) $t \geqslant 0$ 时，i_L 的变化规律为：

$$i_L = \frac{U_S}{R}(1 - e^{-\frac{t}{\tau}}) = \frac{20}{10}(1 - e^{-\frac{t}{0.5}}) = 2(1 - e^{-2t})\text{A}$$

$t \geqslant 0$ 时，u_L 的变化规律为：

$$u_L = U_S e^{-t/\tau} = 20e^{-2t}\text{V}$$

(3) 经过 0.5s 后，则：

$$i_L = 2(1 - e^{-2t}) = 2(1 - e^{-2\times0.5}) = 2(1 - e^{-1}) = 1.26\text{A}$$

$$u_L = U_S e^{-t/\tau} = 20e^{-2\times0.5} = 20e^{-1} = 7.35\text{V}$$

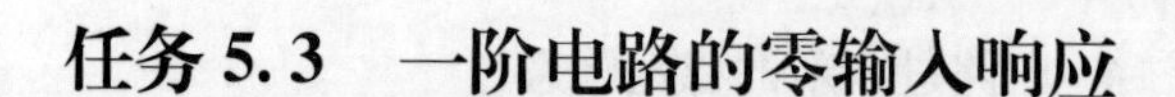

任务 5.3　一阶电路的零输入响应

一阶电路的零输入响应分为一阶 RC 电路的零输入响应和一阶 RL 电路的零输入响应。

5.3.1　一阶 *RC* 电路的零输入响应

图 5-10 是一阶 *RC* 放电电路，开关 S 原来位于“1”位置，电路处于稳定状态，电容元件两端电压已被充电至 $U_0 = U_S$。若在 $t = 0$ 时，将开关 S 由“1”扳到“2”位置，使 *RC* 电路脱离电源，则电容元件经过 *R* 开始放电，在这个暂态过程中，没有电源的加入，故又称为一阶 *RC* 电路的零输入响应。

由换路定律可得，在换路瞬间，*RC* 放电电路的初始状态为：

$$u_C(0_+) = u_C(0_-) = U_0 = U_S$$

则：

$$u_R(0_+) = u_C(0_+) = U_0$$

$$i(0_+) = \frac{u_R(0_+)}{R} = \frac{U_0}{R}$$

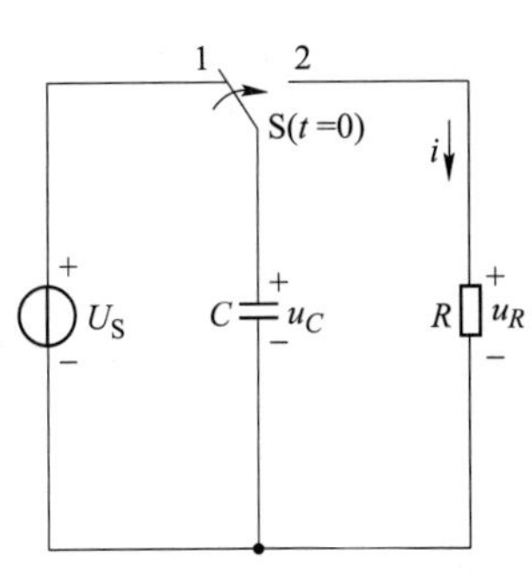

图 5-10　*RC* 放电电路

可见，电容电压 u_C 不能跃变，仍保持 U_0。此时电阻两端的电压 u_R 将从 0 跃变至 U_0，电路中的电流 i 也由 0 跃变至 $\frac{U_0}{R}$。

放电后，电路进入了一个新的稳定状态，这时：

$$u_C(\infty) = 0$$

$$u_R(\infty) = 0$$

$$i(\infty) = 0$$

换路后，电容通过 *R* 放电，其两端电压 u_C 逐渐降低。与此同时，电阻电压 u_R 和电流 i 也随之减小。直至电容放电完毕，u_C、u_R 与 i 均减小为零。在这个过程中，电容在换路前所存储的能量逐渐被电阻所消耗，转化为热能。研究电容的放电过程，就是研究 *RC* 放电电路中电压和电流由初始状态过渡到稳定状态的变化规律。

设放电电路中电流和电压的参考方向如图 5-10 所示，则根据 KVL 定律，可得出电路换路后的回路电压方程为：

$$u_C - iR = 0 \qquad (t \geqslant 0)$$

因为 u_C 与 i 的参考方向相反，则 $i = -C\frac{\mathrm{d}u_C}{\mathrm{d}t}$，代入上式可得一阶线性齐次微分方程：

$$u_C + RC\frac{\mathrm{d}u_C}{\mathrm{d}t} = 0 \qquad (t \geqslant 0)$$

其特解为：

$$u'_C = u_C(\infty) = 0$$

其通解为：

$$u''_C = U_0\,\mathrm{e}^{-t/\tau}$$

则微分方程的解为：

$$u_C = u'_C + u''_C = U_0\,\mathrm{e}^{-t/\tau} \quad (t \geqslant 0)$$

可见，放电电流和电阻电压从各自的初始值按同一指数规律衰减。电容放电的快慢也取决于电路的时间常数 τ，τ 越大，各变量的暂态分量衰减得越慢，放电过程越长；τ 越小，放电越快。放电过程中电容电压随时间变化的数值见表5-2。

表5-2 放电过程中电容电压变化情况

t	0	τ	2τ	3τ	4τ	5τ
u_C	U_0	$0.368U_0$	$0.135U_0$	$0.05U_0$	$0.018U_0$	$0.007U_0$

【例5-5】 电路如图5-11所示，已知 $R=10\text{k}\Omega$，$C=3\mu\text{F}$，开关S未闭合前电容已充电完毕，$U_0=10\text{V}$，求开关S闭合后90ms及150ms时电容上的电压。

解：时间常数 $\tau=RC=10\times10^3\times3\times10^{-6}=30\text{ms}$

因为 $U_0=10\text{V}$，则：

$$u_C=U_0\text{e}^{-t/\tau}=10\text{e}^{-t/30}\quad(t\text{ 的单位为 ms})$$

当 $t=90\text{ms}$ 时，则：

$$u_C=10\text{e}^{-90/30}=10\text{e}^{-3}=0.5\text{V}$$

当 $t=150\text{ms}$ 时，则：

$$u_C=10\text{e}^{-150/30}=10\text{e}^{-5}=0.07\text{V}$$

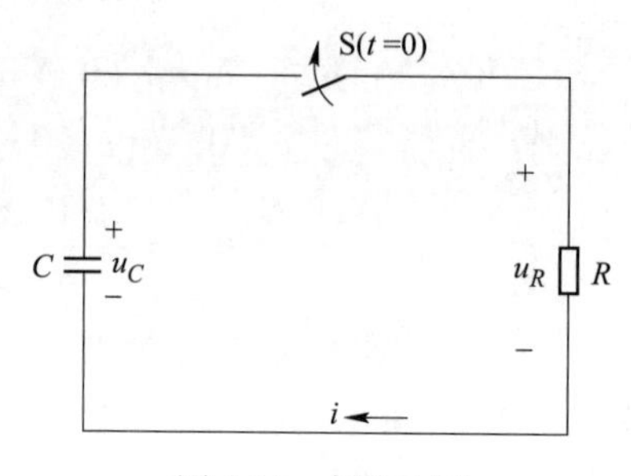

图5-11 例5-5图

5.3.2 一阶 *RL* 电路的零输入响应

电路如图5-12所示，开关S原来在“1”位置，在 $t=0$ 时，将开关S由“1”扳到“2”位置，使 RL 电路脱离电源，则电路发生零输入响应。

根据换路定律，电路的初始状态为：

$$i_L(0_+)=i_L(0_-)=\frac{U_S}{R}=I_0$$

则：

$$u_R(0_+)=i_L(0_+)R=I_0R$$

$$u_L(0_+)=-u_R(0_+)=-I_0R$$

响应结束后，电路进入新的稳定状态：

$$u_L(\infty)=0$$

$$u_R(\infty)=0$$

$$i_L(\infty)=0$$

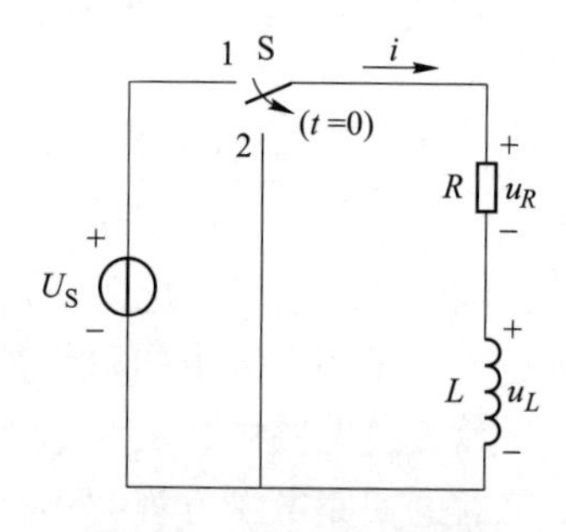

图5-12 *RL* 电路的短接

在换路瞬间，由于电感上的电流不能突变，应为换路前的 I_0，而电阻电压和电感电压均突变为 I_0R。换路后，随着电阻不断消耗能量，电流 i_L 将不断减小，u_R、u_L 也不断减小，直至为零，过渡过程结束。在这个过程中，电感在换路前所存储的磁场能量逐渐转化为热能被电阻消耗掉。

下面讨论一阶 RL 电路的零输入响应中电流和电压的变化规律。

由KVL定律可得换路后的回路电压方程为

$$u_L+u_R=0\qquad(t\geqslant0)$$

即

$$u_L+i_LR=0\qquad(t\geqslant0)$$

将 $u_L=L\frac{\text{d}i}{\text{d}t}$ 代入上式，得微分方程为：

$$\frac{L}{R}\frac{\text{d}i_L}{\text{d}t}+i_L=0$$

解该微分方程，得：

$$i_L = I_0 e^{-\frac{R}{L}t} = I_0 e^{-t/\tau} \qquad (t \geqslant 0)$$

则：

$$u_R = i_L R = I_0 R e^{-t/\tau} \qquad (t \geqslant 0)$$

$$u_L = -u_R = -I_0 R e^{-t/\tau} \qquad (t \geqslant 0)$$

其中，$\tau = \dfrac{L}{R}$ 为 RL 暂态电路的时间常数。τ 越小，暂态过程进行得越快。同样认为 $t = (3 \sim 5)\tau$ 的时间后，暂态过程结束，电路进入新的稳定状态。

在图 5-12 电路图中，如果断开开关 S，将电源和线圈直接断开而不是短接，这时电流要立刻下降到零，则电流的变化率 $\dfrac{di_L}{dt}$ 很大，当线圈的自感系数较大时，将在线圈中产生很大的自感电动势，这个电动势将击穿两触点之间的空气造成电弧以延缓电流的中断。此时，不仅开关触点会被电弧烧坏，对人体有时也会造成伤害。因此，在具有大电感的电路中，不能随便拉闸，并应采取一些防止拉闸时产生电弧的措施。

【例 5-6】 RL 串联电路如图 5-13 所示，已知 $R = 5\Omega$，$L = 0.4\text{H}$，$U_S = 35\text{V}$，伏特表量程为 50V，内阻 $R_V = 5\text{k}\Omega$。开关 S 原来闭合，电路已稳定。$t = 0$ 时，将 S 打开。求：(1) 电流 $i_L(t)$ 和电压表两端的电压 $u_V(t)$；(2) 开关 S 刚打开时电压表两端的电压。

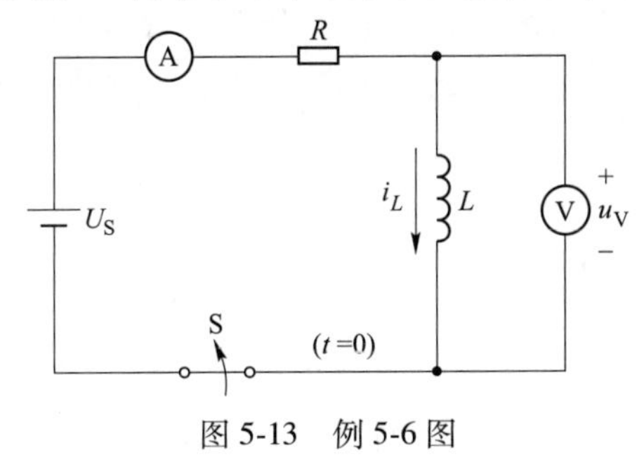

图 5-13　例 5-6 图

解：本题属于零输入响应问题。

$$i_L(0_-) = \frac{U_S}{R} = \frac{35}{5} = 7\text{A}$$

由换路定律得电感初始值为：

$$i_L(0_+) = i_L(0_-) = 7\text{A}，即 I_0 = 7\text{A}$$

时间常数：

$$\tau = \frac{L}{R_V} = \frac{0.4}{5 \times 10^3} = 0.8 \times 10^{-4}\text{S}$$

(1) 电流 $i_L(t)$ 为：

$$i_L(t) = I_0 e^{-t/\tau} = 7e^{-t/0.8\times10^{-4}}\text{A}$$

电压表两端电压为：

$$u_V(t) = -R_V i_L = -5 \times 10^3 \times 7e^{-t/0.8\times10^{-4}} = -35 \times 10^3 e^{-t/0.8\times10^{-4}}\text{V}$$

(2) 开关 S 刚打开，即 $t = 0$ 时，则电压表两端的电压为：

$$u_V(0_+) = -35 \times 10^3\text{V} = -35\text{kV}$$

5-3　一阶电路的零输入响应

可见，S 刚打开时，电压表将承受很高的电压（35kV），这会使其损坏。所以断开 S 之前，必须先将电压表拆除。

任务 5.4　一阶电路的全响应和三要素法

5.4.1　一阶电路的全响应和分解

RC 电路和 *RL* 电路的暂态过程有一个共同的特点，就是电路中只含有一个动态元件（储能元件），这种只含有一个或经过化简后只剩下一个动态元件的电路就称为一阶电路。前面的内容只分析了一阶电路的零输入响应和零状态响应，下面将研究输入激励和初始状态共同作用于电路时引起的响应，即一阶动态电路的全响应。

在图 5-14 所示电路中，设开关 S 原来位于“1”位置，电路处于稳定状态，电容元件两端电压被充电至 U_0，即 $u_C(0_-)=U_0$，若在 $t=0$ 时，将开关 S 由“1”扳到“2”位置，电容 C 原已被充电，且 $u_C(0_+)=U_0$。在 $t=0$ 时合上开关后，电路的响应由输入激励 U_S 和初始状态 U_0 共同作用产生，属于全响应。$t \geqslant 0$ 时的微分方程式为：

$$RC\frac{\mathrm{d}u_C}{\mathrm{d}t}+u_C=U_S \qquad (t \geqslant 0)$$

由此得出：

$$u_C=u'_C+u''_C=U_S+A\mathrm{e}^{-t/\tau} \quad (t \geqslant 0)$$

区别在于电路的初始条件不同，积分常数 A 不同，将初始条件：$t=0$ 时，$u_C(0_+)=U_0$，代入上式得：

$$A=U_0-U_S$$

则全响应为：

$$u_C=U_S+(U_0-U_S)\mathrm{e}^{-t/\tau} \qquad (t \geqslant 0)$$

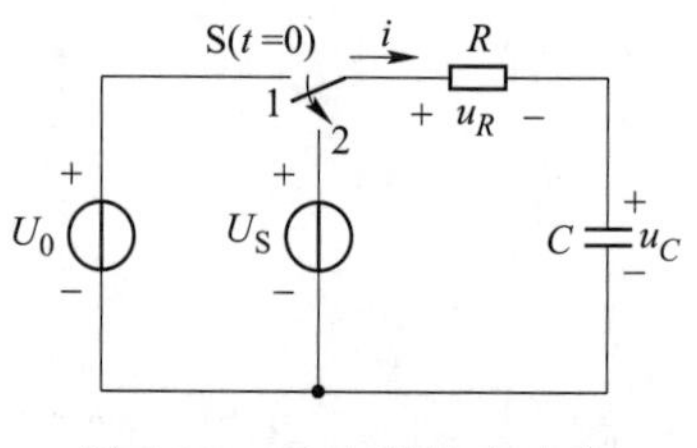

图 5-14　*RC* 电路的全响应

从上式可见，u_C 由两个分量组成：第一项为稳态分量，它仅决定于激励的性质；第二项为暂态分量，按指数规律衰减。于是，全响应也可表示为：

全响应=稳态分量+暂态分量

即全响应等于稳态分量与暂态分量的叠加，这是全响应的一种分解形式。

全响应公式还可以改写为下列形式：

$$u_C=U_0\mathrm{e}^{-t/\tau}+U_S(1-\mathrm{e}^{-t/\tau}) \quad (t \geqslant 0)$$

显然，公式中等号右边第一项是 u_C 的零输入响应，等号右边第二项是 u_C 的零状态响应，于是有：

全响应=零输入响应+零状态响应

可见，电路的全响应可分解为零输入响应和零状态响应的叠加，这是全响应的另一种分解形式。因为全响应由输入激励 U_S 和初始状态 U_0 共同作用产生。所以，可将图 5-14 所示电路由图 5-15 所示的叠加来进行分析计算。

5.4.2　一阶电路的三要素法

求解一阶电路的全响应，可以分别求出稳态分量与暂态分量进行叠加，也可以分别求出零输入响应和零状态响应进行叠加，但这两种方法比较烦琐。当一阶电路中电源为直流

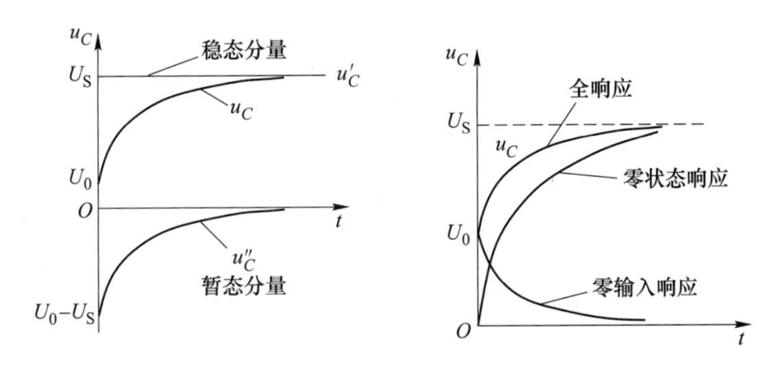

图 5-15　RC 电路全响应的两种分解

电源时，电路中各处的电流和电压都是按指数规律变化的函数，它们从初始值逐渐按指数规律增加或衰减到稳定值。在同一电路中，各条支路电流和电压变化的时间常数 τ 是相同的。因此，在分析一阶暂态电路时，只要找出换路瞬间的初始值、到达新稳定状态的稳态值及时间常数，就可以根据一阶微分方程的全解公式得出：

$$f(t)=f(\infty)+[f(0_+)-f(\infty)]e^{-t/\tau}$$

式中，$f(t)$ 表示暂态过程中待求的变量（电压或电流）；$f(0_+)$、$f(\infty)$ 和 τ 称为一阶电路的三要素。

只要求出这三个要素，就能根据上式写出电路全响应的解析式，从而避免了通过写微分方程来求解暂态电路，这一求解方法称为求解一阶电路过渡过程的三要素法。

一阶电路三要素法的解题步骤如下：

（1）求该变量的初始值 $f(0_+)$；

（2）求该变量的稳态值 $f(\infty)$，可在 $t=\infty$ 时的稳态等效电路中求得；

（3）求电路的时间常数 τ，对于 RC 电路，$\tau=RC$，对于 RL 电路，$\tau=L/R$，其中 R 是从换路后等效电路的动态元件（L 或 C）两端看进去的等效电阻；

（4）把求得的三要素，代入上式，即得出电路全响应的解析式。

【例 5-7】　电路如图 5-16 所示，在 $t=0$ 时，S 闭合。已知：$u_C(0_-)=12V$，$C=1mF$，$R_1=1k\Omega$，$R_2=2k\Omega$，应用三要素法求 u_C。

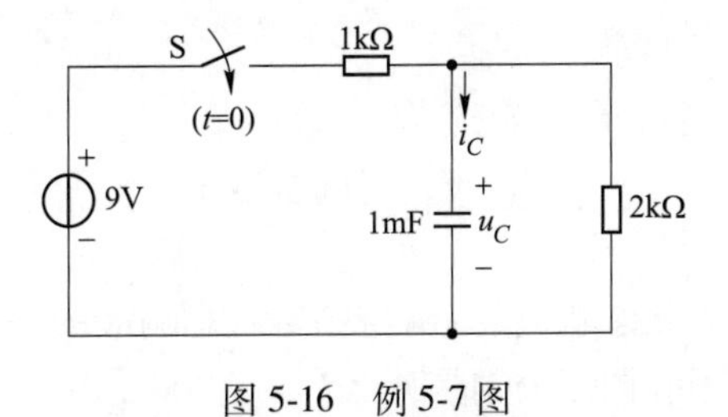

图 5-16　例 5-7 图

解： 首先根据换路定律得出电容电压的初始值为：

$$u_C(0_+)=u_C(0_-)=12V$$

当 $t\geqslant 0$ 时，电容电压的稳态值为：

$$u_C(\infty) = 9 \times \frac{2}{1+2} = 6\text{V}$$

将电路除源后，求动态元件两端的等效电阻 R_0 为：

$$R_0 = R_1 // R_2 = \frac{2}{1+2} = \frac{2}{3}\text{k}\Omega$$

5-4　一阶电路的全响应和三要素法

求电路的时间常数 τ 为：

$$\tau = R_0 C = \frac{2}{3} \times 10^3 \times 1 \times 10^{-3} = \frac{2}{3}\text{s}$$

将上述求得的三要素代入得：

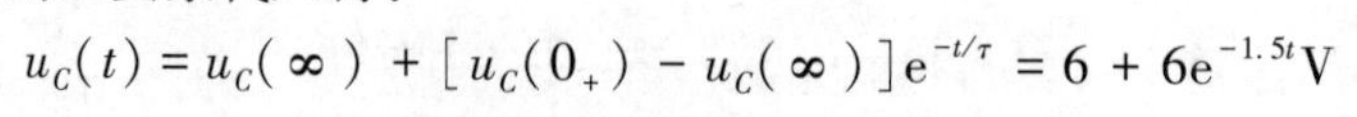

$$u_C(t) = u_C(\infty) + [u_C(0_+) - u_C(\infty)]\text{e}^{-t/\tau} = 6 + 6\text{e}^{-1.5t}\text{V}$$

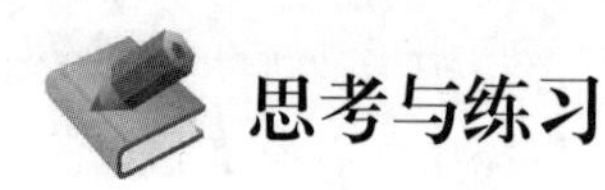

思考与练习

一、填空题

1. 实际电路中可能经常发生开关的通断、元器件参数的变化、连接方式的改变等情况，也就是电路的________发生变化，则称这些情况称为换路。

2. 电路从一种稳定状态变到另一种稳定状态不能瞬间完成（仅由电阻构成的电路除外），其间要经历一个过渡过程，所以电路的过渡过程中的工作状态称为________。

3. 激励按类型不同可以分为________、________、________以及正弦激励等。

4. 一阶电路的零状态响应分为一阶________的零状态响应和一阶________电路的零状态响应。

5. 一阶 RC 电路中，电容充电的快慢，取决于________，τ 越大，充电越________，过渡过程越长；τ 越小，充电越________，过渡过程越短。

6. 一阶电路的零状态响应分为一阶________的零输入响应和一阶________的零输入响应。

7. 一阶 RC 放电电路中，电容放电的快慢也取决于电路的________，________越大，各变量的暂态分量衰减得越________，放电过程越长；________越小，放电越________。

8. 一阶 RC 电路的时间常数 $\tau =$________。

9. 一阶电路全响应的三要素分别是________、________和________。

10. 已知某电路电感电流的全响应为 $i_L(t) = 2 + \text{e}^{-10t}\text{A}$，可知其稳态值 $i_L(\infty) =$ ________A，初始值 $i_L(0_+) =$ ________A，时间常数 $\tau =$ ________s。

二、简答题

1. 解释零输入响应、零状态响应、全响应定义。

2. 引起暂态过程的外因和内因分别是什么？

3. 如何根据换路定律确定各元件上电压和电流的初始值？

三、计算题

在图 5-17 所示电路中，开关 S 闭合前，电容电压 C 未充电。已知 $U_S = 10\text{V}$，$R = 1\text{M}\Omega$，$C = 10\mu\text{F}$。在 $t = 0$ 时将开关 S 闭合，试求：（1）电路的时间常数 τ。（2）开关 S 闭合后 10s 时，电容两端的电压 $u_C(t)$。

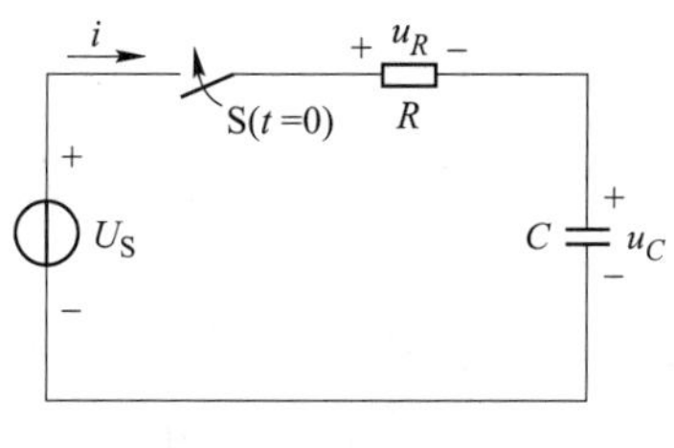

图 5-17　计算题图

知识拓展　数字示波器的认识和使用

在 *RC* 一阶电路的响应测试中，会利用数字示波器观察 *RC* 充放电的波形。下面以 RIGOL DS6000 为例简单介绍数字示波器的使用方法。

（1）数字示波器的前面板。由电源开关、液晶显示区、标签区、软件操作键、USB 接口等组成，如图 5-18 所示。

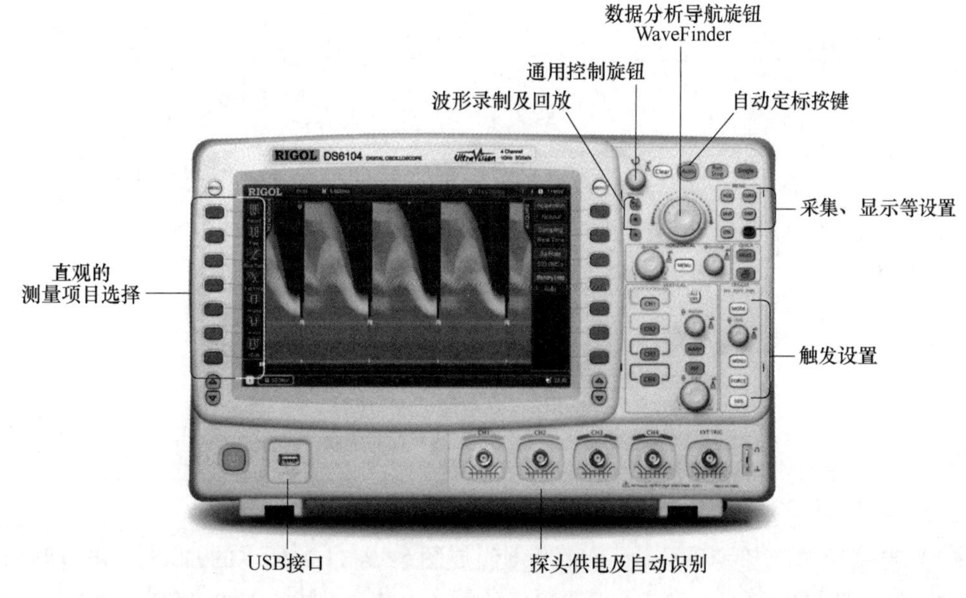

图 5-18　示波器前面板

（2）自动测量。将需要测量的信号接到示波器前面板的“CH1”或“CH2”通道，使示波器正确连接。检测到输入信号时，按 Auto 键启用波形自动设置功能并打开自动设置菜单。

实践提高　*RC* 一阶电路的响应测试

1. 实训目的

（1）一阶电路的零输入响应、零状态响应。

（2）学习电路时间常数的测量方法。

（3）进一步学会用示波器观测波形。

2. 实训器材

函数信号发生器、示波器、同轴电缆线两根、电阻、导线若干。

3. 实训内容

（1）用信号发生器输出的方波来模拟阶跃激励信号；利用方波的下降沿作为零输入响应的负阶跃激励信号。只要选择方波的重复周期远大于电路的时间常数 τ，那么电路在这样的方波序列脉冲信号的激励下，它的响应就和直流电接通与断开的过渡过程是基本相同的。

（2）图 5-19（b）所示的 RC 一阶电路的零输入响应和零状态响应分别按指数规律衰减和增长，其变化的快慢决定于电路的时间常数 τ。

（3）时间常数 τ 的测定方法：用示波器测量零输入响应的波形如图 5-19（a）所示。当 $t=\tau$ 时，$u_C(\tau)=0.368U_m$，此时所对应的时间就等于 τ。也可用零状态响应波形增加到 $0.632U_m$ 所对应的时间测得，如图 5-19（c）所示。

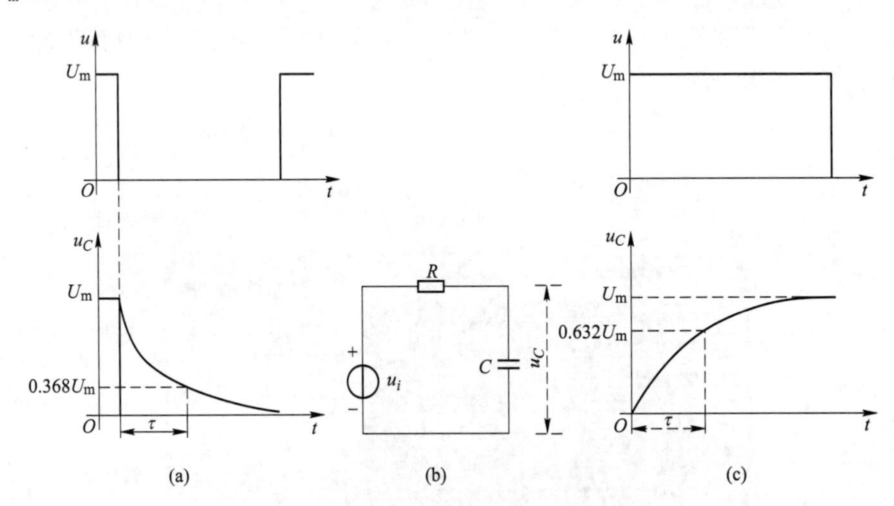

图 5-19　RC 一阶电路的响应测试

（a）零输入响应；（b）RC 电路；（c）零状态响应

4. 训练内容与步骤

（1）电路板上选 $R=10\text{k}\Omega$，$C=6800\text{pF}$ 组成图 5-19（b）所示的 RC 充放电电路。u_i 为脉冲信号发生器输出的 $U_m=3\text{V}$、$f=1\text{kHz}$ 的方波电压信号，并通过两根同轴电缆线，将激励源 u_i 和响应 u_C 的信号分别连至示波器的两个输入口 Y_A 和 Y_B。这时可在示波器的屏幕上观察到激励与响应的变化规律，请测算出时间常数 τ，并绘制坐标和波形。少量地改变电容值或电阻值，定性地观察对响应的影响，记录观察到的现象。

（2）令 $R=10\text{k}\Omega$，$C=0.1\mu\text{F}$，重复上述步骤，观察并绘制响应的波形，继续增大 C 的值，定性地观察其对响应的影响。

5. 实训报告

（1）什么样的电信号可作为 RC 一阶电路零输入响应、零状态响应的激励源？

（2）计算时间常数，把实测数据与理论值进行比较，分析产生误差原因。

（3）写出训练总结报告。

项目 6　三相交流电路的分析和安装

项目引入

目前，在世界上广泛使用的交流电是三相交流电和由其组成的供电系统。电能的产生、输送、分配和应用等环节一般都采用三相制。工厂中的电动机在交流电驱动下带动生产机械运转；日常生活中的照明灯具、手机充电器等通常使用交流电；电脑、打印机、电视及各种办公设备也都广泛采用正弦交流电作为电源。无论从电能生产的角度还是从用户使用的角度来说，正弦交流电都是最方便的能源，因而得到广泛的应用。

思政案例

为了使设备正常运行，需要按照电路图纸正确地联结三相电源、三相负载等元器件。技能大师、国家级工匠王斌俊就是手工绘制电气原理图，不懂的符号从书里查，不明白的电路到现场每根接线端子逐个对照，经他安装调试的设备被誉为“免检产品”。以他为带头人成立了“机电创新工作室”，工作室运行至今在技术创新方面完成创新项目十余项，创造经济价值数百万元。他刻苦钻研技术、甘愿奉献青春，用责任和技术为企业不断地创造价值。

学习目标

（1）知识目标：

1）了解三相交流电的产生和概念；

2）理解和掌握三相电源、三相负载的联结方式及特点；

3）理解和掌握线电压、线电流、相电压、相电流的概念；

4）理解和掌握三相电路的分析、计算方法。

（2）技能目标：

1）掌握三相电路的联结方法；

2）掌握三相电路的测量。

（3）素质目标：

1）自我学习能力和分析能力；

2）团队协助、团队互助等意识；

3）科学精神和态度；

4）良好的职业素养和工匠精神。

6-0　项目引入

任务 6.1　三相交流电的基本概念

前面学习的单相交流电路是由一个电源供电的交流电路，而三相交流电路是由三相交流电源供电的电路。相比于单相交流供电系统，由三相交流电源组成的供电系统在电能的产生、输送和应用方面具有成本低、性能高的特点。因此三相交流电源在现代电力系统中获得广泛的使用，而且也可以从三相交流电源中取出一相作为日常的单相交流电源来使用。

6.1.1　三相交流电的产生

三相交流电一般是由三相交流发电机产生的。如图 6-1 所示，三相交流发电机主要由定子和转子组成，定子上安装有三个具有相同的匝数和尺寸的绕组，分别为 U_1U_2、V_1V_2、W_1W_2，且这三个绕组在空间位置上互差 120°。三个绕组的一端用 U_1、V_1、W_1 表示，称为首端；另一端用 U_2、V_2、W_2 表示，称为末端。这三个绕组分别称为 U 相、V 相和 W 相绕组。

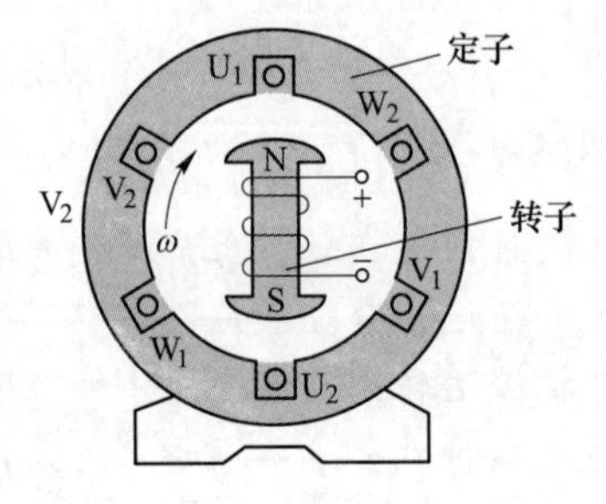

图 6-1　三相交流发电机示意图

转子是电磁铁，其磁极表面的磁场按正弦规律分布。当转子以 ω 的角频率顺时针匀速旋转时，三个定子绕组依次切割磁力线，感应出三个幅值相等、频率相等、相位依次互差 120°的正弦交流电动势，分别为 e_U、e_V、e_W。

6.1.2　三相交流电的表示法

在工程上，一般把三相电动势的参考方向设为从绕组的末端指向首端，即 U_1、V_1、W_1 分别为正极性端，U_2、V_2、W_2 分别为负极性端。以 U 相作为参考，那么三相电动势的瞬时值表达式可分别表示为：

$$\begin{cases} e_U = E_m\sin\omega t \\ e_V = E_m\sin(\omega t - 120°) \\ e_W = E_m\sin(\omega t - 240°) = E_m\sin(\omega t + 120°) \end{cases}$$

其波形图如图 6-2 所示。

三相电动势的相量表达式可分别表示为：

$$\begin{cases} \dot{E}_U = E\underline{/0°} \\ \dot{E}_V = E\underline{/-120°} \\ \dot{E}_W = E\underline{/120°} \end{cases}$$

其相量图如图 6-3 所示。

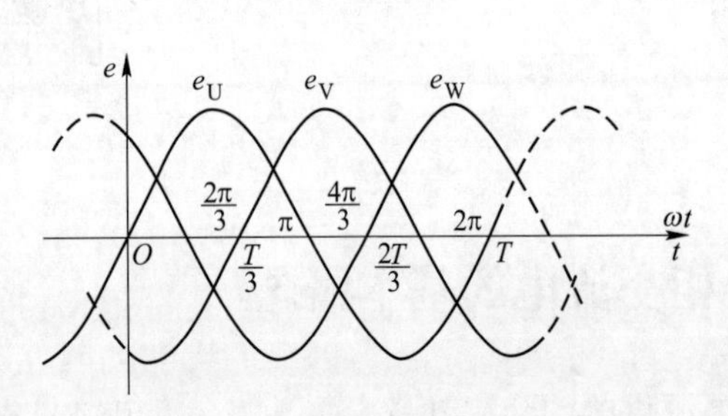

图 6-2　三相电动势的波形图

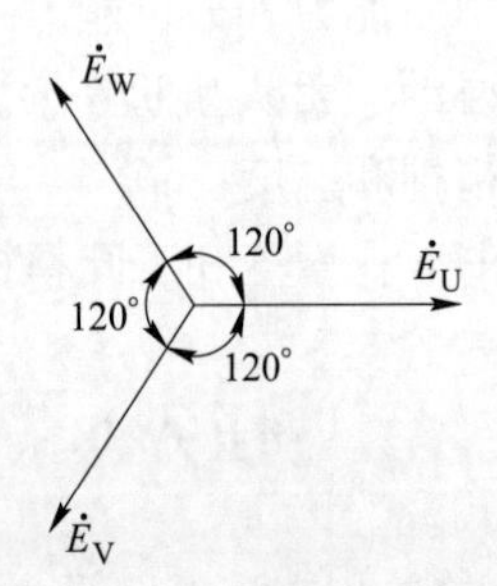

图 6-3　三相电动势的相量图

根据三相电动势波形图和相量图可得：

$$e_U + e_V + e_W = 0$$

$$\dot{E}_U + \dot{E}_V + \dot{E}_W = 0$$

6.1.3　三相交流电的相序

在对称的三相电动势中，幅值相等、频率相等、但相位不同，这意味着三相电动势按照一定顺序到达最大值（或零值），这个先后顺序称为相序。如图 6-2 所示，三相电动势达到正的最大值的顺序是 $e_U \to e_V \to e_W$，这样的相序称为正序或顺序，即为 U→V→W；反之相序为 U→W→V，则称为负序或逆序。电力系统一般采用正序。三相电源的相序是个非常重要的问题，改变三相电源的相序，可改变三相电动机的旋转方向，电动机的正反转控制电路就是通过改变电源相序来实现的。

6-1　三相交流电的基本概念

任务 6.2　三相交流电源的联结

三相交流电源有两种联结方法：一种是星形联结（又称为Y联结）；另一种是三角形联结（又称为△联结）。

6.2.1　三相电源的星形（Y）联结

6.2.1.1　三相电源的星形联结

三相电源的星形联结如图 6-4（a）所示。将三相发电机中三相绕组的末端 U_2、V_2、W_2 联结在一起，成为一个公共点 N，将三相发电机中三相绕组的首端 U_1、V_1、W_1 引出作输出线，这种联结方式称为三相电源的星形联结。有时为了简便，经常会不画出发电机的线圈联结方式，只画 4 条输电线表示，如图 6-4（b）所示。

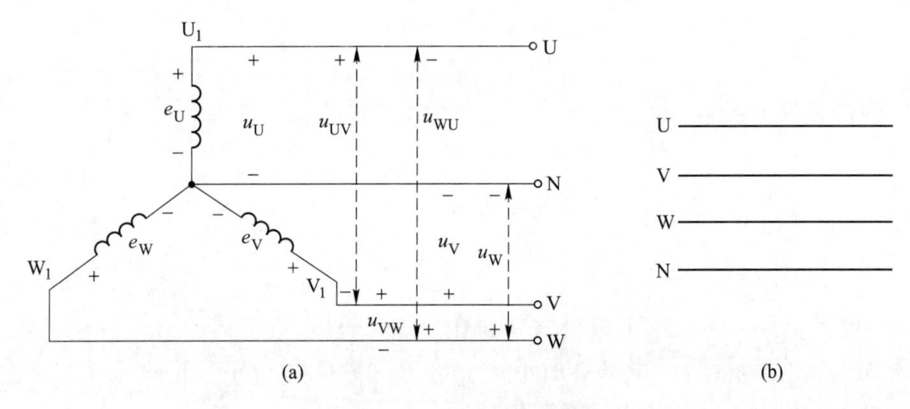

图 6-4　三相四线制电路

（a）三相四线制电源；（b）三相四线制电源简易画法

在星形联结的电路中，N 点称为中性点，从中性点引出的输出线称为中性线。中性线通常与大地相接，并把接地的中性点称为零点，而把接地的中性线称为零线。工程上，零线所用导线常用黑色或蓝色标志。从首端 U_1、V_1、W_1 引出的三根导线称为相线（端线或火线），分别用黄、绿、红三种颜色标志。

采用三根相线和一根中性线的供电方式称为三相四线制。一般低压供电系统普遍采用三相四线制。日常生活中，只有两根电源线的单相供电线路中，则是其中一相，一般由一根相线和一根中性线组成。

三相四线制供电方式可输出两种电压，分别为相电压和线电压。

（1）相电压。相线与中性线间的电压称为相电压，分别用 u_U、u_V、u_W 表示，如图 6-4（a）所示，其对应的相量式分别为 $\dot{U}_U$、$\dot{U}_V$、$\dot{U}_W$，有效值用 U_U、U_V、U_W 表示。各相电压的下脚标表示相电压的正方向由相线（端线或火线）指向中性线（或零线）N。若忽略电源内阻抗，则有 $U_U=E_U$、$U_V=E_V$、$U_W=E_W$，即 $U_U=U_V=U_W=U_P$，U_P 为各相电压的有效值。U、V、W 三相电压具有频率相同、幅值相等、相位上互差 120°的特点。以 U 相作为参考，那么其三相电压的瞬时值的表达式可分别表示为：

$$\begin{cases} u_U = U_m\sin\omega t \\ u_V = U_m\sin(\omega t - 120°) \\ u_W = U_m\sin(\omega t + 120°) \end{cases}$$

（2）线电压。相线与相线之间的电压称为线电压，分别用 u_{UV}、u_{VW}、u_{WU} 表示，如图 6-4（a）所示，其对应的相量式分别为 $\dot{U}_{UV}$、$\dot{U}_{VW}$、$\dot{U}_{WU}$，有效值用 U_{UV}、U_{VW}、U_{WU} 表示。各线电压的下脚标表示出了线电压的正方向。例如，U_{UV} 的正方向是由 U 指向 V，书写时不能颠倒顺序，否则相位将会相差 180°电角度。

6.2.1.2 三相电源星形联结时线电压与相电压的关系

根据基尔霍夫定律，由图 6-4（a）可得出线电压和相电压之间的关系：

$$\begin{cases} u_{UV} = u_U - u_V \\ u_{VW} = u_V - u_W \\ u_{WU} = u_W - u_U \end{cases}$$

其对应的相量关系为：

$$\begin{cases} \dot{U}_{UV} = \dot{U}_U - \dot{U}_V \\ \dot{U}_{VW} = \dot{U}_V - \dot{U}_W \\ \dot{U}_{WU} = \dot{U}_W - \dot{U}_U \end{cases}$$

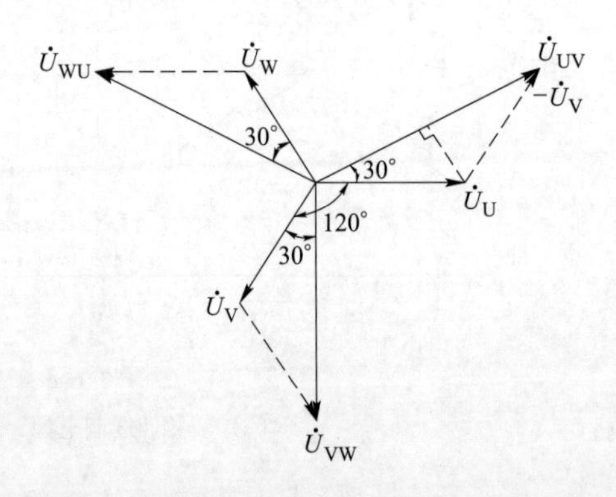

图 6-5 星形联结时线电压与相电压的相量图

以 $\dot{U}_U$ 参考相量，为根据上述公式可画出线电压和相电压的相量图，如图 6-5 所示。

由图 6-5 可知，当三个相电压对称时，三个线电压也对称，即具有频率相同、幅值相等、相位上互差 120°的特点。有效值用 U_{UV}、U_{VW}、U_{WU} 表示，$U_{UV}=U_{VW}=U_{WU}=U_L$，U_L 为各线电压的有效值。

根据推导可得出，各线电压大小是各相电压的$\sqrt{3}$倍，即 $U_L=\sqrt{3}U_P$，相位上超前对应相电压 30°。用相量形式可表示为：

$$\begin{cases} \dot{U}_{UV} = \sqrt{3}\,\dot{U}_U \angle 30^\circ \\ \dot{U}_{VW} = \sqrt{3}\,\dot{U}_V \angle 30^\circ \\ \dot{U}_{WU} = \sqrt{3}\,\dot{U}_W \angle 30^\circ \end{cases}$$

综上所述，三相电源星形联结时，可以得到线电压和相电压两种电压，对用户较为方便。例如星形联结电源相电压为 220V 时，线电压为$\sqrt{3}\times 220\text{V}\approx 380\text{V}$，给用户提供了 220V、380V 两种电压，380V 的电压供动力负载使用，而 220V 的电压供照明或其他负载使用。

【例 6-1】 已知星形联结的对称三相电源，线电压是 $u_{UV}=380\sin 314t\text{V}$。求：（1）$u_{VW}$、$u_{WU}$；（2）$u_U$、$u_V$、$u_W$。

解：

（1）因为三相线电压对称，故：

$$u_{VW} = 380\sin(314t - 120^\circ)\text{V}$$
$$u_{WU} = 380\sin(314t + 120^\circ)\text{V}$$

（2）因为各线电压大小是各相电压的$\sqrt{3}$倍，相位上超前对应相电压 30°，所以：

$$u_U = \frac{380}{\sqrt{3}}\sin(314t - 30^\circ) = 220\sin(314t - 30^\circ)\text{V}$$

$$u_V = \frac{380}{\sqrt{3}}\sin(314t - 120^\circ - 30^\circ) = 220\sin(314t - 150^\circ)\text{V}$$

$$u_W = \frac{380}{\sqrt{3}}\sin(314t + 120^\circ - 30^\circ) = 220\sin(314t + 90^\circ)\text{V}$$

6.2.2　三相电源的三角形（△）联结

6.2.2.1　三相电源的三角形联结

三相电源的三角形联结如图 6-6 所示，把三相电源的绕组首端和末端依次联结成一个闭环，即 U_1—W_2、V_1—U_2、W_1—V_2 分别联结在一起，然后从三个联结点引出三条端线，这种供电方式就是电源的三角形联结。电源绕组按这种联结方式向外供电的体制称为三相三线制供电。

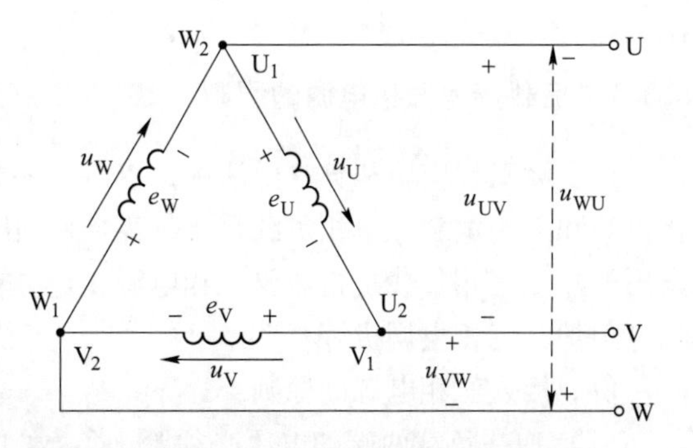

图 6-6　电源的三角形联结

6.2.2.2　三相电源三角形联结时线电压与相电压的关系

由图 6-6 可知，各线电压与相电压之间的相量关系为：

$$\begin{cases}\dot{U}_{UV}=\dot{U}_{U}\\ \dot{U}_{VW}=\dot{U}_{V}\\ \dot{U}_{WU}=\dot{U}_{W}\end{cases}$$

三相电源三角形联结时，电源的线电压等于其对应的相电压。线电压与其对应的相电压的有效值相等，即 $U_L=U_P$，且相位相同。这种联结方式只能向负载提供一种电压。

三相电源三角形联结时接成一个闭合回路，$u_U+u_V+u_W=0$ 或 $\dot{U}_U+\dot{U}_V+\dot{U}_W=0$，该电源的回路内不会产生电流。如果有一相绕组首末端接错，使电源三角形回路内的总电压不为零，而且是单相电压的两倍大，由于三相电源的内阻抗很小，那么在三相绕组中势必会产生很大的环流，它将严重损坏电源绕组，这种情况是要避免的。

接线注意事项：为了避免接错，三相电压源采用三角形联结时，先不要完全闭合，留下一个开口，并在开口处接上一只交流电压表，如图 6-7 所示，若测得回路总电压等于零，说明三相电压源接线正确，这时再把电压表拆下，将开口处接在一起，构成闭合回路。因为三相电源不可能完全对称，电源回路内总是有环流，故实际三相发电机均采用星形联结，很少采用三角形联结。

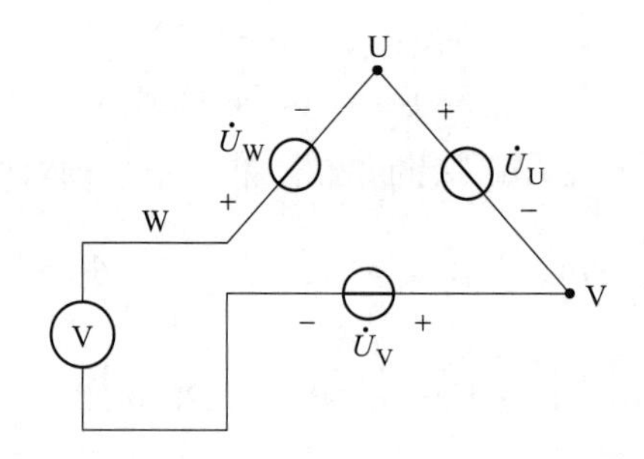

图 6-7　三相电源的三角形联结回路电压测量

6-2　三相交流电源的联结

任务 6.3　三相负载的联结

6.3.1　负载接入三相电源的原则

在实际工程应用和日常生活中，有各式各样的用电设备，这些用电设备分为两种：单相负载和三相负载。单相负载是指仅需要单相电源供电的用电设备，如 220V 的照明灯和家用电器；三相负载是指需要三相电源供电才能正常工作的用电设备，如三相电动机、三相电阻炉、三相空调机等。

负载接入三相电源的原则：

（1）加在负载两端的电压必须等于负载的额定电压；

（2）应尽可能使三相电源的各相负载对称，使三相电源趋于平衡。

三相电路的负载分为对称三相负载和不对称三相负载两种情况。

对称三相负载：各相负载的复阻抗相等，即 $Z_U=Z_V=Z_W$。

不对称三相负载：各相负载的复阻抗不相等。

一般情况下，三相电源都是对称的。因此，由对称三相负载组成的三相电路称为三相对称电路；由不对称三相负载组成的三相电路称为三相不对称电路。

单相负载的联结电路实例：如图 6-8 所示，家用电器等单相负载（如白炽灯、荧光灯）的额定电压均为 220V，根据负载接入三相电源的原则，照明灯应接在三相电源的火线和中性线之间方可满足要求。当使用多盏照明灯时，应使它们均匀地分布在各相中，电路中照明灯的开关应加在两根电源线的火线端（即火线进开关）。有的单相负载如接触器、继电器等控制电器，它们的励磁线圈的额定电压是 380V，这时应该将励磁线圈接在两根电源的火线之间，若错接在一根火线和中性线之间，则控制电器会因为电压不足而不能正常工作。

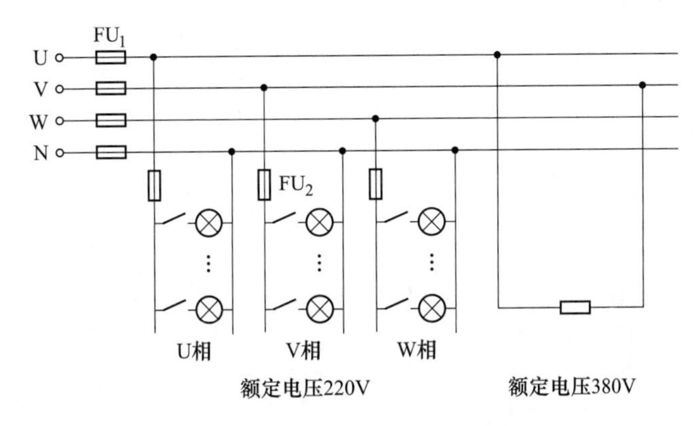

图 6-8　单相负载接入三相四线制电源

三相负载（动力负载）的联结电路实例：如图 6-9 所示，动力负载（如三相交流异步电动机等）必须使用三相电源，它们本身的三相绕组就是 ·组对称三相负载。根据其额定电压的不同，电动机的三相绕组可以按照不同的方式接入三相四线制电源。例如，当电动机每相绕组的额定电压为 220V 时，应将三相绕组按星形方式联结后接入三相电源，如图 6-9（a）所示；若电动机每相绕组的额定电压为 380V 时，则它的三相绕组应按三角形联结方式接入三相电源，如图 6-9（b）三相绕组按三角形方式联结所示。

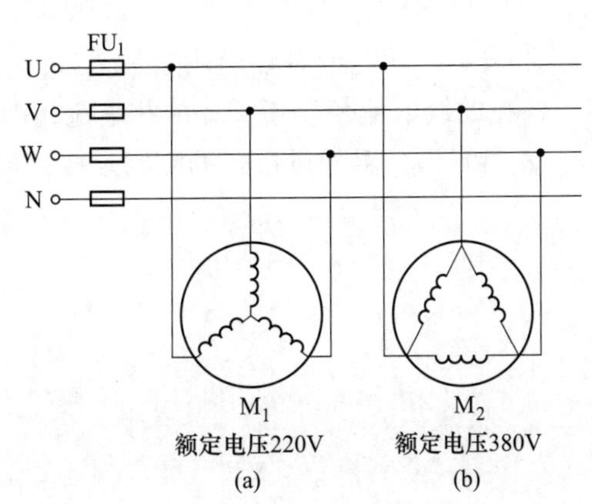

图 6-9　单相负载接入三相四线制电源

（a）三相绕组按星形方式联结；（b）三相绕组按三角形方式联结

6.3.2　三相负载的星形（Y）联结

将每相负载分别接在电源的相线（火线）和中性线（零线）之间的联结方式，称为三相负载的星形联结。

图6-10所示为三相负载星形联结的两种电路形式，这两种星形联结方式的共同特点是，三相负载的一端连在一起（N′点）与中性线相接，另一端分别与电源的相线相接。三相负载 Z_U、Z_V、Z_W 分别接到电源的U-N、V-N、W-N之间（N与N′点为同一点），组成“Y-Y”联结的结构形式。其中，$\dot{U}_U$、$\dot{U}_V$、$\dot{U}_W$ 为三相电源的相电压，三相负载 Z_U、Z_V、Z_W 分别承受的电压即为这三相电源的相电压 $\dot{U}_U$、$\dot{U}_V$、$\dot{U}_W$。

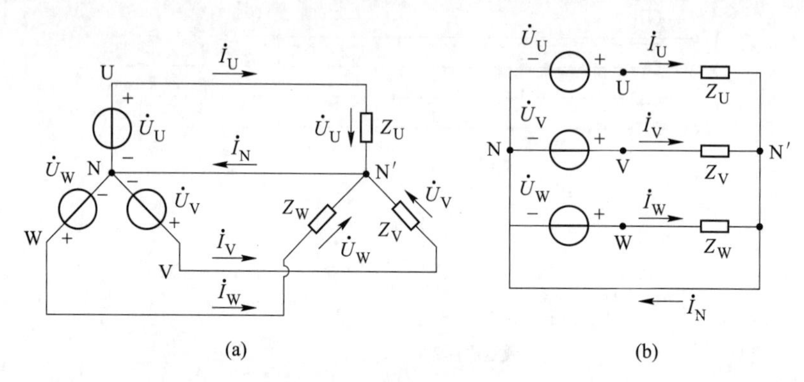

图6-10　三相负载的星形联结

6.3.2.1　线电流、相电流、中线电流

（1）线电流：流过每条相线（火线）上的电流，图6-10中 $\dot{I}_U$、$\dot{I}_V$、$\dot{I}_W$ 为三个线电流。

（2）相电流：流过每相负载的电流，图6-10中 $\dot{I}_U$、$\dot{I}_V$、$\dot{I}_W$ 分别为流经每相负载的三个相电流。

若线电流有效值用字母 I_L 表示，相电流有效值用字母 I_P 表示，在图6-10所示三相负载星形联结图中可以看出，各相的线电流就等于该相的相电流，即 $I_L=I_P$。

若三相负载分别为 Z_U、Z_V 和 Z_W，由相量形式的欧姆定律，可得各相的电流相量为：

$$\dot{I}_U=\frac{\dot{U}_U}{Z_U}$$

$$\dot{I}_V=\frac{\dot{U}_V}{Z_V}$$

$$\dot{I}_W=\frac{\dot{U}_W}{Z_W}$$

设三相负载的各相电阻分别为 R_U、R_V、R_W，电抗分别为 X_U、X_V、X_W，由阻抗三角形可推出各相复阻抗 Z_U、Z_V、Z_W 的模（阻抗值）为：

$$|Z_U| = \sqrt{R_U^2 + X_U^2} \qquad |Z_V| = \sqrt{R_V^2 + X_V^2} \qquad |Z_W| = \sqrt{R_W^2 + X_W^2}$$

每相负载中的相电流有效值为：

$$I_U = \frac{U_U}{|Z_U|} = \frac{U_P}{|Z_U|} = \frac{U_l}{\sqrt{3}\,|Z_U|}$$

$$I_V = \frac{U_V}{|Z_V|} = \frac{U_P}{|Z_V|} = \frac{U_l}{\sqrt{3}\,|Z_V|}$$

$$I_W = \frac{U_W}{|Z_W|} = \frac{U_P}{|Z_W|} = \frac{U_l}{\sqrt{3}\,|Z_W|}$$

每相负载的相电压和电流的相位差为：

$$\varphi_U = \arctan\frac{X_U}{R_U}$$

$$\varphi_V = \arctan\frac{X_V}{R_V}$$

$$\varphi_W = \arctan\frac{X_W}{R_W}$$

（3）中性线电流：在三相四线制中，流经中性线的电流称为中性线电流，其有效值用字母 I_N 表示。在图 6-10 中，根据基尔霍夫电流定律，可得：

$$\dot{I}_N = \dot{I}_U + \dot{I}_V + \dot{I}_W$$

当三相负载对称时，即 $Z_U = Z_V = Z_W = Z$，由于其三相电压对称，所以三相电流也对称，就有各相电流大小相等、频率相同、相位互差 120°的特点，即：

$$\dot{I}_U = \frac{\dot{U}_U}{Z_U} = \frac{\dot{U}_U}{Z} = I_P\angle\varphi$$

$$\dot{I}_V = \frac{\dot{U}_V}{Z_V} = \frac{\dot{I}_V}{Z} = I_P\angle\varphi - 120°$$

$$\dot{I}_W = \frac{\dot{U}_W}{Z_W} = \frac{\dot{U}_W}{Z} = I_P\angle\varphi - 120°$$

如果负载对称，则中性线电流为零，可表示为：

$$\dot{I}_N = \dot{I}_U + \dot{I}_V + \dot{I}_W = 0$$

由于中线电流为零，有无中线并不影响电路，所以中线可省略，电路可采用三相三线制。与三相四线制相比，没了中线，所以电路更简单，材料更节省。

6.3.2.2　电路特点

（1）每相负载承受的是对称电源的相电压。

（2）线电流等于相电流，用有效值表示为：

$$I_L = I_P$$

（3）中性线电流等于各相（线）电流之和，如果负载对称，则中线电流为零，可表示为：

$$\dot{I}_N = \dot{I}_U + \dot{I}_V + \dot{I}_W = 0$$

值得注意的是：不对称三相负载做星形联结时，必须采用三相四线制，即必须有中线。中线的作用是为不对称的三相负载，提供对称的电源电压；也可为负载提供单相电源，使单相负载能正常工作；还可为负载提供一个工作接地端。所以，规定中线上不能接入熔断器或刀开关，而且还要经常定期检查、维修，避免事故发生。

【例 6-2】 已知电源线电压为380V，三相对称负载星形（Y）联结，各相负载阻抗均为 $Z=(30+j40)\Omega$，求各相负载的电流相量及中线电流相量。

解：各相电压的有效值为：

$$U_P = \frac{U_L}{\sqrt{3}} = \frac{380}{\sqrt{3}} \approx 220V$$

设：

$$\dot{U}_U = 220\angle 0^\circ V$$

$$\dot{I}_U = \frac{\dot{U}_U}{Z} = \frac{220\angle 0^\circ}{50\angle 53^\circ} = 4.4\angle(-53^\circ) A$$

因为三相负载对称：

$$\dot{I}_V = 4.4\angle -173^\circ A$$

$$\dot{I}_W = 4.4\angle 67^\circ A$$

中线电流为：

$$\dot{I}_N = \dot{I}_U + \dot{I}_V + \dot{I}_W = 0$$

【例 6-3】 已知星形联结的三相负载，三相负载分别为三盏白炽灯，其电源为三相对称电源，已知 $U_P=220V$，三盏额定电压 $U_N=220V$ 的白炽灯分别接入U、V、W相，已知白炽灯的功率分别为 $P_U=P_V=60W$，$P_W=200W$。

（1）求各相电流及中线电流。

（2）分析U相断路后各灯工作情况。

（3）分析U相断开、中线也断开时的各灯情况。

解：（1）该三相负载为电阻性负载：

$$I_U = I_V = \frac{P}{U_P} = \frac{60}{220} \approx 0.27A$$

$$I_W = \frac{P_W}{U_P} = \frac{200}{220} \approx 0.9A$$

各相电流的相位分别与对应各相电压的相位是同相的，各相电压、电流的相量图如图6-11所示。

因为：

$$\dot{I}_N = \dot{I}_U + \dot{I}_V + \dot{I}_W$$

根据相量图可得中线电流为：

$$I_N = 0.9 - 0.27 = 0.63A$$

（2）U相断开，则 $I_U=0$，U灯不亮；V灯电压和W灯两端的电压还分别是电源的相电压，所以V灯和W灯正常工作。

（3）U相断开，中线也断开时，U灯不亮，V灯和W灯串联，共同承受三相电源的线电压380V。

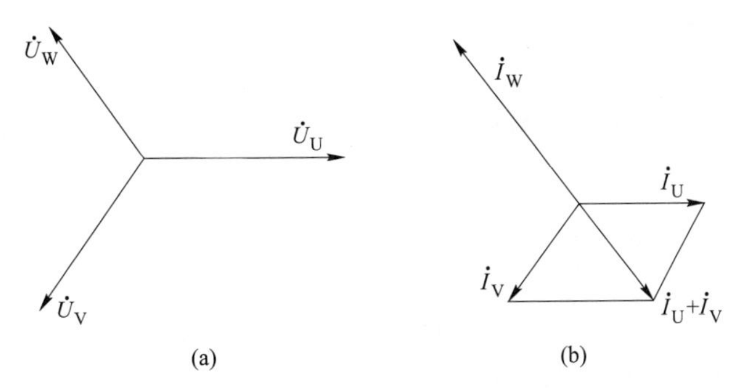

图 6-11　各相电压和电流的相量图
（a）电压相量图；（b）电流相量图

$$R_V=\frac{U_N^2}{P_V}=\frac{220^2}{60}\approx 807\Omega,\ R_W=\frac{U_N^2}{P_W}=\frac{220^2}{200}\approx 242\Omega$$

利用电阻串联的分压公式：

V 灯电压为$\frac{R_V}{R_V+R_W}\times 380=\frac{807}{807+242}\approx 292$V，大于额定电压，可能会烧坏；

W 灯电压为 380−292=88V，小于额定电压，不能正常工作。

6.3.3　三相负载的三角形（△）联结

三相负载联结成三角形时，此时将三相负载分别接在三相电源的每两根相线之间，单相负载的额定电压等于三相电源的线电压，称为三相负载的三角形联结。因为负载为三角形联结时不用中线，故不论负载对称与否电路均为三相三线制，如图 6-12 所示。

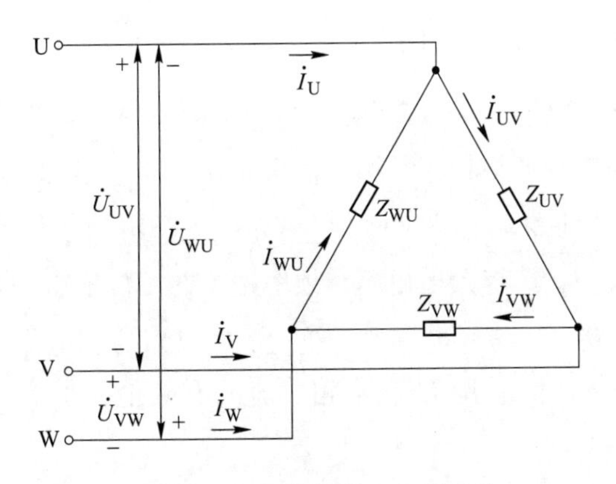

图 6-12　三相负载的三角形联结

其中，Z_{UV}、Z_{VW}、Z_{WU}为三相负载的复阻抗；$\dot{U}_{UV}$、$\dot{U}_{VW}$、$\dot{U}_{WU}$为三相电源的线电压；$\dot{I}_{UV}$、$\dot{I}_{VW}$、$\dot{I}_{WU}$为流经三相负载的电流，即各相负载的相电流；$\dot{I}_U$、$\dot{I}_V$、$\dot{I}_W$是流经三条相线中的电流，即三相线电流。

若忽略电路的阻抗，当三相负载作三角形联结时，电路具有以下特点。

6.3.3.1　各相负载电压等于电源线电压

由图6-12可知，无论三相负载是否对称，各相负载电压总是对称的，它们都等于电源的线电压，若以 $\dot{U}_{UV}$ 为参考量，电源线电压的有效值用 U_L 表示，则：

$$\begin{cases} \dot{U}_{UV} = U_L\angle 0^\circ \\ \dot{U}_{VW} = U_L\angle -120^\circ \\ \dot{U}_{WU} = U_L\angle 120^\circ \end{cases}$$

6.3.3.2　相电流与线电流

根据欧姆定律，可计算流经各负载的相电流为：

$$\begin{cases} \dot{I}_{UV} = \dfrac{\dot{U}_{UV}}{Z_{UV}} \\ \dot{I}_{VW} = \dfrac{\dot{U}_{VW}}{Z_{VW}} \\ \dot{I}_{WU} = \dfrac{\dot{U}_{WU}}{Z_{WU}} \end{cases}$$

再根据基尔霍夫电流定律，可得各线电流为：

$$\begin{cases} \dot{I}_U = \dot{I}_{UV} - \dot{I}_{WU} \\ \dot{I}_V = \dot{I}_{VW} - \dot{I}_{UV} \\ \dot{I}_W = \dot{I}_{WU} - \dot{I}_{VW} \end{cases}$$

当三相负载对称时，即 $Z_{UV}=Z_{VW}=Z_{WU}$，根据上述公式，三个相电流对称，各相电流 $\dot{I}_{UV}$、$\dot{I}_{VW}$、$\dot{I}_{WU}$ 大小相等，频率相等，相位依次相差120°。若以 $\dot{U}_{UV}$ 为参考量，各相电流与线电流的向量图如图6-13所示。对称三相负载的三角形联结电路中，三个线电流也对称，各线电流 $\dot{I}_U$、$\dot{I}_V$、$\dot{I}_W$ 具有大小相等，频率相等，相位依次相差120°的特点。对称三相负载的三角形联结电路中，各线电流的有效值等于其对应相电流的$\sqrt{3}$倍，且各线电流的相位滞后其对应相电流30°。若用 I_P 表示相电流的有效值，I_L 表示线电流的有效值，则 $I_L=\sqrt{3}I_P$。

负载的联结方式取决于电源电压和负载的额定电压。当负载的额定电压等于电源线电压时，采用三角形联结比较合适；当负载的额定电压等于电源相电压时，采用星形联结比较合适。所以，三相电动机绕组可以联结成星形，也可以联结成三角形，而照明负载一般都联结成星形（有中性线）。

【例6-4】　对称负载接成三角形，接入电压为 $\dot{U}_{UV}=380\angle 30^\circ$的三相对称电源上，若每相阻抗 $Z=(17.32+\mathrm{j}10)\,\Omega$，求：（1）负载各相电流及各线电流；（2）W相负载断开后的

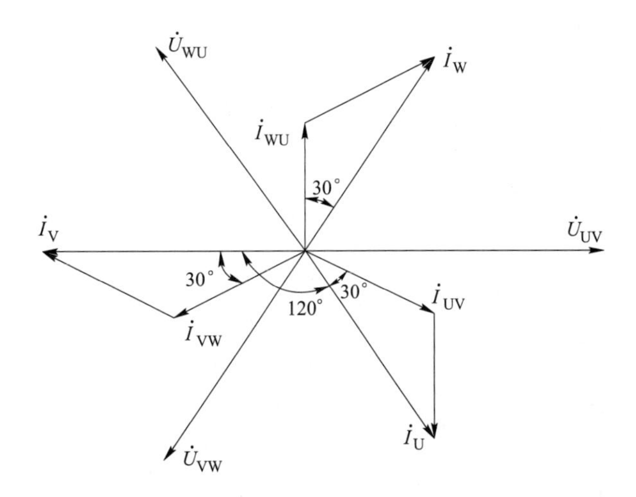

图 6-13　三相对称负载三角形联结时各相电流与线电流的向量图

各相电流及各线电流。

解：

（1）由于线电压 $\dot{U}_{UV}=380\angle 30°$，则负载各相电流为：

$$\dot{I}_{UV}=\frac{\dot{U}_{UV}}{Z}=\frac{380\angle 30°}{17.32+\mathrm{j}10}=\frac{380\angle 30°}{20\angle 30°}=19\angle 0°\mathrm{A}$$

因为对称负载，所以 $\dot{I}_{UV}$、$\dot{I}_{VW}$、$\dot{I}_{WU}$对称：

$$\dot{I}_{VW}=19\angle -120°\mathrm{A}$$

$$\dot{I}_{WU}=19\angle 120°\mathrm{A}$$

根据负载对称时线电流与相电流的关系，各线电流为：

$$\dot{I}_U=\sqrt{3}\times 19\angle -30°=33\angle -30°\mathrm{A}$$

$$\dot{I}_V=33\angle -150°\mathrm{A}$$

$$\dot{I}_W=33\angle 90°\mathrm{A}$$

（2）W 相负载断开后，各相负载电压不变，所以 $\dot{I}_{UV}$、$\dot{I}_{VW}$不变，从而 $\dot{I}_V$ 不变。因为此时 $\dot{I}_{WU}=0$，所以另两个线电流为：

$$\dot{I}_U=\dot{I}_{UV}-\dot{I}_{WU}=\dot{I}_{UV}=19\angle 0°\mathrm{A}$$

$$\dot{I}_W=\dot{I}_{WU}-\dot{I}_{VW}=-\dot{I}_{VW}=19\angle 60°\mathrm{A}$$

6.3.4　三相负载的功率

在三相电路中，无论负载是星形联结方式还是三角形联结方式，三相负载的功率都是各相负载的功率之和，功率计算方法和单相电路相同。

6.3.4.1　三相负载的有功功率

三相负载的总有功功率都是各相负载有功功率之和。三相总有功功率用字母 P 表示，即：

$$P = P_U + P_V + P_W$$

6.3.4.2 三相负载的无功功率

三相负载的总无功功率等于各相负载无功功率的总和，三相负载的无功功率用字母 Q 表示，即：

$$Q = Q_U + Q_V + Q_W$$

6.3.4.3 三相负载的视在功率

三相负载的视在功率用字母 S 表示，即：

$$S = \sqrt{P^2 + Q^2}$$

6.3.4.4 三相负载的功率因数

三相负载的视在功率用 $\cos\varphi$ 表示，即：

$$\cos\varphi = \frac{P}{S}$$

在实际生产中，比如三相发电机、三相变压器、三相电动机的铭牌上标注的额定功率均为三相总功率。三相发电机、三相变压器等电源设备一般标注三相视在功率，三相电动机等负载设备标注的是三相有功功率。

【例 6-5】 已知某三相对称负载接于电压为 380V 的三相电源上，负载阻抗 $Z = (3 + j4)\text{k}\Omega$。求：

（1）当负载为星形联结时，其相电流、线电流的有效值和有功功率是多少？

（2）若误将负载接成三角形联结方式，其相电流、线电流的有效值和有功功率是多少？

解：

负载的阻抗值为 $|Z| = \sqrt{R^2 + X^2} = \sqrt{3^2 + 4^2} = 5\text{k}\Omega$

电路的功率因数 $\cos\varphi_Z = \frac{R}{|Z|} = \frac{3}{5} = 0.6$

（1）负载为星形联结时，$U_P = \frac{380}{\sqrt{3}} = 220\text{V}$

电路的相电流、线电流为 $I_L = I_P = \frac{U_P}{|Z|} = \frac{220}{5 \times 10^3} = 44\text{mA}$

电路的有功功率为：

$$P = P_U + P_V + P_W = 3P_U = 3I_P^2R = 3 \times (44 \times 10^{-3})^2 \times 3 \times 10^3 = 17.424\text{W}$$

（2）负载误接成三角形联结方式时，负载的相电流为：

$$I_P = \frac{U_P}{|Z|} = \frac{U_L}{|Z|} = \frac{380}{5 \times 10^3} = 76\text{mA}$$

电路的有功功率为：

$$P = 3I_P^2R = 3 \times (76 \times 10^{-3})^2 \times 3 \times 10^3 = 51.984\text{W}$$

由此可见，若误将负载联结成三角形联结方式，每相负载上的电压是星形联结时的$\sqrt{3}$倍，每相负载的电流也是星形联结时的$\sqrt{3}$倍，因而负载有功功率是星形联结时的3倍。负载极有可能会被烧毁，所以负载联结时一定要注意正确接线。

6-3 三相负载的联结

思考与练习

一、填空题

1. 把三个________相等、________相同，在相位上互差________的正弦交流电称为三相交流电。

2. 对称三相交流电在相位上的先后次序称为它们的________。电力系统中通常采用________。

3. 任意一个对称三相电源，三相电动势的相量和为________，三相电动势的瞬时值和为________。

4. 采用三根相线和一根中性线的供电方式称为________。

5. 三相四线制供电方式可输出两种电压，分别为________和________。

6. 在三相四线制的供电方式中，各线电压大小是各相电压的________倍，相位上________对应相电压30°。

7. 三相电源三角形联结时，可以向负载提供________种电压。

8. 三相电源________联结时，电源的线电压等于其对应的相电压。

9. 对称三相交流电路，三相负载为△联结，当电源线电压不变时，三相负载换为Y联结，三相负载的相电流应________。

10. 对称三相交流电路，三相负载为Y联结，当电源电压不变而负载换为△联结时，三相负载的相电流应________。

11. 日常生活中，照明电路的联结方法是________联结和________相________线制。

12. 对称三相负载星形联结，接在220V/380V的三相四线制电源上，此时负载端的相电压等于________倍的线电压，相电流等于________倍的线电流，中性线电流等于________。

13. 对称三相电路负载为三角形联结，电源线电压为380V，负载复阻抗为（8-j6）Ω，则线电流为________。

二、判断题

1. 三相电动势的相位相同。（ ）

2. 三相感应电压的相序为U→V→W，一般称为正序或顺序。（ ）

3. 三相电源的相序不能改变。（ ）

4. 三相交流电路中，线电压均为相电压的$\sqrt{3}$倍。（ ）

5. 三相四线制的供电方式中只能提供一种电压。（ ）

6. 三相电源三角形联结时，线电压等于相电压。（ ）

7. 三相电源三角形联结时，闭合回路内 $u_U+u_V+u_W=0$。 (　　)

8. 三相电源星形联结时，中性线与相线之间的电压称为线电压。 (　　)

9. 三相负载星接时，必须有中线。 (　　)

10. 三相负载作三角形联结时，线电流必为相电流的 $\sqrt{3}$ 倍。 (　　)

11. 三相负载越接近对称，中性线电流就越小。 (　　)

12. 三相负载作星形联结时，线电流必等于相电流。 (　　)

13. 三相不对称负载星形联结时，为了使各相电压保持对称，必须采用三相四线制。 (　　)

14. 三相四线制系统中，可以把开关串联在中性线上。 (　　)

15. 三相负载联结方式由负载的额定电压和电源电压的大小而定。 (　　)

16. 三相对称负载为三角形联结，每相负载电阻 20Ω，接在 380V 线电压的三相交流电路中，电路的线电流为 19A。 (　　)

17. 三相对称负载为星形联结，每相负载电阻 20Ω，接在 380V 线电压的三相交流电路中，每相负载流过的相电流为 19A。 (　　)

18. 三相对称负载是指每相负载的阻抗大小相等且性质相同。 (　　)

三、选择题

1. 三相电源绕组产生的电动势相位互差（　　）。

A. 30°　　B. 90°　　C. 120°　　D. 180°

2. 相序是（　　）出现的次序。

A. 周期　　B. 相位　　C. 三相电动势的最大值　　D. 电压

3. 有一台三相电炉，各相负载的额定电压都为 220V，电源线电压为 380V，这个电炉应联结成（　　）形。

A. Y　　B. △　　C. Y或△　　D. 不确定

4. 三相四线制供电方式中，线电压超前相应的相电压（　　）。

A. 30°　　B. 90°　　C. 180°　　D. 360°

5. 相电压是（　　）间的电压。

A. 相线与相线　　B. 相线与中性线　　C. 中性线与保护线　　D. 相线与地线

6. 已知星形联结的三相交流电源电压 $u_V=220\sin(314t+30°)$ V，则 $u_{VW}=$(　　)V，$u_U=$(　　)V。

A. $380\sin(314t+60°)$　　B. $220\sin(314t+150°)$

C. $220\sin(314t-90°)$　　D. $380\sin314t$

7. 三相四线制Y形负载电路中，线电压超前相应的相电压（　　）。

A. 30°　　B. 90°　　C. 180°　　D. 360°

8. 三相对称电源相电压为 220V，对称负载额定相电压为 380V 电源和负载应采用的联结方式为（　　）。

A. 星形—三角形　　B. 三角形—三角形　　C. 星形—星形　　D. 三角形—星形

9. 三相四线制供电系统中，中性线电流为（　　）。

A. 0　　B. 各相电流的代数和

C. 三倍相电流　　D. 各相电流的相量和

10. 线电流是通过（　　）。

A. 每相绕组的电流　　B. 相线的电流

C. 每相负载的电流　　D. 中性线的电流

11. 选择三相负载联结方式的依据是（　　）。

A. 三相负载对称时选择△接法，不对称时选择Y接法

B. 希望获得较大功率时选择△接法，否则选择Y接法

C. 电源为三相四线制时选择Y接法，电源为三相三线制时选择△接法

D. 选用的接法应保证每相负载得到的电压等于其额定电压

12. 在三相四线制电路的中线上，不准安装开关和熔断器的原因是（　　）。

A. 中性线上无电流

B. 安装开关和熔断器会降低中性线的机械强度

C. 开关接通或断开对电路无影响

D. 开关断开或熔断器断后，三相不对称负载承受三相不对称电压的作用，无法正常工作，严重时会烧毁负载

四、简答题

1. 三相三线制电路中，$\dot{I}_U + \dot{I}_V + \dot{I}_W = 0$ 总是成立，三相四线制电路中此等式也总是成立吗，为什么？

2. 三相四线制电路中，满足什么条件时可省略中线？

五、计算题

1. 已知星形联结的对称三相电源，$u_U = 220\sin 314t\text{V}$，试求出其他各相电压和各线电压的解析式。

2. 在星形联结的三相四线制电路中，已知每相的复阻抗为 $Z = (1 + j)\Omega$，外加的线电压 $U_L = 380\text{V}$，求负载的各相电流和中性线电流。

3. 已知三相四线制对称电路，电源的线电压 $\dot{U}_{UV} = 380\underline{/30°}\text{V}$，负载阻抗 $Z = 5\underline{/45°}\Omega$，求每相负载的电流 $\dot{I}_U$、$\dot{I}_V$、$\dot{I}_W$ 及负载吸收的三相总功率。

4. 三相电阻炉每相电阻 $R = 8.68\Omega$，求：

（1）三相电阻星形联结，接在 380V 对称电源上，电炉从电网吸收的功率。

（2）三相电阻三角形联结，接在 380V 对称电源上，电炉从电网吸收的功率。

5. 三相对称负载三角形联结，线电压 380V，线电流 17.3A，三相总功率 4.5kW，求每相负载的电阻和电抗。

6. 有荧光灯 120 盏，每盏灯的功率为 P_N，额定电压为 U_N，功率因数 $\cos\varphi = 0.5$。现用三相四线制电源供电，电压为 220V/380V。

问：

（1）荧光灯如何接入三相电源？

（2）当荧光灯全部点亮时，相电流和线电流是多少？

（3）三相负载的平均功率、无功功率、视在功率是多少？

知识拓展　认识三相异步电动机

三相异步电动机是交流电动机的一种，它具有机构简单、制造容易、价格低廉、运行效率高的特点，被广泛应用于各种生产机械的拖动设备。例如，在工业方面，中小型轧钢设备、各种金属切削机床、压缩机等；在农业方面，水泵、脱粒机、粉碎机等；与人们生活密切相关的电扇、洗衣机等设备中也都用到异步电动机。

电动机的主要部件是固定不动的定子和旋转的转子两部分，且定子和转子之间有0.2~1.5mm的气隙。图6-14为三相异步电动机的外形和结构示意图。

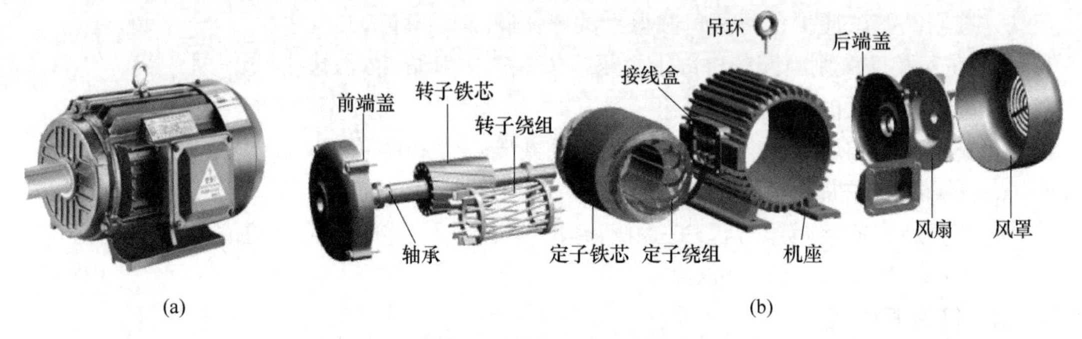

图6-14　三相异步电动机的外形和结构示意图
（a）外形图；（b）内部结构图

（1）定子。定子是用于产生旋转磁场的。一般由定子铁芯、定子绕组、机座和端盖等组成。

1）机座的主要作用是用来支撑电机各部件，因此要有足够的机械强度和刚度，通常用铸铁制成。

2）定子铁芯是电动机磁路的一部分，为了减少涡流和磁滞损耗，定子铁芯用0.5mm涂有绝缘漆的硅钢片叠成圆筒形状，如图6-15（a）所示，铁芯内圆周上有许多均匀分布的槽，槽内嵌有定子绕组。

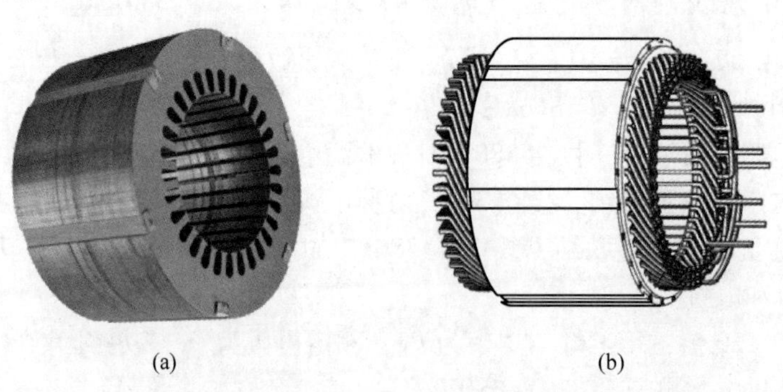

图6-15　定子的结构
（a）定子铁芯；（b）嵌有定子绕组的铁芯

3）定子绕组是电动机的电路部分，小型电动机的定子绕组通常用高强度的漆包线绕制而成。三相电动机的定子绕组分为三组，以空间彼此相隔120°的规则分布在定子铁芯的槽内，称为三相绕组，如图 6-15（b）所示。定子绕组共有 6 个接线端，分别都引至接线盒的接线柱上。

如图 6-16 所示，三相异步电动机联结电源时，三相电源与定子绕组的首端 U_1、V_1、W_1 相联结，三相绕组在接线盒中的端子可以联结成星形，也可以联结成三角形，其接法根据电动机的额定电压和三相电源电压而定。

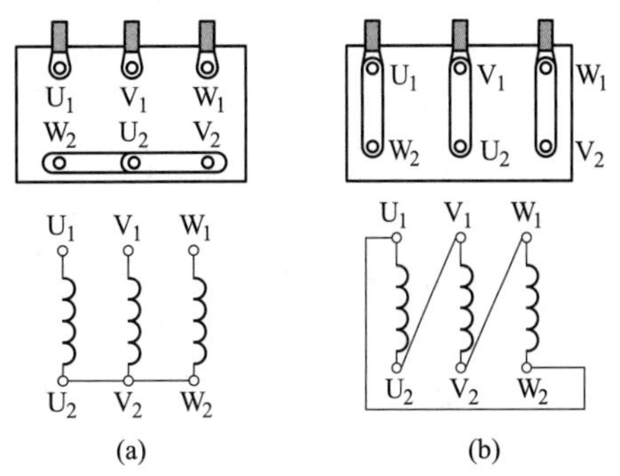

图 6-16　定子的结构

（a）星形联结和等效电路；

（b）三角形联结和等效电路

（2）转子。三相异步电动机的转子主要由转子铁芯、转子绕组和转轴三部分组成。

1）转子铁芯也是电动机磁路的一部分，通常由 0.5mm 厚硅钢片冲成转子冲片而叠成圆柱形，固定在转轴上。转子铁芯的外围表面冲有许多均匀分布的凹槽，用以安放转子绕组。

2）异步电动机的转子绕组有绕线式和笼式两种。

绕线式转子的绕组和定子绕组一样，也是三相绕组，绕组的三个末端接在一起（Y），三个首端分别接在转轴上三个彼此绝缘的铜制滑环上，再通过滑环上的电刷与外电路的变阻器相接，以便调节转速或改变电动机的启动性能。绕线式转子如图 6-17 所示。绕线式异步电动机由于其结构复杂，价位较高，所以通常用于启动性能或调速要求高的场合。

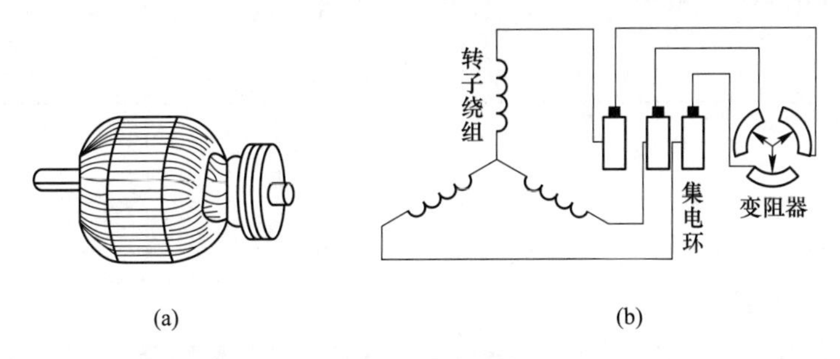

图 6-17　绕线式转子

（a）转子；（b）等效电路

笼式转子绕组是在转子铁芯槽内插入铜条，两端再用两个铜环焊接而成的。若把铁芯拿出来，整个转子绕组外形很像一个鼠笼，故称为笼式转子。对于小功率的电动机，目前常采用铸铝工艺把笼式绕组及冷却用的风扇叶片铸在一起，如图 6-18 所示。

图 6-18　笼式转子

（a）铜条转子；（b）铸铝转子

实践提高 三相交流电路的测量

1. 实训目的

（1）掌握三相负载和电源的正确联结方法。

（2）进一步了解三相电路中电压、电流的线值和相值的关系。

（3）了解三相四线制中线的作用。

2. 实训器材

名称	数量
三相空气开关	1 块
三相熔断器	1 块
灯泡负载板	2 块
单相电量仪	1 块
三相功率表板	1 块
测电流插孔板	1 块
安全导线与短接桥	若干

3. 实训内容

（1）测量三相四线制电源的相、线电压，填入表 6-1。

表 6-1 数据记录表

电源	U_{AB}	U_{BC}	U_{CA}	U_{AO}	U_{BO}	U_{CO}
380V						
220V						

（2）负载作星形联结。

1）将灯泡负载作星形联结如图 6-19 所示，并请教师检查线路。

2）测量对称负载，有中线和无中线时的各电量，填入表 6-2。

每相两盏灯泡均接入电源。测量负载侧的各相电压及电流。断开中线，重复对各电量进行测量。

3）测量不对称负载，有中线和无中线时的各电量，填入表 6-2。

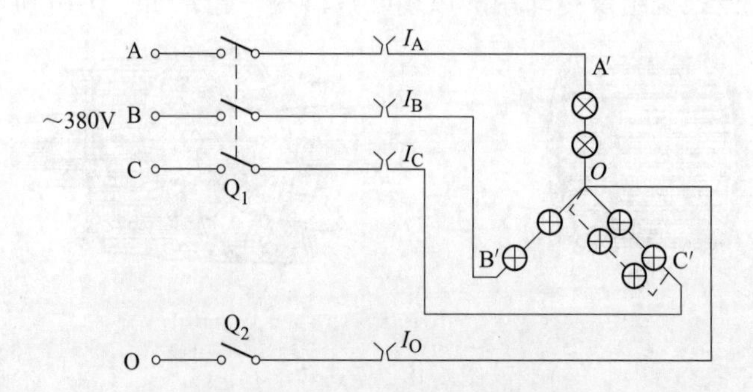

图 6-19 灯泡负载作星形联结

将C相负载的灯泡增加一组，其他两相仍各为一组（不对称负载），分别测量有中线和无中线时的各电量。

注意：在断开中线时，由于各相电压不平衡，测量完毕应立即断开电源或接通中线。

表6-2　数据记录表

测量项目		对称负载		不对称负载	
		有中线	无中线	有中线	无中线
相电压/V（负载侧）	$U_{A'}$				
	$U_{B'}$				
	$U_{C'}$				
电流/A	I_A				
	I_B				
	I_C				
	I_O				

（3）负载作三角形联结。

1）图6-20联结线路并请教师检查。

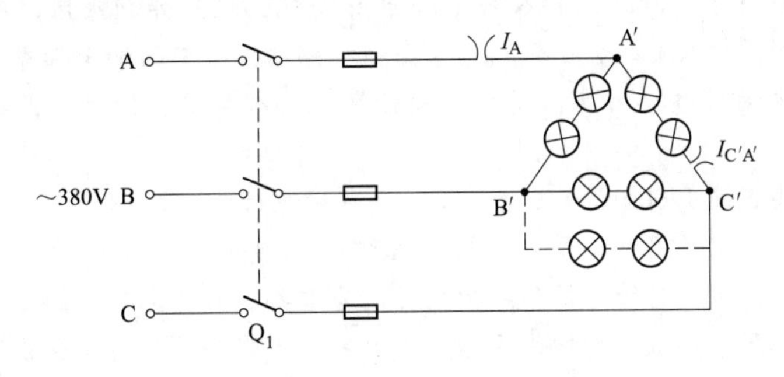

图6-20　负载作三角形联结

2）测量对称负载时的各电量，填入表6-3。

3）测量不对称负载时的各电量，填入表6-3。

将CB相灯泡增加一组。测量各电量。

表6-3　数据记录表

测量项目	$U_{A'B'}$	$U_{B'C'}$	$U_{C'A'}$	I_A	$I_{C'A'}$
对称负载					
不对称负载					

4. 实训内容

（1）根据表6-1数据，计算三相电源相、线电压间的数值关系。

（2）根据表6-2数据，计算负载星形联结有中线时的相、线电压的数值关系。

（3）负载为星形联结，中线的作用如何？分析在什么情况下必须有中线，在什么情况可不要中线。

项目 7　变压器的分析和绕制

项目引入

电工技术中不仅要讨论电路问题，还将讨论磁路问题，因为很多电工设备与磁路都有联系，如电力系统中广泛应用的变压器、电动机、发电机、电磁铁及电工测量仪表等。

为了更好地学习变压器、电机、电器的工作特性及应用，本项目将从磁路、磁场及其基本物理量等入手，了解变压器的基本结构组成，熟悉变压器的用途，了解常用特殊变压器。

思政案例

新冠疫情暴发后，我国高度重视人民的生命安全，仅利用 9 天的时间即完成武汉火神山医院的建设。全国范围内的医护人员不顾自身安危，毅然奔赴疫区，展现了最美的逆行。国家的重视和医护人员的舍己救人的崇高精神感动了全中国和全世界，也深深激励了当代青年人，要主动接过接力棒，树立正确世界观、人生观、价值观，担起青年一代的责任。

火神山医院共装设 14600kV · A 变压器，满负荷运行，1 天可保障医院最多用电 35 万度。如果和普通居民家的用电容量相比较，医院用电相当于约 4000 户居民。为了确保医院设施的正常运行，变压器的选择和维护显得尤为重要。通过本项目的学习，学生将全方位了解磁路、变压器等知识，构建体系框架，用知识武装头脑，为投身祖国建设奠定理论基础。

学习目标

（1）知识目标：

1）掌握磁路的基本物理量和磁场的基本定律；

2）了解变压器的基本结构和工作原理；

3）熟悉变压器的用途；

4）了解常用的特殊变压器。

（2）技能目标：

1）能对磁场的方向和大小进行分析；

2）能够正确使用仪用互感器。

7-0　项目引入

（3）素质目标：

1）团队沟通、协作能力；

2）观察、信息收集和自主学习能力；

3）严谨务实的工匠精神。

任务 7.1　磁　　路

磁路是磁场存在的一种特殊形式，是限制在一定空间范围内的磁场。实际电路中有大量电感元件，电感元件的线圈中有铁芯，线圈通电后铁芯就构成磁路。

7.1.1　磁路的基本物理量

磁铁在自身的周围空间建立磁场，通常用磁力线来形象描述磁场的存在和分布情况。磁力线是闭合的曲线，磁力线上每一点的切线方向就是该点磁场的方向，磁力线的疏密程度表示该点磁场的强弱。

7.1.1.1　磁通

通过与磁力线方向垂直的某一截面内磁力线的总数称为磁通，用 Φ 表示。

国际单位制中，磁通的单位是伏·秒，通常称为韦伯（Wb）。工程上也用过麦克斯韦（Mx）；$1\text{Wb}=10^4\text{Mx}$。

7.1.1.2　磁感应强度

磁感应强度是描述磁场中某一点磁场强弱和方向的物理量，用字母 B 表示，是一个矢量。

磁感应强度 B 的方向用右手螺旋定则确定，B 的大小等于垂直于磁场方向单位面积的磁力线数目。如果磁场内所有点的磁感应强度 B 大小相等，方向相同，这样的磁场称为均匀磁场。在均匀磁场中，若通过与磁场方向垂直的截面 S 的磁通为 Φ，则磁感应强度为：

$$B=\frac{\Phi}{S}$$

磁感应强度又称为磁通密度。

国际单位制中，磁感应强度的单位用特斯拉（T）表示，简称特；通常也用高斯（Gs）表示；$1\text{T}=10^4\text{Gs}$。

7.1.1.3　磁导率

把反映磁场中介质导磁能力的物理量称为磁导率；磁导率用字母 μ 表示。

国际单位制中，磁导率的单位是亨利每米，简称亨每米，用符号 H/m 表示。真空磁导率是恒定的，用 μ_0 表示，$\mu_0=4\pi\times10^{-7}\text{H/m}$，为一常数。

任何一种介质的相对磁导率是该介质的磁导率与真空磁导率的比值，用 μ_r 表示。即：

$$\mu_r=\frac{\mu}{\mu_0}$$

磁性材料的相对磁导率远大于 1，有的甚至达到数千、数万。根据相对磁导率的大小可将物质分为磁性材料和非磁性材料两类。

磁性材料的磁导率随着磁场强度的变化而发生变化。常见的磁性材料有铁、钴、镍、硅、钢等。非磁性材料基本不具有磁化性能，相对磁导率接近 1，而且都是常数。常见的非磁性材料有空气、铝、铬、铜等。

7.1.1.4　*磁场强度*

磁场强度 H 是一个矢量，方向和磁感应强度方向一致，大小是磁感应强度 B 与磁导率 μ 的比值，即：

$$H = \frac{B}{\mu}$$

国际单位制中，磁场强度的单位是安培每米，简称安每米，符号用 A/m 表示。

7.1.2　磁场的基本定理

7.1.2.1　安培环路定律（安培定则）

安培环路定律反映了电流与所激发磁场之间的关系。磁场强度沿任意闭合路径 L 上的线积分等于该闭合路径所包围的导体电流的代数和：

$$\oint H\mathrm{d}l = \sum I$$

式中，若导体电流方向与所激发磁场方向符合右手螺旋定则，则电流为正，否则为负，如图 7-1 所示。其中：

$$\oint H\mathrm{d}l = I_1 - I_2 + I_3$$

在无分支的均匀磁路（磁路的材料和截面积相同，各处的磁场强度相等）中，如图 7-2 所示，安培环路定律可写成：

$$NI = HL$$

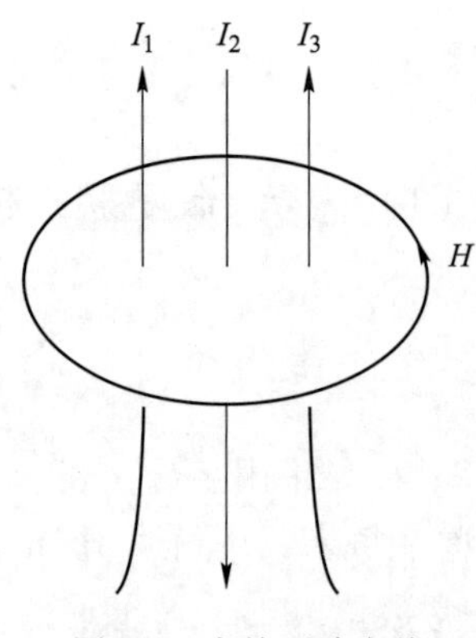

图 7-1　安培环路定律

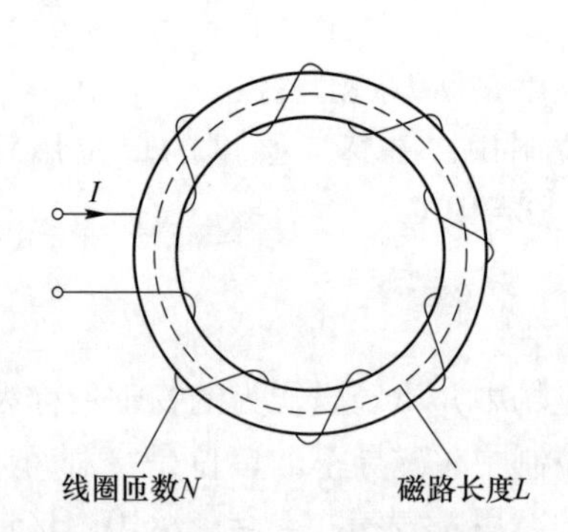

图 7-2　环形线圈的安培环路定律

于是磁场强度为：

$$H = \frac{NI}{L}$$

式中，N 为线圈的匝数；I 为通过线圈的电流；NI 称为磁动势；H 为磁路中心处的磁场强度，HL 称为磁压降。由公式可知，环形铁芯内某一点的磁场强度只与电流 I、匝数 N 和该点所在位置有关，与磁介质无关。

【例7-1】 某变压器一次绕组的匝数为2000匝，测得通过的电流为0.2A，绕组平均磁力线的长度为0.2m，计算磁场强度。

解： $H=IN/L=0.2\times2000/0.2=2000\text{A/m}$。

7.1.2.2　磁路欧姆定律

在电气设备中，磁性材料的磁导率比周围空气或其他物质的磁导率高得多，绝大部分磁通经过铁芯形成闭合路径，通常把磁通集中经过的路径称为磁路；很少一部分磁通经过空气或其他材料闭合，形成漏磁通。环形铁芯内的磁感应强度为：

$$B=\mu H=\mu\cdot\frac{NI}{l}$$

假设环形铁芯的截面积 S 的半径比环的平均半径 r 小得多，即认为环内磁场线在截面积上的分布是均匀的，这时磁通为：

$$\Phi=BS=NI\frac{\mu S}{L}$$

为了更好地分析磁路，引入磁阻的概念，相当于电路中的电阻，用来描述磁性材料对磁通的阻碍作用，用符号 R_m 表示；磁阻大小与磁路长度成正比，与磁路截面积成反比，与磁性材料的磁导率有很大的关系：

$$R_m=\frac{l}{\mu S}$$

磁路欧姆定律，可表示为：

$$\Phi=\frac{NI}{\frac{l}{\mu S}}=\frac{F}{R_m}$$

磁路欧姆定律表明，磁路中的磁通与磁动势成正比，与磁阻成反比。其中，N 为线圈匝数，F 为磁动势，l 为磁路的平均长度，S 为磁路的截面积。

7.1.2.3　电磁感应定律

线圈在变化的磁通中会产生感应电动势。线圈中感应电动势的大小与穿过该线圈的磁通变化率成正比，这一规律称为法拉第电磁感应定律。线圈产生感应电动势大小为：

$$e=-N\frac{\mathrm{d}\Phi}{\mathrm{d}t}$$

式中，N 为线圈的匝数；$\mathrm{d}\Phi$ 为单匝线圈中磁通量的变化量；$\mathrm{d}t$ 为磁通变化 $\mathrm{d}\Phi$ 所用时间；e 为产生的感应电动势。线圈中感应电动势的大小与磁通变化速度有关，与磁通大小无关。

感应电动势的方向由 $\frac{\mathrm{d}\Phi}{\mathrm{d}t}$ 的符号与感应电动势的参考方向比较确定。当 $\frac{\mathrm{d}\Phi}{\mathrm{d}t}>0$，穿过线圈的磁通增加时，$e<0$，这时感应电动势的方向与参考方向相反，表明感应电流产生的磁场要阻止原磁场的增加；当 $\frac{\mathrm{d}\Phi}{\mathrm{d}t}<0$，即穿过线圈的磁通减少时，$e>0$，这时感应电动势的方向与参考方向相同，表明感应电流产生的磁场要阻止原磁场的减少。

7.1.3　铁磁材料的磁性能

电气设备常用导磁性能好的磁性材料制作铁芯，磁性材料在磁场作用下，呈现出特殊的磁性能，主要体现在高导磁性、磁饱和性及磁滞性。

7.1.3.1　高导磁性

磁性材料的分子间有一种特殊的作用力而使分子在一定区域整齐排列。把这些分子能够整齐排列的区域称为磁畴。没有外磁场时，磁畴分子形成磁场方向混乱，相互抵消，宏观上没有磁性，如图 7-3（a）所示。有外磁场时，磁畴分子会按外磁场方向一致排列，显示出磁性来，如图 7-3（b）所示。这种原来没有磁性的物质具有磁性的过程称为磁化。

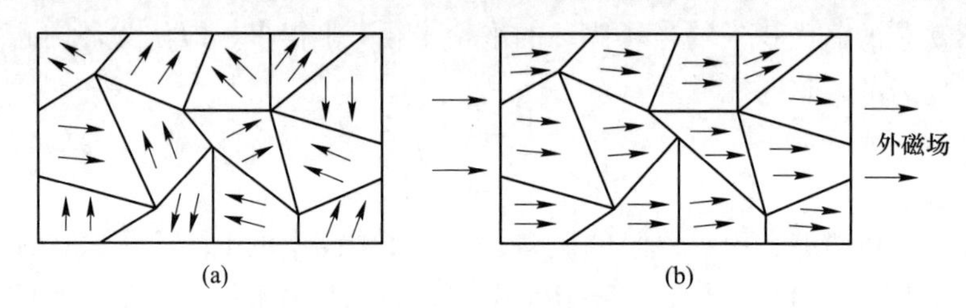

图 7-3　磁性物质的磁化
（a）没有外磁场作用的磁畴；（b）外磁场作用的磁畴

外磁场的不断增强，磁畴逐渐转到与外磁场相同的方向上，磁性材料内部磁感应强度显著增加，磁性材料被强烈地磁化了，这种磁性材料能够强烈磁化的特性称为高导磁性。

对于非磁性材料没有磁畴的结构，不具有磁化的特性。

7.1.3.2　磁饱和性

磁性材料磁化过程中，当磁畴分子方向与外磁场方向一致时，外磁场再增加，磁畴几乎没有变化，也就是磁化达到饱和状态，称为磁饱和性。

下面分析磁性材料的磁化特性，磁感应强度 B 与外磁场的磁场强度 H 之间的关系曲线，称为磁性材料的磁化曲线，又称 B-H 曲线。

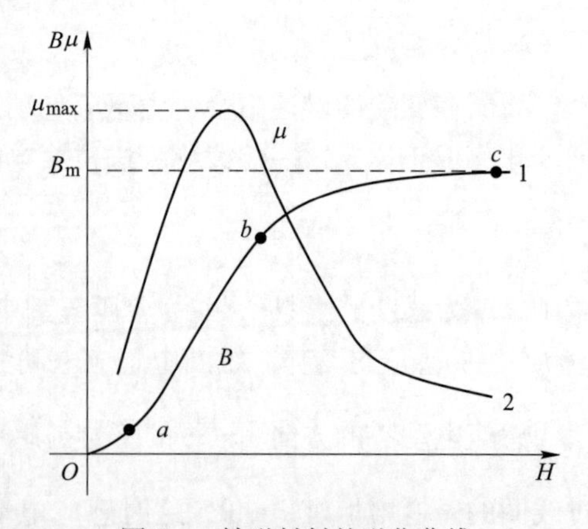

图 7-4　铁磁材料的磁化曲线

磁性材料的磁化曲线所表示的磁化过程大致可以分为以下几个阶段，如图 7-4 所示。

Oa 段：磁化初始阶段，磁畴要从无序排列到与外磁场方向一致有序排列，需要克服原来磁畴间的相互作用，曲线变化平缓。

ab 段：线性阶段，外磁场增大，较多磁畴的转向排列整齐，B 随 H 上升很快，曲线很陡。

bc 段：外磁场继续增大，只使少数零乱的磁畴继续有序排列，这时 B 增加减慢。

c 点以后：几乎所有的磁畴与外磁场方向一致，再增大外磁场，B 增加很小，表现了磁饱和性质，曲线近于直线。

对于铁磁材料来说，磁场强度和磁感应强度之间关系是非线性的，磁导率是磁场强度和磁感应强度的比值，从而证明了铁磁材料磁导率不是一个常数，如磁化曲线图中曲线 2 所示。

7.1.3.3　磁滞性

磁化曲线反映磁性材料在磁场强度由零逐渐增加时的磁化特性。在实际中，磁性材料多处于交变的磁场中，通过实验测出磁性材料在 H 大小和方向作周期变化时的 B-H 曲线，如图 7-5 所示，通常称为磁滞回线。

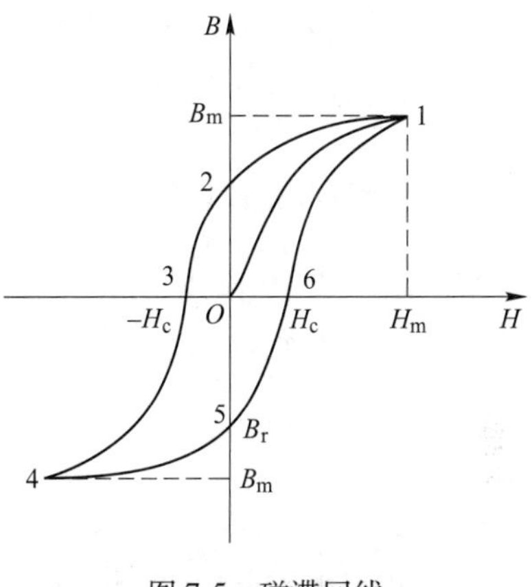

图 7-5　磁滞回线

当 H 从零增大，B 沿 $O1$ 曲线增大，在 1 点处达到饱和状态，到饱和状态时磁感应强度，称为饱和磁感应强度。饱和磁感应强度用 B_m 表示；当 H 减小直到零时，B 沿着曲线 12 减小，当外磁场消失时，还存在一定磁感应强度；这就是磁性材料的剩磁现象。为了消除剩磁，加入反向磁场，通常剩磁用 B_r 表示。加入反向的外磁场称为矫顽磁力，用 H_c 表示。

继续增加反向磁场 H，B 沿曲线 34 磁化，在 4 点处达到饱和状态。$O5$ 同样为剩磁，$O6$ 为矫顽磁力。如此反复，构成一个闭合回路。以上现象表明，磁性材料在反复磁化的过程中，磁感应强度 B 的变化落后于磁场强度 H 的变化，称为磁滞现象，相应的回线称为磁滞回线。

7.1.3.4　磁性材料分类及应用

不同的铁磁材料磁滞回线面积和形状是不同的，通常将磁性材料分为软磁材料、硬磁材料、矩磁材料三类，如图 7-6 所示。

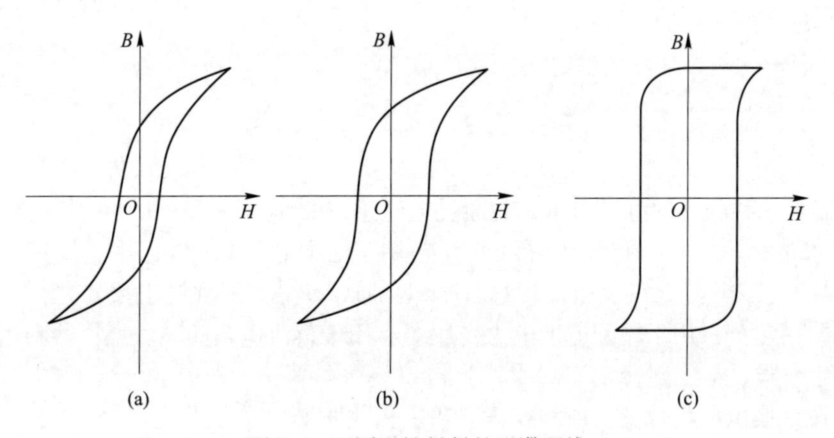

图 7-6　不同磁性材料的磁滞回线

（a）软磁材料；（b）硬磁材料；（c）矩磁材料

软磁材料具有磁导率高、易磁化、易去磁、矫顽磁力 H_c 和剩磁 B_r 都小、磁滞回线较窄、磁滞损耗小等特点；常用的有电工纯铁和硅钢、铁镍合金、铁铝合金和铁氧体等。

硬磁材料具有剩磁 B_r 和矫顽磁力 H_c 均较大、难磁化、磁化后不易消磁等特点，常见有碳钢、铁镍铝钴合金等；电工仪表、喇叭、受话器、永磁发电机中永久磁铁都是用硬磁性材料制作。

矩磁材料具有只要受较小的外磁场作用就能磁化到饱和、当外磁场去掉，产生的剩磁 B_r 较大、矫顽磁力较小等特点，磁滞回线几乎成矩形；常见的材料有镁锰铁氧化体等；在计算机存储器中应用。

7.1.4　交流铁芯线圈的功率损耗

交流铁芯线圈电路的功率损耗分为铜耗和铁耗两种。在线圈中存在的导线电阻所造成的功率损耗 I^2R 称为铜耗；发生在铁芯中的涡流损耗和磁滞损耗称为铁耗。

7.1.4.1　涡流损耗

由于线圈铁芯是磁性材料制成的，它既能导磁，又能导电，当铁芯中有交变磁通穿过时，不只是在线圈中产生感应电动势，而且在铁芯中与磁通方向垂直的平面上也要产生感应电动势，并产生感应电流，称为涡流。

涡流的存在不仅造成功率损耗，而且使铁芯发热，温度升高，影响设备的运行和使用。为了减小涡流损耗，交流磁路的铁芯必须采用硅钢片沿磁力线方向叠压制成。

7.1.4.2　磁滞损耗

7-1　磁路的基本物理量

在交变磁场中，铁芯被反复磁化，磁性材料内部的磁畴在反复取向排列，产生功率损耗，并使铁芯发热，这种损耗就是磁滞损耗。在交流电流的频率一定时，磁滞损耗与磁滞回线所包围的面积成正比。

磁滞损耗将引起铁芯发热，为了减小磁滞损耗，应选用磁滞回线狭小的磁性材料制造铁芯。

任务 7.2　变　压　器

变压器是一种静止的电气设备，它通过电磁感应的作用，把一种电压的交流电能变换成频率相同的另一种电压的交流电能，广泛应用于输配电和电子线路中。

变压器一般按用途、变换电能相数、冷却介质、铁芯形式和绕组数分类。

（1）按用途分：用于输配电的电力变压器、用于整流电路的整流变压器和用于测量技术的仪用互感器。

（2）按变换电能相数分：单相变压器和三相变压器。

（3）按冷却介质分：油浸变压器和干式变压器。

（4）按铁芯形式分：芯式变压器和壳式变压器。

（5）按绕组数分：双绕组变压器、自耦变压器、三绕组变压器和多绕组变压器。

本节主要介绍单相变压器的工作原理。

7.2.1 变压器的基本结构

变压器由铁芯和绕在线圈上的两个或多个线圈组成。

铁芯的作用是构成磁路，为了减小涡流和磁滞损耗，采用导磁性能好、厚度较薄、表面涂绝缘漆的硅钢片叠装而成。

根据铁芯结构形式的不同，变压器分为芯式和壳式两种。如图 7-7 所示，芯式变压器的原、副绕组套装在铁芯的两个铁芯柱上，结构简单，电力变压器一般均采用芯式结构；壳式变压器的铁芯包围线圈，可以省去专门的保护包装外壳，功率较小的单相变压器多采用壳式。

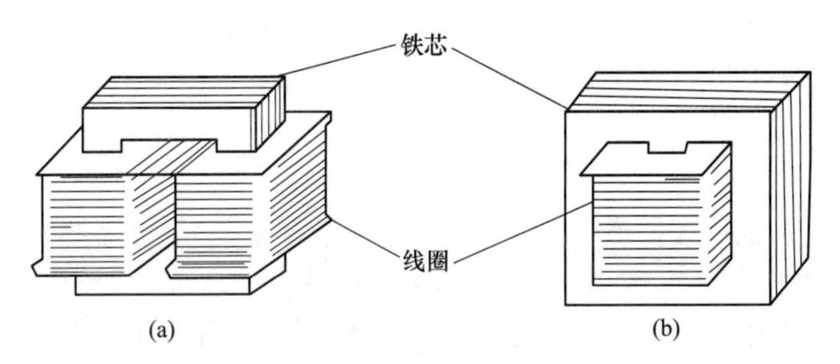

图 7-7 芯式及壳式变压器

（a）芯式；（b）壳式

绕组也称线圈，是变压器的导电回路，通常把连接电源的绕组称为一次绕组，又称原边绕组或初级绕组，凡表示一次绕组各量的字母均标注下标“1”；接负载的绕组称为二次绕组，又称次级绕组或副边绕组，凡表示二次绕组各量的字母均标注下标“2”。虽然一次、二次绕组在电路上是分开的，但两者在铁芯上是处在同一磁路上的。为了防止变压器内部短路，绕组与绕组、绕组与铁芯之间要有良好的绝缘。

7.2.2 变压器的工作原理

变压器的工作原理就是电磁感应原理，通过一个共同的磁场，将两个或两个以上的绕组耦合在一起，进行交流电能的传递与转换。

7.2.2.1 变压器空载运行

变压器的空载运行是指变压器的一次绕组加正弦交流电源、二次绕组开路的工作情况。

变压器空载运行状态的原理如图 7-8 所示，u_1 为一次电源电压，u_{20}为二次输出电压。二次绕组电流 $i_2=0$，此时的变压器相当于一个交流铁芯线圈。

当一个正弦交流电压 u_1 加在一次绕组两端时，一次绕组中有交变电流 i_0，称为空载电流，空载电流一般都很小，仅为一次绕组额定电流的百分之几。

空载电流通过一次绕组在铁芯中产生交变磁通，由于铁芯的磁导率远大于空气的磁导

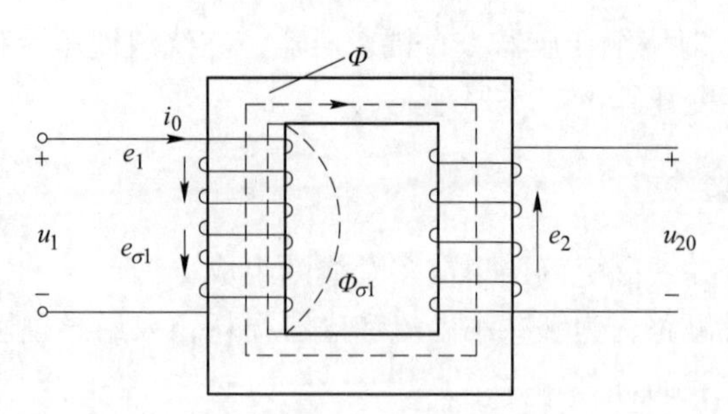

图 7-8　变压器空载运行原理图

率，所以绝大部分的磁通沿铁芯而闭合，并与一次、二次绕组的全部匝数相交链，称为主磁通。在主磁通作用下，一次、二次绕组会产生感应电动势，分别为 e_1 和 e_2。

设一次绕组的匝数是 N_1，二次绕组的匝数是 N_2，穿过它们的磁通是 Φ，一次、二次绕组中产生的感应电动势分别是：

$$u_1 = - e_1$$

$$\dot{U}_1 = - \dot{E}_1$$

则交流电源电压的有效值为：

$$U_1 = E_1 = 4.44fN_1F_m$$

式中，f 为频率，主磁通与二次绕组交链，据电磁感应定律同样可推导出：

$$E_2 = 4.44fN_2F_m$$

空载状态下二次绕组的端电压用 u_{20} 表示，且 $u_{20}=e_2$，则输出电压有效值：

$$U_{20} = E_2 = 4.44fN_2F_m$$

由式（7-11）可见，由于一次、二次绕组的匝数 N_1 和 N_2 不相等，故 E_1 和 E_2 的大小是不等的，因而输入电压 U_1 和输出电压 U_2 的大小也不等。

一次绕组、二次绕组的电压之比为：

$$\frac{U_1}{U_{20}} \approx \frac{E_1}{E_2} = \frac{N_1}{N_2} = K$$

式中，K 为一、二次绕组的匝数比，称为变压器的变比。

如果 $N_2>N_1$，则 $U_2>U_1$，变压器使电压升高，这种变压器称为升压变压器；如果 $N_2<N_1$，则 $U_2<U_1$，变压器使电压降低，这种变压器称为降压变压器。所以改变匝数比，就能改变输出电压。

变压器铭牌上所标注的额定电压是用分数形式表示的一、二次绕组的额定电压数值 U_{1N} 和 U_{2N}，其中额定电压 U_{2N} 就是一次绕组加入额定电压 U_{1N} 后二次绕组的空载电压。

7.2.2.2　变压器的有载运行

变压器一次绕组加上额定正弦交流电压，二次绕组接上负载的运行，称为有载运行，如图 7-9 所示。

（1）有载运行时的磁动势平衡方程。二次绕组接上负载后，电动势 E_2 将在二次绕组中产生电流 I_2，同时一次绕组的电流从空载电流 I_0 相应地增大为电流 I_1，I_2 越大，I_1 也越大。

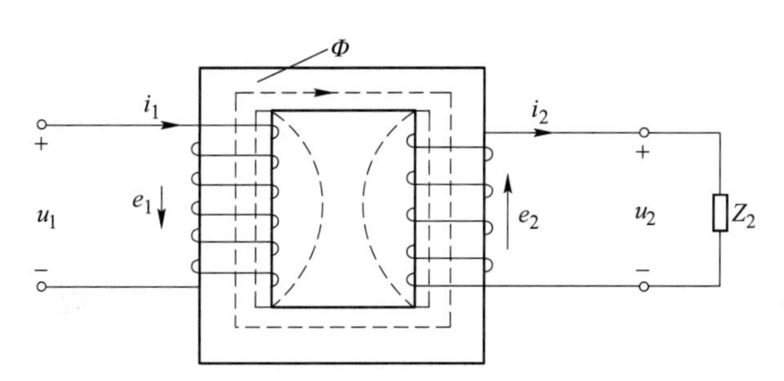

图 7-9　变压器有载运行原理图

在二次绕组感应电压的作用下，有了电流 I_2。二次侧的磁动势 N_2I_2 也要在铁芯中产生磁通，即铁芯中的主磁通是由一次、二次绕组共同产生的。当外加电压、频率不变时，铁芯中主磁通的最大值在变压器空载或有负载时基本不变。因此空载运行时的磁动势和负载运行时的合成磁动势基本相等，表示为：

$$N_1\dot{I}_1 + N_2\dot{I}_2 \approx N_1\dot{I}_0$$

$$N_1\dot{I}_1 = N_1\dot{I}_0 - N_2\dot{I}_2$$

上式称为变压器有载运行时的磁动势平衡方程。

(2) 变压器的电流变换。由于额定电流很小，在额定情况下，N_1I_0 可以略去不计，于是得到的有效值表达式为：

$$N_1I_1 = N_2I_2$$

$$\frac{I_1}{I_2} = \frac{N_2}{N_1} = \frac{1}{K}$$

可见变压器具有变电流作用：在额定工作状态下，一、二次绕组的额定电流之比等于其变比 K 的倒数。

(3) 变压器的阻抗变换。变压器除了具有变换电压、变换电流的作用以外，还有变换阻抗的作用。

负载接到变压器的二次侧，而电功率却是从一次侧通过工作磁通传到二次侧。按照等效的观点，可以认为，当一次侧交流电源直接接入一个负载电阻 Z_L' 与变压器二次侧接上负载 Z_L 两种情况下，一次侧的电压、电流和电功率完全相同。对于交流电源来说，Z_L' 与二次侧接上负载 Z_L 是等效的，阻抗 Z_L' 就称为负载 Z_L 折算到一次侧的等效阻抗，如图 7-10 所示。

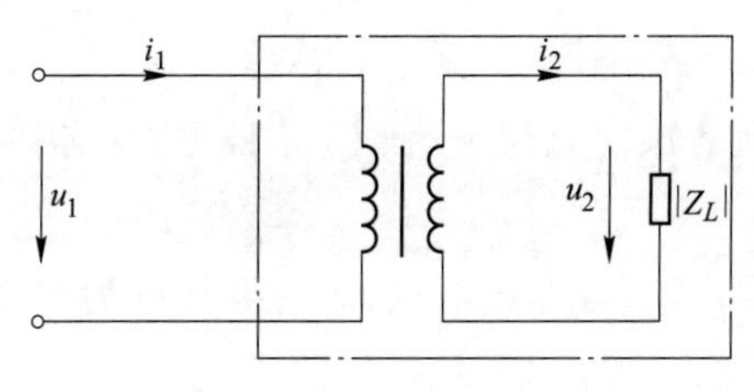

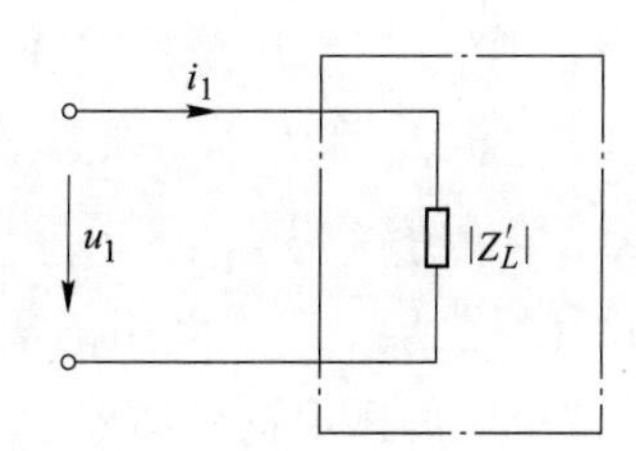

图 7-10　变压器的阻抗变换作用

负载阻抗：

$$Z_L = \frac{U_2}{I_2}$$

一次侧等效负载阻抗：

$$Z'_L = \frac{U_1}{I_1}$$

根据变压器电压变换和电流变换可得：

$$\frac{Z'_L}{Z_L} = \frac{U_1}{I_1}\frac{I_2}{U_2} = \frac{U_1}{U_2}\frac{I_2}{I_1} = K^2 = \left(\frac{N_1}{N_2}\right)^2$$

$$Z'_L = K^2 Z_L$$

这就是所谓变压器的变阻抗作用，只要配备的变压器变比 K 合适，便可使信号源提供最大功率给负载。

7.2.3　变压器的功率损耗与额定值

7.2.3.1　变压器的功率损耗

变压器的损耗分为铁耗和铜耗：铁耗是指交变的主磁通在铁芯中产生的磁滞损耗和涡流损耗之和；铜耗是一、二次绕组中电流通过该绕组电阻所产生的损耗。由于绕组中电流随负载变化，所以铜耗是随负载变化的。

变压器输入功率 P_1 与输出功率 P_2 之差就是其本身的总损耗 P，即：

$$P_1 - P_2 = P$$

输出功率 P_2 与输入功率 P_1 之比称为变压器的效率 η，通常用百分数表示，即：

$$\eta = \frac{P_2}{P_1} \times 100\% = \frac{P_2}{P_2 + P} \times 100\%$$

变压器空载时，$P_2=0$，$\eta=0$。小型变压器满载时的效率为 80%~90%，大型变压器满载时的效率可达 98%~99%。

7.2.3.2　额定值

（1）额定电压 U_{1N}和 U_{2N}。一、二次绕组的额定电压在铭牌上用分数线隔开，表示为 U_{1N}/U_{2N}。一次绕组的额定电压 U_{1N}是保证其长时间安全可靠工作应加入的正常的电源电压数值。二次绕组的额定电压是一次绕组加入额定电压 U_{1N}后，二次绕组开路时的电压值。

（2）额定电流 I_{1N}和 I_{2N}。一、二次绕组的额定电流 I_{1N}和 I_{2N}是根据变压器的允许温升所规定的电流数值。

（3）额定容量 S_N。二次绕组的额定电压 U_{2N}与额定电流 I_{2N}的乘积称为变压器的额定容量，即二次绕组的额定视在功率，单位是 V · A 或 kV · A。

$$S_N = U_{2N} I_{2N}$$

（4）额定频率f_N。变压器正常工作所加交流电源的频率。我国和世界上多数国家使用的电力系统的标准频率为 50Hz。

7-2　变压器

（5）变比 K。表示一、二次侧绕组的额定电压之比。即 $K=U_{1N}/U_{2N}$。

（6）温升。温升是指变压器在额定运行情况时，允许超出周围环境温度的数值，它取决于变压器所用绝缘材料的等级。

任务 7.3　特殊变压器

7.3.1　自耦变压器

变压器一般都是将各个线圈相互绝缘又绕在同一铁芯上，各线圈之间有磁的耦合而无电的直接联系，输出电压能够根据负载需要连续、均匀地调节，使用起来非常方便。

自耦变压器在结构上的特点是只有一个绕组，且在绕组上安置了一个滑动抽头 a。自耦变压器结构示意及图形符号如图 7-11 所示。图示表明自耦变压器的一、二次侧共用一个绕组，一、二次绕组既有磁的耦合，还有电的联系。

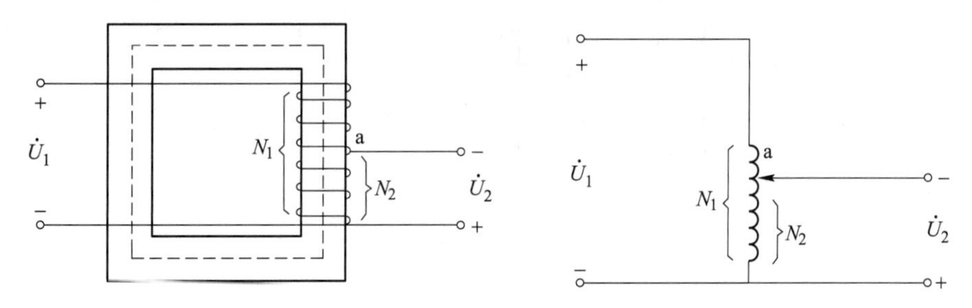

图 7-11　自耦变压器结构示意及图形符号

自耦变压器的工作原理与普通双绕组变压器相同。当一次绕组加入电源电压 U_1 时，在铁芯中产生工作磁通，最大值是 Φ_m，则在一、二次绕组中产生感应电动势 E_1 和 E_2。

$$E_1 = 4.44fN_1\Phi_m$$

$$E_2 = 4.44fN_2\Phi_m$$

空载时：

$$\frac{U_1}{U_{20}} \approx \frac{E_1}{E_2} = \frac{N_1}{N_2} = K$$

略去绕组内部导线电阻等的影响，在负载状态下仍可近似认为：

$$\frac{U_1}{U_2} \approx \frac{N_1}{N_2} = K$$

将二次绕组的滑动抽头 a 做成能沿着裸露的绕组表面滑动的电刷触头，移动电刷的位置，改变二次绕组的匝数 N_2，就能够连续均匀地调节输出电压 U_2。根据这样的原理做成的自耦变压器又称为调压器。

如果将电刷的活动范围加大，使二次绕组的匝数 N_2 多于一次绕组的匝数 N_1，则自耦变压器不仅可以用来降压，还能够用来升压。

自耦变压器具有结构简单、节省用铜量、效率较高等优点。其缺点是一次、二次绕组电路直接连在一起，高压绕组一侧的故障会波及低压绕组一侧，这是很不安全的，因此自耦变压器的电压比一般不超过 1. 5~2。因此使用自耦变压器时，必须正确接线，外壳必须接地，并规定安全照明变压器不允许采用自耦变压器的结构形式。

7. 3. 2　仪用互感器

仪用互感器是用来与仪表和继电器等低压电器组成二次回路对一次回路进行测量、控制、调节和保护的电路设备。互感器可分为电压互感器和电流互感器。

7. 3. 2. 1　电压互感器

电压互感器的结构和工作原理与降压变压器的基本相同，如图 7-12 所示。

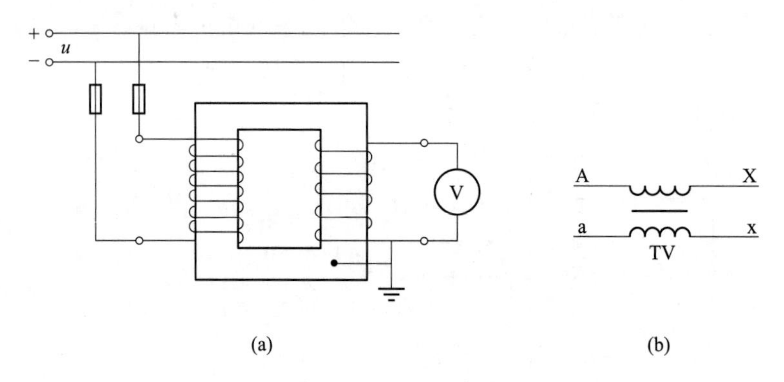

图 7-12　电压互感器

（a）电压互感器接线；（b）电压互感器图形符号

电压互感器的二次绕组与交流电压表相连，由于电压表内阻抗很大，故二次绕组电流很小，所以一次绕组电流近似空载电流。电压互感器的工作原理与变压器空载运行的工作原理相近似。

电压互感器的一次绕组匝数很多，并联于待测电路两端；二次绕组匝数较少，与电压表或电度表、功率表、继电器的电压线圈并联。

由于：

$$\frac{U_1}{U_2} \approx \frac{N_1}{N_2} = K_u$$

若接在二次绕组的电压表读数为 U_2，则被测电压为：

$$U_1 = K_u U_2$$

通常电压互感器二次绕组的额定电压均设计为 100V。仪表按一次绕组额定值刻度，这样可直接读出被测电压值。电压互感器的额定电压等级有 6000/100V、10000/100V 等。

使用电压互感器时，应注意二次绕组电路不允许短路，以防产生过流；将其外壳及二次绕组可靠接地，以防因高压方绝缘击穿时，将高电压引入低压方，对仪表造成损坏和危及人身安全。

7.3.2.2　电流互感器

电流互感器也是根据变压器的原理制成的，电流互感器能够按比例变换交流电流的数值，扩大交流电流表的量程。在测量高压电路的电流时，还能够把电流表与高压电路隔开，确保人身和仪表的安全。电流互感器的接线图和图形符号如图 7-13 所示。

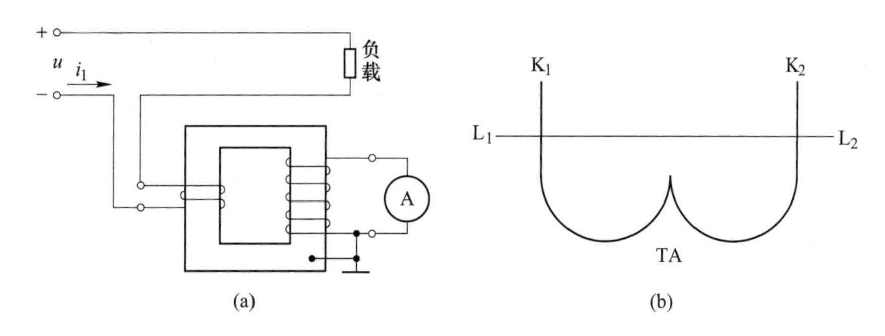

图 7-13　电流互感器

（a）电流互感器接线图；（b）电流互感器图形符号

一次绕组的匝数很少，通常只有几匝，甚至一匝，用粗导线绕制，允许通过较大电流。使用时一次绕组串联接入被测电路，流过被测电流 I_1，二次绕组的匝数较多，与电流表、功率表的电流线圈串联接成闭合电路。

根据变压器变换电流的原理，有：

$$\frac{I_1}{I_2} = \frac{N_2}{N_1} = K_i$$

若接在二次绕组的电流表读数为 I_2，则被测电流为：

$$I_1 = K_i I_2$$

通常电流互感器二次绕组额定电流均设计为 5A。当与测量仪表配套使用时，电流表按一次侧的电流值标出，即从电流表上直接读出被测电流值。电流互感器额定电流等级有 100/5A、500/5A、2000/5A 等。

注意：

（1）使用电流互感器时其外壳与二次绕组的一端和铁芯必须可靠接地；

（2）在运行中，二次绕组不允许开路，否则也会造成触电事故及损坏设备；

（3）在二次绕组电路中装卸仪表时，必须先将二次绕组短路。

7.3.3　三相变压器

现代交流供电系统都是以三相交流电的形式产生、输送和使用的，三相变压器能够把某一电压值的三相交流电变换为同频率的另一电压值的三相交流电，其工作原理与单相变压器基本相同。三相变压器具有容量大、电压高的特点。

三相变压器的铁芯有三个芯柱，每一相的高、低压绕组同心地绕在同一个芯柱上。高压绕组的首端分别标注大写字母 U_1、V_1、W_1，末端分别标注 U_2、V_2、W_2；低压绕组的首端分别标注小写字母 u_1、v_1、w_1，末端分别标注 u_2、v_2、w_2。高压绕组和低压绕组都有星形和三角形两种接法。

新的国家标准规定：高压绕组星形联结用Y表示，三角形联结用 D 表示，中性线用 N 表示。低压绕组星形联结用 y 表示，三角形联结用 d 表示，中线用 n 表示。

三相变压器高、低压绕组各有不同接法，形成 6 种不同组合形式，其中最常用的有 Y-yn、Y-d 和 YN-d 三种。

（1）Y-yn 接法即高压绕组星形联结，低压绕组也是星形联结，且带中性线。这种接法的优点是高压绕组的相电压只是线电压的$\frac{1}{\sqrt{3}}$，降低了对每相绕组的绝缘要求。

（2）Y-d 连接方式的特点是高压绕组接成星形，低压绕组接成三角形。三角形联结时的相电流只是线电流的$\frac{1}{\sqrt{3}}$，因而绕组导线的截面积可以缩小，故大容量的变压器多采用此种接法。

7-3　特殊变压器

（3）YN-d 连接方式主要用在输电线路上，它提供了在高压边电网接地的可能。

思考与练习

一、填空题

1. 定量描述磁场中各点磁场强弱和方向的物理量是________，表示符号________，它的单位是________，表示符号是________。

2. 据磁滞回线的形状，常把铁磁材料分成___________、___________、___________三类。

3. 铁磁材料的磁化特性为______________、__________、__________。

4. 铁磁材料被磁化的外因是______________，内因是______________。

5. 铁芯损耗是指铁芯线圈中的__________与__________的总和。

6. ________经过的路径称为磁路，其单位有________和________。

7. 磁导率是反映________。磁性材料磁导率受________影响发生变化。

8. 自然界的物质根据导磁性能的不同一般分为________物质和________物质两大类。

9. 变压器工作原理的基础是________定律。

10. 变压器铭牌上的二次绕组额定电压 U_{2N} 是指变压器一次绕组加入________后，二次绕组的________电压。

11. 变压器铁芯结构一般分为________和壳式两类。

12. 变压器的效率为________和________之比的百分数。

13. 变压器是既能变换________和________，又能变换________的电气设备。

二、单选题

1. 变压器一、二次侧感应电势之比（　　）一、二次侧绕组匝数之比。

A. 大于　　B. 小于　　C. 等于　　D. 无关

2. 变压器一、二次侧绕组因匝数不同，将导致一、二次侧绕组的电压高低不等，匝数多的一边电压（　　）。

A. 高　　B. 低　　C. 可能高也可能低　　D. 不变

3. 变压器一、二次电流的有效值之比与一、二次绕组的匝数比（　　）。

A. 成正比　　B. 成反比　　C. 相等　　D. 无关

4. 变压器匝数多的一侧电流比匝数少的一侧电流（　　）。

A. 大　　B. 小　　C. 大小相等　　D. 以上皆不对

5. 变压器的额定频率即是所设计的运行频率，我国为（　　）Hz。

A. 45　　B. 50　　C. 55　　D. 60

6. 变压器的铁芯一般采用（　　）叠制而成。

A. 铜钢片　　B. 铁钢片　　C. 硅钢片　　D. 磁钢片

7. 变压器的稳定温升大小与周围环境温度（　　）。

A. 正比　　B. 反比　　C. 有关　　D. 无关

8. 在下列选项中，变压器不能改变的是（　　）。

A. 电压　　B. 电流　　C. 阻抗　　D. 频率

9.（　　）是三相变压器绕组中有一个同名端相互连在一个公共点（中性点）上，其他三个线端接电源或负载。

A. 三角形联结　　B. 球形联结　　C. 星形联结　　D. 方形联结

10. 三相变压器 Dyn11 绕组接线表示一次绕组接成（　　）。

A. 星形　　B. 三角形　　C. 方形　　D. 球形

11. 电压互感器和电流互感器都属于（　　）。

A. 备用设备　　B. 仪器　　C. 一次设备　　D. 二次设备

12.（　　）的作用是将系统的高电压转变为低电压，供测量、保护、监控用。

A. 断路器　　B. 隔离开关　　C. 电压互感器　　D. 电流互感器

13. 自耦变压器不能作为安全电源变压器的原因是（　　）。

A. 公共部分电流太小　　B. 原边、副边有电的联系

C. 原边、副边有磁的联系

三、判断题

1. 硬磁材料的磁滞回线比较窄，磁滞损耗较大。（　　）
2. 磁场强度的大小与磁导率有关。（　　）
3. 在相同条件下，磁导率小的通电线圈产生的磁感应强度大。（　　）
4. 对比电路与磁路，可认为电流对应于磁通。（　　）
5. 交流铁芯线圈的损耗为线圈内阻引起的能量损耗。（　　）
6. 磁性材料的磁导率会随磁场的变化而变化，则磁场强度越大，磁导率越大。（　　）
7. 变压器的高压线圈匝数少而电流大，低压线圈匝数多而电流小。（　　）
8. 变压器绕组的极性端接错，对变压器没有任何影响。（　　）
9. 变压器中，带负载进行变换绕组分接的调压，称为有载调压。（　　）
10. 变压器运行时，由于绕组和铁芯中产生的损耗转化为热量，必须及时散热，以免变压器过热造成事故。（　　）
11. 运行中的电流互感器二次绕组严禁开路。（　　）
12. 电流互感器二次绕组可以接熔断器。（　　）

13. 运行中的电压互感器二次绕组严禁短路。　（　）

14. 电压互感器的一次及二次绕组均应安装熔断器。　（　）

15. 自耦变压器绕组间只有磁的联系，没有电的联系。　（　）

四、简答题

1. 磁性材料与非磁性材料的磁导率有什么不同？

2. 涡流损耗和磁滞损耗是如何产生的，如何减少这两种损耗？

3. 变压器铁芯的作用是什么？

4. 常见的变压器额定值有哪些？

5. 电流互感器的作用有哪些，电压互感器的作用有哪些？

6. 电流互感器二次侧开路有哪些危害？

7. 什么是电流互感器的变比？一次电流为 1200A，二次电流为 5A，计算电流互感器的变比。

五、计算题

1. 理想变压器的一次绕组匝数为 1000 匝，二次绕组匝数为 100 匝。若一次电压为 220V，则二次电压为多少？若二次电流为 100mA，那么一次电流应该是多少？

2. 如图 7-14 所示，一台有两个二次绕组的变压器，一次绕组匝数 $N_1=1100$ 匝，接入电压 $U_1=220\text{V}$ 的电路中。要求在两组二次绕组上分别得到电压 $U_2=400\text{V}$，$U_3=6\text{V}$，则对应的匝数分别是多少？

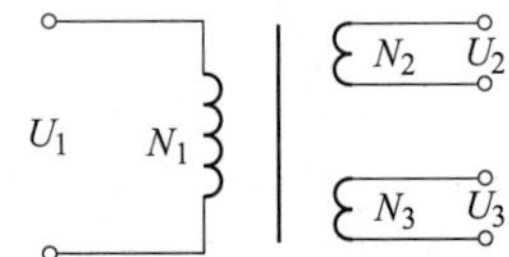

图 7-14　计算题 2 的图

知识拓展　变压器的自感与互感

（1）自感现象。自感现象是指某线圈中的电流变化在其自身产生感应电压的现象。自感现象是一种特殊的电磁感应现象，它是由线圈本身的电流变化而引起的。它的感应电压大小也由法拉第电磁感应定律确定，即：

$$u = N\frac{\mathrm{d}\Phi}{\mathrm{d}t} = L\frac{\mathrm{d}i}{\mathrm{d}t}$$

式中，L 表示自感系数，简称自感或电感，是指线圈产生自感能力的物理量，单位为 H（亨利）。自感系数的大小仅与线圈的几何形状、匝数和周围介质的性质有关，线圈面积越大、线圈越长、单位长度匝数越多，它的自感系数就越大。

（2）互感现象。互感现象是指在两个相耦合的线圈中，由于一个线圈中的电流发生变化而使另一个线圈产生感应电压的现象，变压器是一种典型的互感耦合元器件，如图 7-15 所示。

表示两线圈之间产生互感能力的物理量称之为互感系数，简称互感，单位是 H（亨利）。

穿越线圈 2 的互磁链与激发该互磁链的线圈 1 中的电流之比，称为线圈 1 对线圈 2 的互感系数 M_{12}；穿越线圈 1 的互磁链与激发该互磁链的线圈 2 中的电流之比，称为线圈 2 对线圈 1 的互感系数 M_{21}，即：

$$M_{21} = M_{12} = M$$

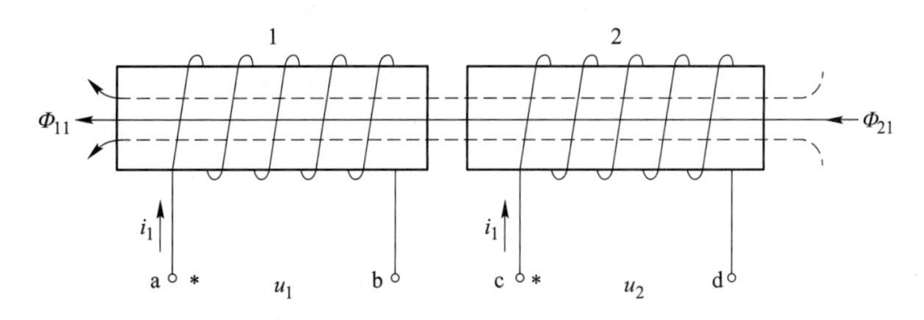

图 7-15　互感现象示意图

（3）耦合系数。两个线圈的耦合程度可由耦合系数 k 来表示，即：

$$k=\frac{M}{\sqrt{L_1L_2}}$$

式中，$0\leqslant k\leqslant 1$。当 $k=1$ 时，称为全耦合；当 $k>0.5$ 时，称为紧耦合；当 $k<0.5$ 时，称为松耦合；当 $k=0$ 时，称为无耦合。

（4）同名端。在同一磁通作用下，感应电动势极性相同的点（或瞬时极性相同的点）叫同名端，用“ * ”或“. ”表示，反之为异名端。

同名端的判定方法如下所述。

方法一：直流法

电路如图 7-16 所示，当 S 合上瞬间，电压表 V 的指针可能会发生两种偏转：

1）正偏转。电压表两端电压上正下负，1 与 2 为同名端。

2）反偏转。电压表两端电压下正上负，1 与 2′为同名相。

方法二：交流法

用交流电压表测量图 7-17 所示电路中 U_1、U_2、U_3 的值。

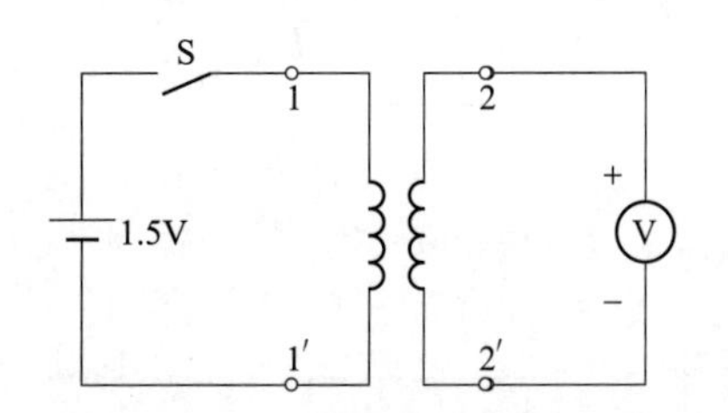

图 7-16　同名端的判定方法一

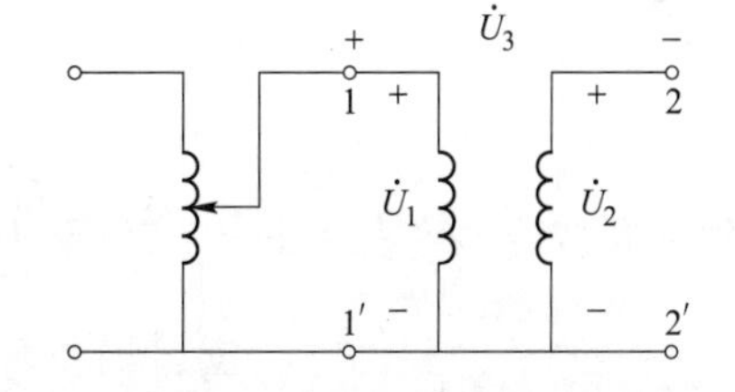

图 7-17　同名端的判定方法二

1）当 $U_3=U_1-U_2$ 时，1 与 2 为同名端，这是因为 $\dot{U}_3=\dot{U}_1-\dot{U}_2$。

2）当 $U_3=U_1+U_2$ 时，1 与 2′为同名端，这是因为 $\dot{U}_3=\dot{U}_1-\dot{U}_2$。

实践提高　变压器的测定

1. 实验目的

（1）用实验方法确定变压器绕组的同名端。

（2）测定变压器的变压比、变流比及阻抗变换。

（3）掌握自耦变压器的使用。

2. 原理与说明

（1）本次实验采用交流法判断变压器两个绕组的同名端，如图 7-18 所示，将待测的两个绕组先以 1-3、2-4 标注，然后按图 7-18 连接 2-3 两端，在 1-3 两端外加（50%~70%）U_e 的电压，测量 $U_{1.3}$，$U_{2.4}$和 $U_{1.4}$，若 $U_{1.4}=|U_{1.3}+U_{2.4}|$，则 1 和 4 是异名端，若 $U_{1.4}=|U_{1.3}-U_{2.4}|$，则 1 和 4 是同名端。

（2）变压器原、副边的电压比（$U_1/U_2=N_1/N_2$），电流比（$I_1/I_2=N_2/N_1$）及阻抗变换（$Z_1'=(N_1/N_2)^2Z_1$）的关系均是在理想状态下才成立。在实际变压器中，这些关系是近似的，所以在实测中存在有误差。

（3）本次实验内容是围绕实验用变压器，判断原方两个绕组的同名端，按要求进行联接。然后测定其电压比，电流比及阻抗变换。自耦变压器为实验用变压器原方提供电压。

3. 任务与步骤

（1）判别变压器绕组的同名端：

1）首先用万用表的欧姆挡判别图 7-19 中四个接线柱哪两个是一个绕组。

____________为一个绕组。

____________为一个绕组。

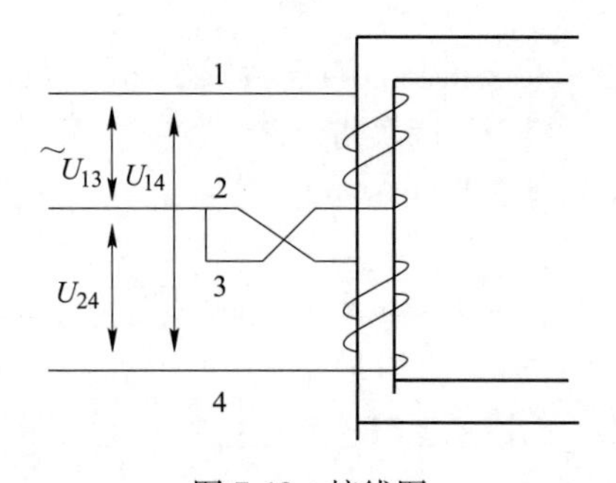

图 7-18　接线图

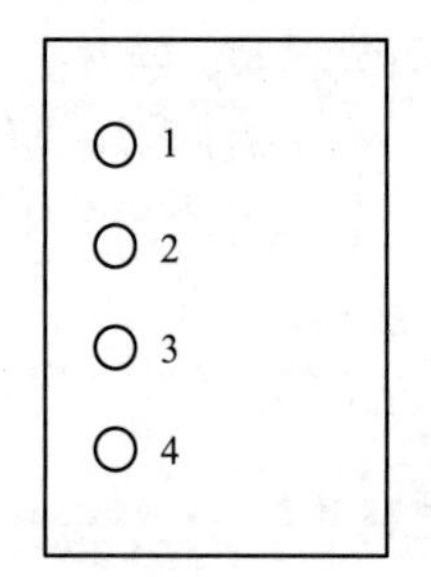

图 7-19　四个接线柱

2）判别同名端：接线图如图 7-20 所示。

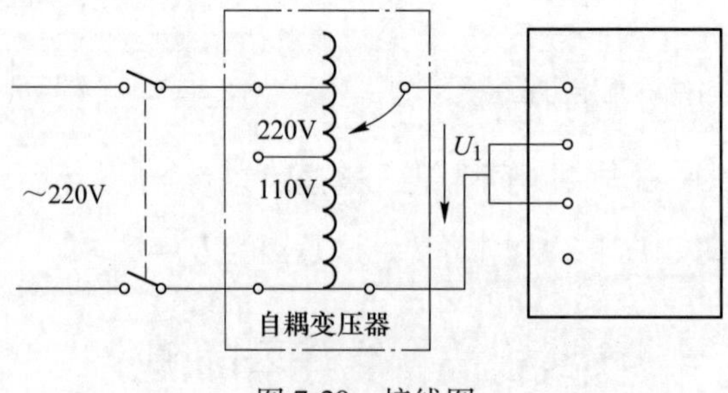

图 7-20　接线图

测量：U_{13}__________、U_{24}__________、U_{14}__________。

结果：_________和_________接线柱为同名端。

注意事项：U_1 不得超过 110V。

（2）变压比测定，按图 7-21 接线。改变不同的 U_1 值，测量副方开路时相应的 U_2、U_3 值，填表 7-1。

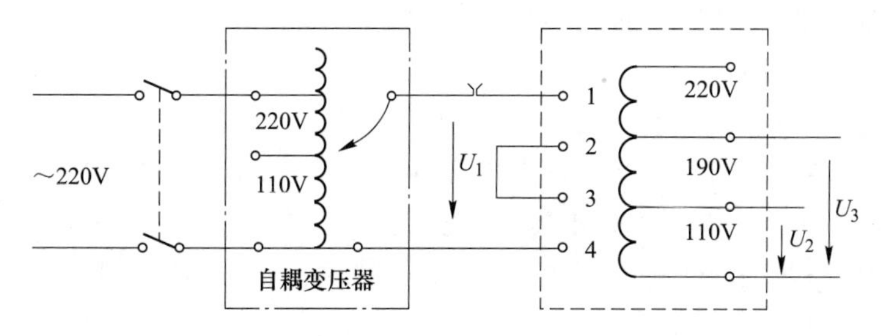

图 7-21　接线图

表 7-1　记录表

U_1	50V	100V	150V	200V	220V
U_2					
U_3					

变比计算：（平均值）$U_1/U_2=$

$U_1/U_3=$

（3）变压器外特性的测定：按表 7-2 线路，将副方 110V 输出端接入负载电阻箱，在保持原方电压为 220V 的条件下改变不同电阻测原、副方的电压和电流。

注意：副方电流不得超过 0. 5A，$U_1=220$V。

表 7-2　记录表

R	无	1. 1kΩ	1. 1kΩ//1. 1kΩ	1. 1kΩ//1. 1kΩ//1. 1kΩ	1. 1kΩ//1. 1kΩ//1. 1kΩ//1. 1kΩ
U_2					
次级副方 I_2					
初级原方 I_1					
比例 I_1/I_2					

4. 仪器设备

（1）实验用变压器：容量为 40VA，额定电压标注如图 7-22 所示，额定电流：

220V/0. 2A

190V/0. 3A

110V/0. 4A

变压器原方两个绕组串联时允许电压为 220V。

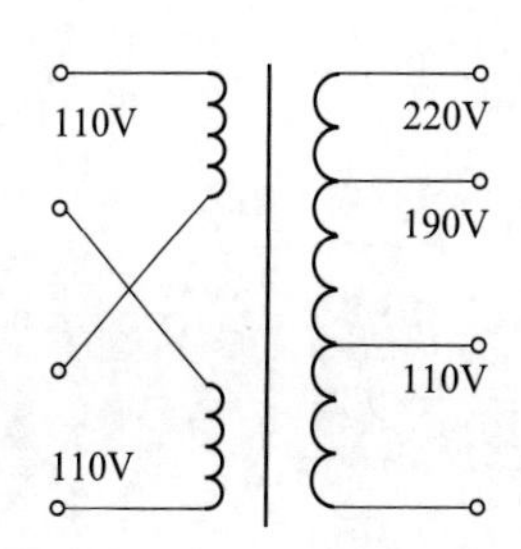

图 7-22　额定电压标注

（2）自耦变压器是实验室中常用的电气设备。通过旋转手柄可调节输出电压大小。

本次使用的自耦变压器技术数据如下：

容量　100VA　输出电压　0~220V

输入电压　220V/110V　输出电流　0.5A

自耦变压器在使用中应注意的事项：

1）自耦变压器不能作为安全变压器使用。

2）自耦变压器原、副方不得接错。

3）自耦变压器上面的刻度盘只示意电压的大小范围，不作为准确的电压值指示，所以给出电压的大小应该用电压表具体测量。

4）自耦变压器在接入线路前和使用完后，应将旋转手柄调到“0”位。

（3）单相电量仪：（略）。

交流电流表：0~2A。

万用表：（略）。

5. 实验总结

（1）按实验数据画出变压器外特性曲线。

（2）若变压器原方两绕组由于同名端判别错误，串联使用时会出现什么后果。为什么变压器用“VA”表示容量，而不用“W”表示。

项目8　安全用电常识

项目引入

电已经成为人们日常生活中不可缺少的一部分，但如果使用不当，它也会给人们的生产和生活带来巨大的经济损失和人员伤亡。本项目将从安全用电基础知识、触电急救和电气防火措施几个方面展开阐述，提高学生的安全用电意识。

所谓安全用电是指电气工作人员、生产人员以及其他用电人员，在规定环境下采取必要的措施和手段，在保证人身及设备安全的前提下正确使用电力。

思政案例

触电事故很多情况下都是违规操作或粗心大意导致的。大国工匠方文军作为一名基层电力运维工，曾说过："我们的工作不能有一点疏忽，老师傅有句话叫：'手把千斤重、压板连万家'，变电站里的一个手把、一个压板都联系着千家万户，一个很小的疏漏可能使一个地区停电，而一座枢纽变电站停电，可能使半个北京城受到牵连，所以说我们的责任非常重大。"方文军16年兢兢业业、精益求精的努力工作，换来了千家万户的用电正常。当代大学生要学习方文军的刻苦钻研、谨小慎微的职业精神，学习和工作中遵纪守法、锐意进取、不断创新。

学习目标

（1）知识目标：

1）掌握安全用电的基础知识；

2）了解并掌握触电时急救常识及注意事项；

3）了解工作中安全用电的注意事项；

4）了解电气防火的几项重要措施。

（2）技能目标：

1）能对生活中的安全用电事故进行分析；

2）能够正确使用绝缘工具。

（3）素质目标：

1）团队沟通、协作能力；

2）观察、信息收集和自主学习能力；

3）遵纪守法的安全责任精神。

8-0　项目引入

任务 8.1　安全用电基础

在供电、用电过程中，操作人员必须特别注意安全用电。稍有麻痹或疏忽，就可能造成触电事故，甚至引起火灾或爆炸，给国家和人民带来极大的损失。

8.1.1　人体触电类型

触电：人体组织的 60%以上都含有导电的水分，因此人体是导体。当人体触及带电体并构成回路时，就会有电流流入人体，从而对人体内部生理机能造成伤害，称为人体触电事故。

人体触电后，电流流经人体产生的伤害不同，根据其性质可分为电击和电伤两类。

8.1.1.1　电击

电击是指电流通过人体时所造成的内伤。它能使肌肉抽搐，内部组织损伤，造成发热、发麻、神经麻痹等，严重时将引起昏迷、窒息，甚至死亡。

电击可分为直接电击和间接电击。直接电击是指人体直接触及正常运行的带电体所发生的触电。间接电击是指电气设备发生故障后，人体触及意外带电部分所发生的触电。

8.1.1.2　电伤

电伤是指在电流的热效应、化学效应、机械效应及电流本身作用下造成的人体外伤。常见电伤有灼伤、烙伤、皮肤金属化等现象，一般不会危及生命。

在高压触电事故中，电伤和电击往往同时发生。

8.1.2　电流对人体的伤害程度

电流对人体的伤害程度与以下 7 个因素有关。

(1) 电流的大小。

流过人体的电流大小是影响人体伤害程度的主要因素。流过人体的电流越大，对人体的伤害也会越严重。对于“工频”交流电，按照通过人体的电流大小所呈现的不同状态，可将其划分为感知电流、摆脱电流和致命电流三种，其含义和大小见表 8-1。

表 8-1　电流大小对人体的作用划分

电流类型	含　义	电流大小/mA
感知电流	能引起人体感知的最小电流	1
摆脱电流	人体触电后能自主摆脱的最大电流	10~16
致命电流	短时间内危及生命的最小电流	50

一般情况下，30mA 以下的交流电通过人体，短时间内不会造成生命危险，称为安全电流。

（2）人体的电阻值。

人体的电阻值通常为 10～100kΩ，基本上由皮肤的表皮角质层电阻来决定，但它会随触电时的接触面积、压力及潮湿、肮脏程度等因素而变化，极具不确定性，并会随触电电压的升高而减小。当触电电压一定时，人体的电阻值越小，通过人体的电流就会越大，对人体的伤害程度也越严重。

（3）触电电压的大小。

作用于人体的触电电压越大，通过人体的电流越大，人体受到的伤害就越严重，而触电电压的大小往往跟触电方式有关。

（4）电流的频率。

对于同样大小的电流，交流电比直流电伤害严重，而 40～60Hz 的交流电流对人体的伤害程度最为严重。当电流的频率偏离 40～60Hz 越远，对人体的伤害程度越轻。

（5）电流流过人体的持续时间。

电流对人体的伤害程度与电流流过人体的时间有关。随着电流通过人体时间的增长，电流对人体组织的电解作用会使人体电阻逐渐降低。

（6）电流的途径。

电流通过头部会使人昏迷而死亡；通过脊髓会导致截肢及严重损伤；通过中枢神经或有关部位，会引起中枢神经系统强烈失调而导致残废；通过心脏会造成心跳停止而死亡；通过呼吸系统会导致窒息。实践证明，从左手到脚是最危险的电流路径，从右手到脚、从手到手也是危险的路径，从脚到脚是危险相对较小的路径。

（7）人体的状况。

触电者的伤害程度还与其性别、年龄、健康状况、精神状态有关。女性比男性对电敏感程度更强；儿童遭受电击的伤害比成年人严重；同等情况下，有心脏病、肺病、精神疾病的患者受电击的伤害比健康人更严重。

8.1.3　触电方式

根据人体触及带电体的方式和电流通过人体的途径，触电可分为单相触电、两相触电和跨步电压触电 3 种情况。

8.1.3.1　单相触电

单相触电是指人体的某一部分接触任一相线的同时，另一部分又与大地或中性线相接，如图 8-1 所示。

（1）供电系统中性点接地的单相触电。如图 8-1（a）所示，当人体接触任一相线发生触电时，电流从相线经人体，再经大地回到中性点，人体上的电压为相电压 220V。触电电流由人与相线的接触电阻、人体电阻、人与地面的接触电阻等共同决定，其中影响最大的是人与地面的接触电阻，可采用穿绝缘鞋、站在绝缘垫上等办法来保障人身安全。

（2）供电系统中性点不接地的单相触电。如图 8-1（b）所示，任意相线与大地之间都存在绝缘电阻和分布电容。如果人体接触任一相线而发生触电时，电流将会通过人体和

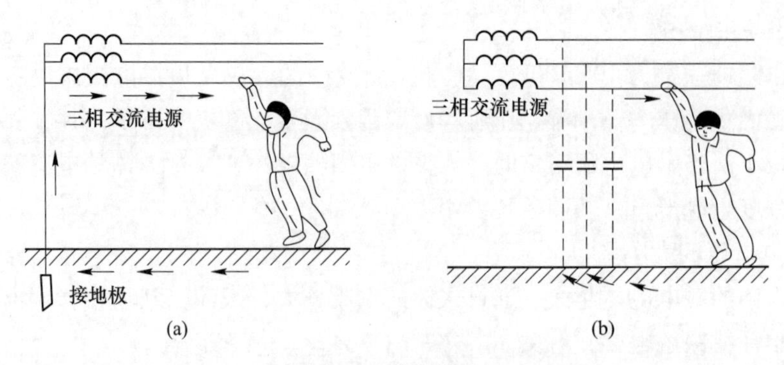

图 8-1　单相触电

（a）供电系统中性点接地的单相触电；（b）供电系统中性点不接地的单相触电

其他两相对地的分布电容及绝缘电阻构成回路，从而对人体构成危害。

8.1.3.2　两相触电

两相触电是指人体的不同部分同时接触电源的任意两根相线所造成的触电，如图 8-2 所示。发生两相触电时，电流从一根相线流过人体进入另一根相线而形成闭合回路，加在人体上的电压是线电压 380V，比单相触电时电压要高，危险性更大。

8.1.3.3　跨步电压触电

雷电流入地或电力线（特别是高压线）断散到地时，会在导线接地点及周围形成强电场。当人体跨进这个区域时，两脚之间出现的电位差称为跨步电压，该区域内的触电称为跨步电压触电，如图 8-3 所示。人体万一误入危险区，千万不能大步跑，应双脚并拢或单脚跳出接地区。

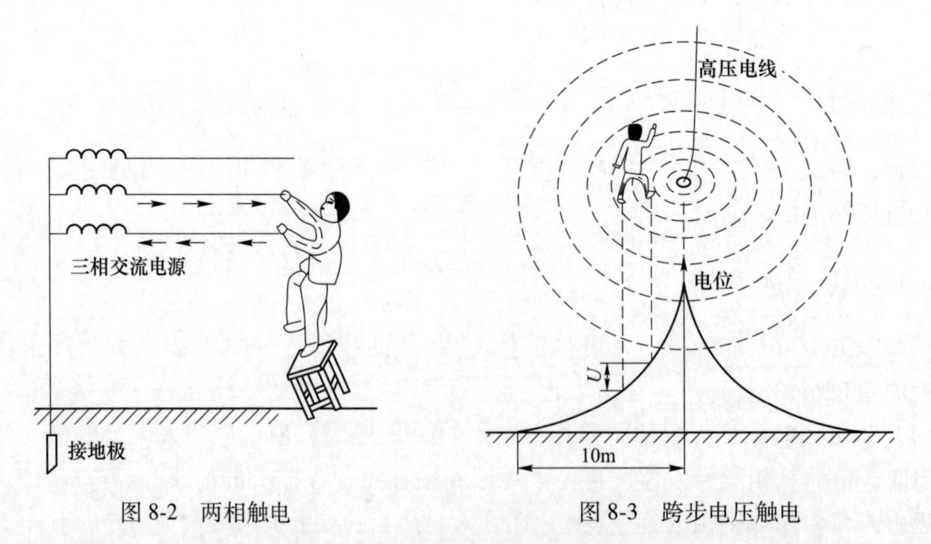

图 8-2　两相触电　　图 8-3　跨步电压触电

8.1.4　防止触电的技术措施

防止触电的技术措施主要有预防直接触电和预防间接触电两类。

8.1.4.1 预防直接触电的措施

（1）绝缘。用绝缘物（陶瓷、玻璃、云母、橡胶、木材、胶木、塑料等）把可能形成的触电回路隔开，以防止触电事故的发生。常见的绝缘方法有：将电气装置外壳装上绝缘防护罩；将常用电工工具手柄上套上耐压 500V 以上的绝缘套；电工操作人员穿戴绝缘胶鞋、绝缘手套等。

（2）屏护。屏护是指用屏护装置（遮栏、护罩、护盖、箱闸等）将带电体与外界隔离起来，以有效地防止人体触及或靠近带电体。高压设备无论是否有绝缘，均应采取屏护。

（3）间距。为防止带电体与带电体之间、带电体与地面之间、带电体与其他设施或设备之间、带电体与工作人员之间因距离不足而在其间发生电弧放电现象引起电击或电伤事故，因此规定其间距必须保持一定的安全距离。

8.1.4.2 预防间接触电的措施

（1）加强绝缘。加强绝缘就是采用双重绝缘或另加总体绝缘，即保护绝缘体以防止通常绝缘损坏后的触电。

（2）电气隔离。采用变压器或具有同等隔离作用的发电机，使电气线路和设备的带电部分处于悬浮状态。

（3）自动断电。在带电线路或设备上发生触电事故或其他事故（短路、过载、欠压等）时，在规定时间内能自动切断电源而起到保护作用。

8.1.4.3 安全电压

我国规定，在任何情况下，两导体之间或任一导体与大地之间安全电压的上限值均不得超过工频电压有效值 50V，安全电压的额定值等级有 42V、36V、24V、12V 和 6V。

凡是手提照明灯具、用于危险环境和特别危险环境的局部照明灯、高度不足 2.5m 的照明灯及携带式电动工具等，若无特殊安全结构或安全措施，均应采用 24V 或 36V 安全电压。

对于湿度大、狭窄、行动不便，以及周围有大面积接地导体的场所（金属容器内、隧道内、矿井内等）使用的手提照明，应采用 12V 安全电压。

8.1.4.4 其他措施

（1）不可以用湿手接触带电的物体，更不可以用湿布擦拭带电电器。

（2）在不宜使用 380/220V 电压的场所，应使用 12~36V 的安全电压。

（3）经常检查电气设备的绝缘情况，如果绝缘损坏，应及时使用绝缘材料包好或者及时更换。

（4）安装和检修电气设备时，不可以用手去触摸鉴定，应使用验电笔来检测设备或导线是否带电。

（5）严禁带电操作动力配电箱中的开关。

(6) 工作前必须检查工具、测量仪表和防护用具是否完好。工作结束后要清点工具及材料数量，清理现场。

(7) 在电容器上操作时，必须在断电后使之放电。

(8) 带电操作时，必须一人操作，一人监视。

(9) 熟悉安全色标和安全警示标志的含义。

(10) 杜绝超负荷用电，严禁私自拉接用电线路。

(11) 在搬移或者检修电气设备前，必须断开电气设备的电源。

8-1 安全用电基础

任务 8.2　触电急救及电气防火措施

8.2.1　触电急救的方法

人触电后不一定会立即死亡，可能会出现神经麻痹、呼吸中断、心脏停搏等症状，外表上呈现昏迷的状态，此时如果现场抢救及时，方法得当，人是可以救活的。现场急救对抢救触电者非常重要。

触电急救的基本原则是“迅速、就地、准确、坚持”，即迅速使触电者脱离电源，然后对触电伤害程度进行科学的判断，并在现场附近进行准确、不间断的抢救。

8.2.1.1　脱离电源

在人体触电后，电流流过人体时间越长，伤害就越严重，抢救成功率就越小。因此，一旦发现有人触电，首先要在保证自己安全的情况下，使触电者迅速脱离电源。

(1) 低压触电事故。对于低压触电事故，可采用“拉”“切”“挑”“拽”“垫”的方法使触电者脱离电源。

1) “拉”：如果触电地点附近有电源开关或插座时，应立即拉下电源开关或拔掉电源插头。

2) “切”：如果找不到附近的电源开关，可用有绝缘手柄的电工钳或有干燥木柄的斧子等利器将电源线切断。

3) “挑”：如果电线搭落在触电者身上或被压在身下时，可用干燥的木板、木棒等绝缘物挑开电线，或使用干燥的绝缘绳套拉电线或触电者。切勿使用金属或潮湿的物体去触碰电线。

4) “拽”：如果周围没有合适的工具，救护人可穿绝缘靴、戴绝缘手套或用干燥的衣物包裹着手，单手拽拉触电者干燥的衣物，使触电者脱离电源。

5) “垫”：如果触电者由于痉挛手指紧握电线或电线缠绕在身上，救护人可站在干燥的木板或绝缘板上，使用干木板等绝缘物塞到触电者身下，以暂时隔断电流。然后再设法切断电源。

(2) 高压触电事故。对于高压触电事故，可采用下列方法使触电者脱离电源。

1) 立即通知有关部门断电。

2) 戴上绝缘手套，穿上绝缘靴，用相应电压等级的绝缘工具按顺序断开开关。

3) 将裸金属线的一端可靠接地，另一端抛掷在线路上造成短路，迫使保护装置动作切断电源。

8.2.1.2　脱离电源后的救护

当触电者脱离电源后，现场救护人员应迅速对触电者的伤情进行判断，对症抢救。现场应用的主要救护方法是人工呼吸法和胸外心脏挤压法。同时，设法拨打急救电话，联系急救中心的医生到现场接替救治。

(1) 人工呼吸法。进行人工呼吸前，应确保气道畅通。将触电者仰卧于地面或硬床板上，迅速解开其衣领及腰带，将其头侧向一边，清除口腔异物后，采用仰面抬颌法等进行口对口或口对鼻人工呼吸，如图 8-4 所示。

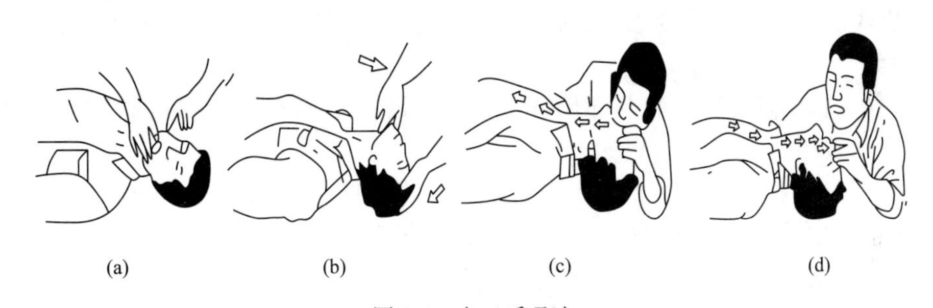

图 8-4　人工呼吸法

(a) 清理口腔异物；(b) 让头后仰；(c) 口对口吹气；(d) 放开口鼻换气

(2) 胸外心脏挤压法。在判断触电者心脏停止跳动后，用胸外心脏按压的方法使得心脏被动射血，以带动血液循环，如图 8-5 所示。

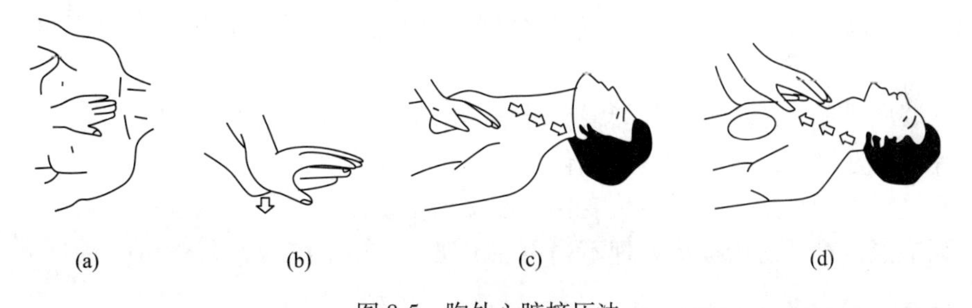

图 8-5　胸外心脏挤压法

(a) 手掌位置；(b) 两手相叠；(c) 掌根用力下压；(d) 突然放松

8.2.2　电气防火措施

由于过载、短路、接触不良、漏电、电火花与电弧等电气原因产生火源而引起的火灾，称为电气火灾。为了抑制电气火灾的产生而采取的各种技术措施和安全管理措施，称为电气防火。

8.2.2.1　电气火灾的主要原因

(1) 过载。过载是指电气设备或导线的功率或电流超过其额定值。电气设备长期过载运行会引起电气设备过度发热，加速绝缘老化，当温度达到绝缘材料的易燃温度时，会引起火灾。造成过载的原因主要有以下几点。

1）设计安装时选型不正确，使电气设备（如变压器等）的额定容量小于实际负载容量。

2）用电设备功率过大或者导线截面选择过小，造成超载运行。

3）检修、维护不及时，使设备或导线长期处于带病运行状态。

（2）短路、电弧和电火花。短路是电气设备最严重的一种事故状态，短路的主要原因是载流的绝缘破坏造成相线与相线、相线与保护零线相连等。一方面，短路会使电流急剧增加，产生大量的热量，电气设备的温度迅速上升，当温度达到绝缘材料的燃点时，就会导致火灾。另一方面，在短路点或连接松动的电气连接处会产生电火花或电弧，电弧温度可达数千摄氏度，不但可引燃电气设备本身的绝缘材料，还会引燃附近的可燃物。造成短路的原因有：

1）电气设备的选用和安装与使用环境不符，致使其绝缘部分在高温、潮湿、酸碱环境条件下受到破坏；

2）电气设备使用时间过长，绝缘老化，耐压与机械强度下降；

3）由于维护不及时，导电粉尘或纤维进入电气设备也可能引起短路；

4）过电压使导线绝缘被击穿，发生短路起火事故；

5）绝缘导线直接缠绕、钩挂在铁钉或铁丝上时，由于摩擦或铁锈腐蚀而使绝缘破坏；

6）在安装和检修工作中，因接线和操作错误，也可能造成短路；

7）雷击造成电气设备或电气线路短路。

（3）接触电阻过大。导体连接时，在接触面上形成的电阻称为接触电阻。接头处理良好，则接触电阻小；连接不牢或其他原因使接头接触不良，则会导致局部接触电阻过大，产生高温，使金属变色甚至熔化，引起绝缘材料中可燃物燃烧。发生接触电阻过大的主要原因有：

1）安装质量差，造成导线与导线、导线与电气设备连接点连接不牢；

2）导线的连接处沾有杂质，如氧化层、泥土、油污等；

3）连接点由于长期振动或冷热变化，使接头松动；

4）铜铝混接时，由于接头处理不当，在电腐蚀作用下接触电阻会很快增大。

8.2.2.2 电气火灾的预防措施

电气火灾的预防主要从以下四方面入手。

（1）过载火灾防范。

1）合理选择导线的材料和截面积，并考虑负荷的发展规划。

2）定期检查线路负载和设备增减情况的负荷情况。

3）安装相应的熔断器或断路器。

（2）短路火灾防范。

1）严格按照《电气设计规程》的规定，设计、安装、调试、使用和维护电气线路。

2）防止电气线路绝缘老化，除考虑环境条件的影响外，还应定期对线路的绝缘情况进行检查。

3）不同的工作环境、电气线路中，导线、电缆的选择和敷设应根据相应的国家标准规定进行。

4）加强电气线路的安全管理，防止人为操作事故和未经允许情况下乱拉乱接线路、私自增加用电设备或私自用铜丝、铝丝、铁丝代替熔断器熔体。

（3）接触电阻过大的防范措施。

1）尽量减少不必要的接触，对于必不可少的接头，必须紧密结合，牢固可靠。

2）铜芯导线采用铰接时，应尽量进行锡焊处理。

3）铜铝相接应采用铜铝接头，并用压接法连接。

4）经常对电气线路进行检查测试，发现问题，及时处理。

（4）安装电气火灾监控系统。

8.2.2.3　电气灭火

（1）切断电源以防触电。切断电源的地点要选择得当，并应使用绝缘工具。对于高压设备，要先断开断路器，再拉开隔离开关；对于低压设备，应先断开电磁启动器，然后拉闸，避免引起弧光短路。如果线路带有负荷，则要先切断负荷，再切断现场电源。

（2）带电灭火要求。有时因为一些原因，不允许断电，需要带电灭火，则需要注意以下几点：

1）选择合适的灭火器。注意泡沫灭火器严禁用于带电灭火；

2）使用水枪带电灭火时，应穿绝缘靴，戴绝缘手套，并将水枪金属喷嘴可靠接地；

3）人体与带电体之间应该保持安全距离；

4）对架空线路等空中设备进行灭火时，人体位置与带电体之间的仰角应不超过45°；

5）设置警戒区，防止跨步电压伤人。

8-2　触电急救及电气防火措施

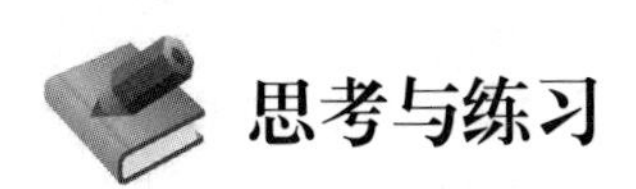

思考与练习

一、填空题

1. 电流对人体的伤害可以分为________和________两种类型。

2. 人体同时接触带电设备或线路中的两相导体时，电流从一相通过人体流入另一相，这种触电现象称为________触电。

3. 人体对交流电的频率而言，________的交流电对人体伤害最为严重。

4. 电线接地时，人体距离接地点越远，跨步电压越低，一般距离接地点________，跨步电压可以看成零。

二、单选题

1.（　　）是触电事故中最危险的一种。

A. 电烙伤　　B. 皮肤金属化　　C. 电灼印　　D. 电击

2. 对“有心跳而呼吸停止”的触电者，应采用（　　）进行急救。

A. 胸外心脏挤压法　　B. 俯卧压背法

C. 口对口（鼻）人工呼吸法　　D. 海姆立克急救法

3. 某安全色标的含义是禁止、停止、防火，其颜色为（　　）。

A. 红色　B. 黄色　C. 绿色　D. 黑色

4. 在三相四线制配电网中工作零线用（　）表示。

A. N　B. PE　C. PEN

5. 外引接地装置应避开人行道，以防止（　）。

A. 跨步电压电击　B. 接触电压电击　C. 对地电压电击

三、判断题

1. 在触电者未脱离电源前，不要用手拉触电者。（　）
2. 导线、电缆的选择和敷设应根据相应的国家标准规定进行。（　）
3. 触电急救必须分秒必争，立刻就地迅速用心肺复苏进行抢救，同时应及早与医疗部门联系。（　）
4. 发生电气火灾时，首先应迅速切断电源，在无法切断电源的情况下，应迅速选择干粉、二氧化碳等不导电的灭火器进行灭火。（　）
5. 为了防止触电，可采用绝缘、防护、隔离等技术措施以保证安全。（　）
6. 当电流通过人体超过 30mA 时，会对人体造成伤害。（　）
7. 电器开关应接在相线上。（　）
8. 所谓电气设备外壳带电，是指它带有一定的电流。（　）
9. 在选择导线时必须考虑线路投资，但导线截面积不能太小。（　）

四、简答题

1. 什么叫安全电压，安全电压的额定值等级有哪几个？
2. 电流对人体的伤害程度与哪些因素有关？
3. 带电灭火需要注意些什么？
4. 电气火灾产生的原因是什么？
5. 漏电保护装置的安装有什么要求？
6. 在低压触电事故中，有哪些方法可以使触电者脱离电源？
7. 预防绝缘事故的措施有什么？
8. 简述干粉灭火器的使用方法和注意事项。

知识拓展　静电与雷电的防护

（1）静电防护。静电是一种常见的自然现象，任何一种物质，不论是固体、液体、气体还是粉尘，不论是导体还是绝缘体，都会因为摩擦而产生静电。如干燥环境下用梳子梳理头发时头发竖起来甚至能听到放电声，这是静电现象。

1）静电的危害。静电放电主要有以下危害。

① 爆炸和火灾。静电能量虽然不大，但因其电压很高而容易发生放电，如果周围存在易燃物质或者由易燃物质形成的爆炸性混合物，就有可能由静电火花引起爆炸或火灾。这种事故在炼油、化工、橡胶、造纸印刷、粉末加工等行业很容易发生。

② 电击。静电电击不是电流持续通过人体的电击，而是静电放电造成的瞬间冲击性的电击，一般不会直接使人致命，但很可能导致因静电电击而坠落的严重二次事故。

③ 妨碍生产。在某些生产过程中，如不消除静电，将会妨碍生产或降低产品质量。

如造成电子元器件的误动作或电子元器件的损坏。

2）静电的防护措施。

① 静电最为严重的危害是引起爆炸和火灾。因此，静电安全防护主要是对爆炸和火灾的防护。

② 控制环境危险程度。对于爆炸性混合物较多的场所，可以采取减少氧化剂含量、取代易燃介质、降低爆炸性物质的浓度等措施控制爆炸和火灾危险性。

③ 工艺控制。工艺控制是从工艺上采取适当的措施，限制和避免静电的产生和积累。常用的工艺控制方法有选用合适的工作服材料、降低摩擦速度或流速、增强静电的消散过程。

④ 接地和屏蔽。接地是消除静电危害最常见的方法，可采取金属导体直接接地、导电性地面间接接地等方式，把设备上各部分经过接地极与大地连接。静电屏蔽是指用接地的屏蔽罩把带电体与其他物体隔离开，这样带电体的电场将不会影响周围其他物体。

⑤ 增湿。增湿适用于绝缘体上静电的消除。随着湿度的增加，绝缘体表面上形成薄薄的水膜，它能使绝缘体的表面电阻大大降低，加速静电的泄漏。此方法常在纺织工业中用来消除纤维产生的静电。

⑥ 静电消除器。静电消除器又叫静电中和器，它能将分子进行电离，产生等量的正、负离子，被送风装置吹到带电体上，与带相反电性的静电进行中和从而达到消除静电的目的，通常用于中和非导体上的静电。按照工作原理和结构的不同，静电消除器大体上可以分为感应式消除器、高压式消除器、放射线式消除器和离子风式消除器。

⑦ 抗静电添加剂。抗静电添加剂是化学药剂，具有良好的导电性或较强的吸湿性，因此，在容易产生静电的高绝缘材料中，加入抗静电添加剂能够降低材料的电阻，加速静电的泄漏。

（2）雷电防护。雷电是一种自然现象，是一部分带电荷的云层与另一部分带异种电荷的云层，或者是带电的云层对大地之间的迅猛放电，这种迅猛的放电过程产生强烈的闪电并伴随巨大的声音。云层之间的放电主要对飞行器有危害，对地面上的建筑物和人畜没有太大的影响，而云层对大地的放电则对建筑物、电子电气设备和人畜危害很大。

1）雷电的种类。造成危害的雷电主要有直击雷、感应雷和球雷三种类型。

① 直击雷。直击雷是带电积云接近地面到一定程度时，与地面目标之间的强烈放电。直击雷的每次放电还有先导放电、主放电、余光三个阶段，大约50%的直击雷有重复放电特征。一次直击雷的全部放电时间一般不超过500ms。

② 感应雷。感应雷也称为雷电感应，分为静电感应雷和电磁感应雷。静电感应雷是由于带电积云在架空线路导线或其他导电凸出物顶部感应出大量电荷，在带电积云与其他客体放电后，感应电荷失去束缚，以大电流、高电压冲击波的形式，沿线路导线或导电凸出物极快地传播。电磁感应雷是由于雷电放电时，巨大的冲击雷电流在周围空间产生迅速变化的强磁场，在邻近的导体上产生很高的感应电动势。

③ 球雷。球雷是雷电时形成的发出橙光、红光或其他颜色光的火球。球雷出现的概率约为雷电放电次数的2%，其直径多为20cm左右，运动速度约为2m/s及以上，存在时间为数秒钟到数分钟。在雷雨季节，球雷可能从门、窗、烟囱等通道入侵室内。

2）雷电的参数。雷电参数是防雷设计的重要依据之一，雷电参数是指雷暴日、雷电流幅值、雷电流陡度、冲击过电压等电气参数。

① 雷暴日是与雷电活动频繁程度相关的参数，采用雷暴日为单位，在一天中只要能听到雷声就算一个雷暴日。一般用年平均雷暴日数来衡量雷电活动的频繁程度，单位为 d/a。雷暴日数越大，说明雷电活动越频繁，山地雷暴日约为平原的 3 倍。我国把年平均雷暴日不超过 15d/a 的地区划为少雷区，超过 40d/a 的地区划为多雷区，在防雷设计时，应考虑当地雷暴日条件。

② 雷电流幅值是指主放电时冲击电流的最大值，其值可达数十至数百千安。

③ 雷电流陡度是指雷电流随时间上升的速度，雷电流冲击波波头陡度可达 50kA/μs，平均陡度约为 30kA/μs，雷电流陡度越大，对电气设备造成的危害也越大。

④ 雷击时的冲击过电压很高，直击雷冲击电压可高达数千千伏。

3）雷电的危害。由于雷电具有电流很大、电压很高、冲击性很强的特点，有多方面的破坏作用，且破坏力很大。就其破坏因素来看，雷电主要具有电性质、热性质和机械性质三方面的破坏作用。

① 电性质的破坏作用表现在数百万伏乃至更高的冲击电压，可能毁坏发电机等电气设备的绝缘，造成大规模停电。

② 热性质的破坏作用表现在巨大的雷电流通过导体，在极短的时间内转换成大量的热能，导致物品的燃烧和金属熔化、飞溅，从而引起火灾或爆炸。

③ 机械性质的破坏作用表现在巨大的雷电通过被击物时，在被击物缝隙中的气体剧烈膨胀，缝隙中的水分也急剧蒸发为大量气体，致使被击物破坏和爆炸。

4）雷电的防护。避雷针（见图 8-6）、避雷线、避雷网、避雷带、避雷器（见图 8-7）都是经常采用的防雷装置，一套完整的防雷装置包括接闪器、引下线和接地装置，上述的避雷针、避雷线、避雷网、避雷带都只是接闪器，而避雷器是一种专门的防雷装置。

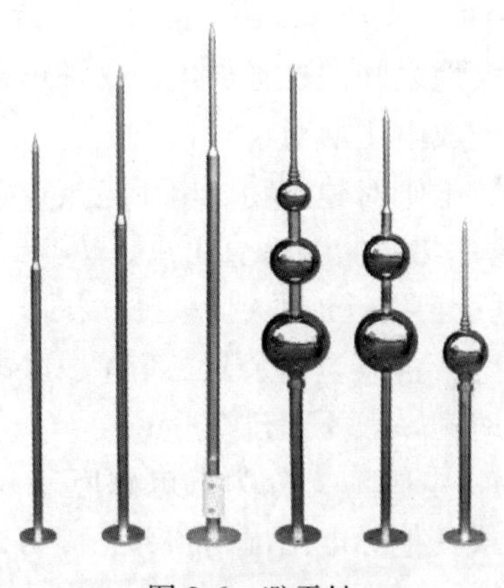

图 8-6　避雷针

避雷针一般用镀铸圆钢或钢管制成，分独立避雷针和附设避雷针，主要用来保护露天变电设备、建筑物和构筑物。

避雷线一般采用截面积不小于 35mm 的镀锌钢绞线，主要用来保护电力线路。

避雷网和避雷带用镀铸圆钢或扁钢制成，主要用来保护建筑物。

避雷器并联在被保护设备或设施上，正常时处在不通的状态，出现雷击过电压时，击

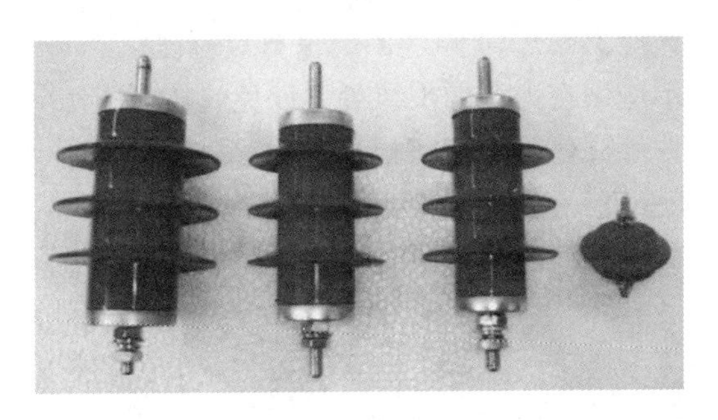

图 8-7　避雷器

放电，切断过电压，发挥保护作用。过电压终止后，避雷器迅速恢复不通状态，恢复正常工作。避雷器主要用来保护电力设备和电力线路，也用作防止高电压侵入室内的安全措施。

实践提高　二氧化碳灭火器的使用方法

二氧化碳灭火器是将液态的二氧化碳存入钢瓶内，灭火时再将其喷出，从而汽化吸热，起到降温和隔绝空气的作用。用二氧化碳灭火器灭火时，不会留下任何痕迹使物品损坏，如图 8-8 所示。

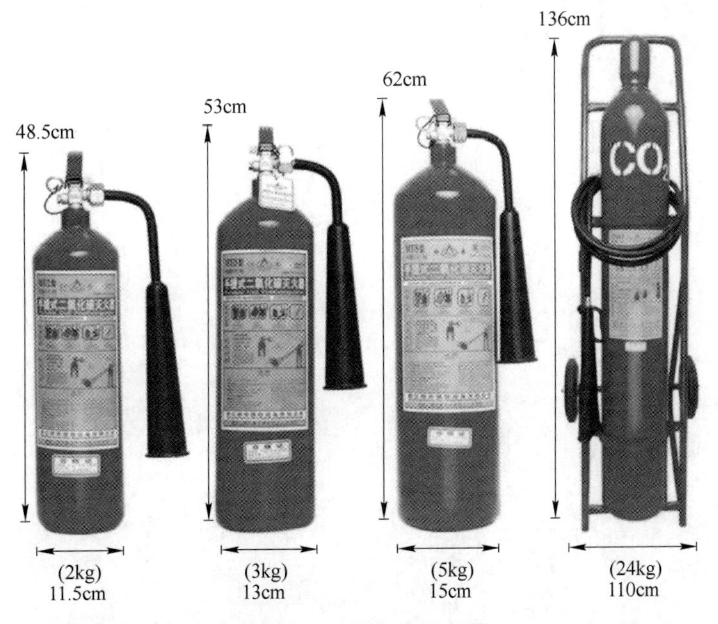

图 8-8　二氧化碳灭火器

二氧化碳灭火器在使用时，需要注意：

（1）拔保险销时，不能用力压住。

（2）二氧化碳喷出时的温度较低，使用中尽量戴上手套，禁止操作人员抓握喷筒的外壁，避免冻伤。

（3）灭火时，距离火源 10m 左右停下，确保有效射程。

（4）室外灭火时，不能站在火源的下风处，以免烧伤或冻伤。

（5）灭火过程中，一手握住喇叭喷筒根部的手柄，另一只手始终紧握压把用力下压，将喷口对准火源根部进行扫射。

（6）在窄小和密闭的空间使用后，要及时通风，人员尽快撤离现场，防止窒息。

参考文献

[1] 王金花. 电工技术 [M]. 3版. 北京：人民邮电出版社，2019.

[2] 吴娟. 电工与电路基础 [M]. 北京：机械工业出版社，2021.

[3] 蔡大华. 电工与电子技术 [M]. 北京：高等教育出版社，2019.

[4] 田龙，姬鹏飞，李新雪. 电工基础 [M]. 广州：华南理工大学出版社，2015.

[5] 王继辉. 电工技术与应用项目教程 [M]. 北京：机械工业出版社，2015.

冶金工业出版社部分图书推荐